KB251371

항공판례의 연구

항공판례의 연구

한국항공대학교 교수

김 종 복 지음

KSI 한국학술정보㈜

머 리 말

  항공법 중 국제항공법 분야는 항공운송이 그 특성상 국제성을 띠지 않을 수 없는 점과 국제항공운송이 일상화·보편화되어 가고 있다는 점에서 우리의 일상생활 및 경제활동과 밀접·불가분의 법률관계를 형성하고 있으며 앞으로도 국제항공운송산업의 성장·발전과 더불어 그 영역의 발전·확대가 예상되는 법 분야이다.

  우리나라에서도 국제항공법은 국제항공운송업계에서 국적항공사가 차지하는 위상의 고양과 더불어 중요한 법학의 한 부분으로 자리매김을 하고 있고, 항공법 관계 연구를 전문으로 하는 관련학과가 대학 및 대학원에 생기고 연구소가 개설되는 등 이를 연구·전공하는 학생 및 학자가 늘어나고 있는 것은 상당히 고무적인 현상이라고 할 것이다. 이와 관련 항공법 연구에 대한 우리나라의 현실을 살펴보면 항공법(국내 및 국제항공법 포함) 자체에 대해서는 비교적 많은 연구가 행하여졌지만 항공법 연구에 있어서 빠뜨릴 수 없는 항공판례에 대한 연구는 항공법 관련 저서의 내용의 일부로서 또는 학술지 등에 간헐적으로 소개된 것은 발견할 수 있어도 이를 체계적으로 연구하여 일목요연하게 정리한 것을 찾아볼 수 없었다는 아쉬움이 있었다.

  다른 모든 법률 분야와 마찬가지로 항공법 분야에서도 판례의 중요성에 대해서는 아무리 강조해도 지나치다고 할 수 없을 것이다. 특히 항공법 분야는 다른 어떠한 법 분야보다 변화의 속도가 빠르면서 그 해석과 적용에 있어 국제적 통일성이 요구된다는 점에서 더욱 그러하다. 이러한 점에서 본 항공판례 연구는 국제항공법 전 부분에 걸쳐서 주요판례를 체계적으로 연구·정리하여 소개하는 것을 목적으로 하였다. 그 방법에 있어서는 우선 국제항공법에 있어서 법적으로 쟁점이 되고 있는 부분을 주제별로 본문에서 내용을 정리하고 그 주제에 따른 대표적인 판례와 관련 판례를 소개하되 대표적인 판례는 비교적 상세하게 각 심급별 판결 요지를 소개하면서 필요한 경우는 평석까지 곁들였다. 그리고 판례는 가능한 한 대표적 판례를 제외하고는 최신의 것을 소개하는 것으로 하였다. 다만 판례 연구

소개 시점이 지난 70여 년간 국제항공운송인의 책임관계를 지배해 오던 바르샤바 체제가 무너지고 몬트리올조약이 발효된 지 얼마 되지 않아 대부분의 판례가 바르샤바조약상의 판례라서 아쉬운 점이 있다. 몬트리올조약에서 특별히 많이 변경된 부분은 바르샤바조약과 대비 그 내용을 소개하였다. 그리고 항공에 관한 국내 판례는 많지는 않지만 필요한 부분에 있어서는 판결요지를 간단히 소개하였다.

다만 본서를 출간함에 있어 우려되는 것은 방대한 외국의 판례를 소개하는 과정에서 판결문 내용을 축약하다 보니 내용과 번역상의 오류가 있을 것이라는 점이다. 그렇긴 하나 본서가 대학과 대학원에서 사용할 교재목적인 점에서 대학의 교과과정과 되도록 일치하도록 저술하였고 학생들에게 전달하고자 하는 핵심은 놓치지 않도록 노력하였다. 이와 같이 저자로서는 제대로 된 항공판례 연구 교재를 소개한다는 생각으로 나름대로 최선을 다하였지만 여러 가지 제약 요인으로 부족함이 많음을 시인하지 않을 수 없다. 이는 판례가 살아있는 법으로서 항상 새롭게 변화·형성되어 간다는 점에서 앞으로 계속 연구하고 보완·발전시켜 나갈 생각이다.

이와 관련 특기할 사항 하나는 금년 1월 법무부에서 항공운송계약관계를 규율할 국내입법을 상법의 일부로서 항공운송편을 제정하는 입법작업을 추진하기로 하고 '상법 항공운송편 제정 특별분과위원회'를 구성하여 입법작업에 들어갔다는 점이다. 본 저자도 동 특별분과위원회의 학계를 대표하는 3인 중 한 사람으로 위원으로 위촉되는 영예를 안았지만 동 입법이 제정되면 관련법으로서 국제항공법 분야가 큰 각광을 받을 것으로 예상되며 따라서 항공판례 연구도 활발히 이루어질 것으로 기대된다.

끝으로 본서가 세상에 나오는 데는 한국항공대학교 대학원과정의 윤자영, 정다은 양 조교의 도움이 컸다. 판례의 수집에서부터 교정작업에 이르기까지 수고해 준 두 사람의 노고에 진심으로 감사드린다. 그리고 사랑하는 가족에게도 감사드리고 한국항공대학교 항공우주법학과 동료 교수님들께도 감사를 올린다. 아울러 본서의 출간을 흔쾌히 허락해 주시고 수고해 주신 출판사 관계자께도 감사드린다.

2008년 2월
한국항공대학교 항공우주법학과 연구실에서
김 종 복

목　차

7. 항공범죄에 관한 판례

1. 조약의 적용문제에 관한 판례

(1) 공간적 적용문제

1) 국제선 구간에의 적용의 해석문제

바르샤바조약의 적용문제에 있어서 첫 번째 문제는 동 조약 제1조 제1항에서 동 조약이 항공기에 의하여 유상으로 행하는 승객, 수하물 또는 화물의 모든 「국제운송」(international transportation)에 적용된다고 규정하고 있는바 여기서 정확한 국제운송의 정의가 무엇인가 하는 것이다.

바르샤바조약에서는 「국제운송」을 당사자 간의 약정에 의하면 운송의 중단 또는 환적의 유무에 불문하고, 출발지 및 도착지가 2개의 체약국의 영역에 있는 운송 또는 출발지 및 도착지가 단일 체약국의 영역에 있고 또는 예정 기항지가 타국(동 조약의 체약국의 여부를 불문한다)의 주권, 종주권, 위임통치 또는 권력하에 있는 지역에서의 운송을 말한다고 규정하고 있고 동일 체약국의 주권, 종주권, 위임통치 또는 권력하에 있는 지역 간의 운송으로서 전기의 예정 기항지가 없는 것은 동 조약의 적용에 있어서 국제운송이라고 인정하지 않고 있다[1](동 조약 제1조 제2항).

---

1) 몬트리올조약(1999)에서도 거의 같은 취지로 규정하고 있는데 「국제운송」을 'interna-

이를 상설하면 바르샤바조약에 있어서의 「국제운송」이란 운송인과 여객·하주 간의 계약에 의한 항공운송이 ① 출발지 및 도착지가 조약의 체약국인 상호 다른 나라의 영역 내에 있거나 ② 단일 체약국의 영역 내에서 운송을 개시하고 종료하더라도 합의된 예정기항지(agreed stopping place)가 타국의 영역 내에 있는 경우를 말한다. 이 경우 예정기항지가 존재한 타 국가가 이 조약의 당사국인지 여부는 불문한다. 단일 체약국의 두 지점 간 운송이더라도 위의 예정기항지가 타국에 존재하지 않는 경우는 국제운송이 아니다. 그리고 합의된 예정기항지는 상업용 도중기착지여야 한다. 즉 그곳에서 여객이나 화물을 싣거나 내릴 수 있어야 하고 급유 등 기술적인 이유로 일시 착륙하는 지점은 제외된다. 구체적으로 국제운송인지의 여부는 운송증권에 기재된 내용(지점)을 기준으로 판단하게 된다.

이와 관련하여 주로 판례상 문제가 되었던 것은 국제선 구간의 일부로서의 국내선 구간운송을 어떻게 보느냐 하는 것이었는데 법원은 이 문제를 국제운송의 일부로서 오랫동안 인정하여 왔다. 따라서 국제선 구간의 일부로 국내선 구간에서 일어난 사고는 바르샤바조약의 적용을 받게 된다.

[관련판례 1: Haldmann v. Delta Airline Inc.][2]

본 사건은 국제선 구간의 일부인 국내선 구간에서 항공기 엔진의 화재사고로 원고가 부상을 당한 사고이다.

본 사건에서 원고인 Haldmann은 국내선과 국제선을 항공권을 각각 분리하여 별개로 보관하고 있었고 국내선 구간의 여정에서 1개월 이상 미국에 머물고 있었다.

원고는 그녀의 전 여정을 스위스의 여행사를 통하여 수배하였고 여행의 모든 구간에 대한 항공권에 대해 동일한 일자에 지불하였고 동일한 예약번호로 여행을 하였다. 이에 대해 법원은 본건 운송계약은 전체로서 국제운송으로 인정하여 바르샤바조약이 적용된다고 판결하였다.

---

tional transportation'에서 'international carriage'로 표현을 바꾸고 전체적으로 표현이 좀더 간결, 명확하다. Montreal Convention 1999 Art 1.2 참조.

2) 168F. 3d 1324(D.C. Cir. 1999).

[관련판례 2: Robertson v. American Airlines, Inc.]3)

본 사건의 원고는 영국 London을 출발하여 미국 Denver와 Chicago를 경유하여 Washington D.C.로 가던 도중 미국 국내선 구간인 Denver와 Chicago 구간을 운항하던 항공편의 기내에서 발생한 화재로 인하여 상해를 입게 되었다. 이에 원고는 자신의 신체상해는 피고 항공운송인의 과실에 의한 결과라고 주장하면서 손해배상을 구하는 소송을 AA를 상대로 제기하였다. 하지만 원고는 동 소송을 바르샤바조약 제29조에 규정된 2년의 기간을 도과한 시점에서 제기하였고 피고는 그러한 이유로 원고의 소송제기가 부적법한 것이라고 항변하였다. 이에 원고는 자신의 신체상해는 엄연히 Denver와 Chicago라는 국내선 구간에서 발생한 것이라고 주장하며 자신의 손해배상청구권은 바르샤바조약에 의한 규율을 받지 않고 Washington D.C.주 법률의 규율을 받게 되며 동 법률에 의하면 소송을 제기할 수 있는 기간은 3년으로 규정되어 있으므로 자신의 손해배상청구소송은 부적법한 것은 아니라고 주장하였다. 법원은 원고가 미국 Denver와 영국 London의 왕복항공권을 구입한 뒤, 같은 날 같은 여행사를 통해 국내선 구간인 Washington D.C.와 Denver의 왕복항공권(Chicago 경유)을 구입한 점으로 미루어보아, 비록 손해가 발생한 구간이 국내선 구간이기는 하지만 전체적으로 동 구간은 국제항공운송 여정의 한 부분으로 보아야 하고 따라서 원고는 국제항공운송 중에 상해를 입은 것이므로 바르샤바조약의 적용을 받게 된다고 판결하였다.

[관련판례 3: 서울고등법원판결, 96나37321]

헤이그의정서가 바르샤바조약 자체를 폐기하고 국제항공운송에 관한 새로운 조약을 체결한 것이 아니라 바르샤바조약의 존재를 전제로 하여 이를 개정한 것에 불과한 점에 비추어(헤이그의정서 제19조 및 제23조 제2항) 조약 제1조 제2항의 '본 조약'은 헤이그의정서를 지칭하는 것이 아니라 바르샤바조약을 바르샤바조약과 헤이그의정서에 모두 가입한 국가는 물론이고 우리나라와 같이 바르샤바조약에는 가입하지 않고 있다가 헤이그의정서에 가입함으로써

---

3) 401F. 3d 499(D.C. Cir. 2005).

바르샤바조약에 가입한 효력이 발생한 국가와 바르샤바조약에는 가입하였으나 헤이그의정서에는 가입하지 아니한 국가를 모두 포함하는 것으로 보아야 하므로, 사고 당시 바르샤바조약에만 가입한 국가를 출발지로 하고 헤이그의정서에만 가입한 우리나라를 도착지로 하는 항공기의 운항은 '1955년 헤이그에서 개정된 바르샤바조약'상의 국제항공운송에 해당한다.

2) 조약의 배타적 적용문제

조약의 배타적 적용문제는 바르샤바조약 제24조의 해석문제와 관련하여 종래 학설과 판례상 많은 논란이 있었던 문제이다. 즉, 동 조에서 언급하고 있는 소를 제기하기 위한 청구원인인 「명의의 여하를 불문하고」(however founded)의 해석을 둘러싸고 이를 계약상의 채무불이행에 기한 손해배상청구권 이외에 불법행위법상의 불법행위를 원인으로 한 손해배상청구도 할 수 있는가의 문제를 둘러싸고 학설이 상당히 날카롭게 대립하고 있었는데 다수설은 적어도 국제항공운송에 있어서는 청구권 경합론이 대두될 여지가 없다는 입장이었다. 이를 몬트리올조약에서는 바르샤바조약과는 달리 청구원인관계를 명문화하는 한편 운송인의 책임에 관한 소는 그 기초가 어떠한 것에 근거하든지 간에 즉, 계약에 근거하건 또는 다른 원인이건 간에 동 조약이 정하고 있는 조건과 제한의 적용을 받는다고 계약과 불법행위 양자를 청구원인의 근거로 명문화하고 조약의 배타적 적용을 명확히 하였다4)(몬트리올조약 제29조).

이에 대한 각국의 판례를 볼 것 같으면 우선 미국에서는 연방대법원이 1999년 1월 El Al Israel Airlines, Inc. v. Tseng 사건에서 바르샤바조약의 배타적 적용을 인정하는 최종판결을 내린 바 있고5) 이보다 앞서 영국과 캐나다에서도 같은 취지

---

4) 관련조문은 다음과 같다.

Article 29.(Basic of Claims), "In the carriage of passenger, baggage and cargo, any action for damages, however founded, whether under this Convention or in contract or in tort or otherwise, can only be brought subject to the conditions and such limits of liability as are set out in this Convention.

5) 연방대법원 이전의 판결도 나뉘고는 있었으나 대부분 조약의 배타적 적용을 인정하였다. Finkestein v. TWA, New York Supreme Court, Westchester Country, 28 Sep 1978; 15 Avi 17, 379, In re Aircrash in Bali, Indonesia Case, U.S Court of Appeals, Ninth Cir.,

의 판결이 내려진 바 있다.6)

일본의 경우도 최고재판소 판결에서 항공운송인에 대한 손해배상청구의 소는 운송인의 책임의 발생 원인을 불문하고 모두 조약이 정한 조건과 제한하에서만 제기되어야 한다고 판시하였다.7)

우리나라의 경우 종래 청구권 경합을 인정하는 판결8)과 조약의 배타성을 인정하는 판결9)로 일치하지 않고 있었으나 1986년 대법원 판결로 조약의 배타성을 인정하는 방향으로 입장을 변경하였다.10)

이와 같이 본 문제에 대해서는 세계 각국의 판례·학설의 흐름이 국제항공운송에 대한 손해배상청구의 소는 청구원인 여하를 불문하고 조약이 정한 조건과 제한하에서만 제기될 수 있다는 방향으로 나아가고 있다.

원래 바르샤바조약 제24조는 국제항공운송인의 책임에 관한 소를 제기함에 있어 계약법인 조약에 기한 청구에 만족하지 아니하고 자국의 불법행위법에 기한 청구를 함으로써 조약의 적용을 회피하는 것을 방지하는 데 목적이 있었다.

이러한 의미에서 국제항공운송인에 대한 손해배상청구의 소는 명의여하를 불문하고 동 조약이 정한 조건과 제한하에서만 제기할 수 있다고 정한 것은 당연하다고 할 수 있다.

따라서 바르샤바조약 체제하에서는 항공운송인의 손해배상 책임과 관련하여 청구권 경합론이 대두될 여지는 없다고 보며 이는 몬트리올조약상에서도 그대로 타당하다고 생각된다.

1982; 17 Avi 17, 416, Abramson v. JAL, U.S Court of Appeals, 3rd Cir., 19Jul 1984; 19 Avi 18, 064.

6) Sidhu v. British Airways, PCL(1997) I.A.C.193, 207. Navel Torres v. Northwest Airlines, Inc. (1998) 159 D.L.R 4th 67, 76.

7) 1976(オ) 弟112号, 1977.6.28. 第2小法廷判決.

8) 1981. 9. 24. 서울민사지방법원판결, 81가합1906.

9) 1982. 7. 9. 서울고등법원판결, 82나 170.

10) 1986. 7. 22. 대법원판결, 82다카1372.

[관련판례 1: El Al Israel Airline v. Tseng][11]

1. 사건개요

1993년 5월 22일, 본 사건의 원고인 Tsui Yuan Tseng은 뉴욕 JFK 공항에서 Tel Aviv로 떠나는 비행기를 타기 전 El Al Israel 항공기를 타고 이스라엘에 도착하였다. 그러나 그녀는 보안조사 과정 중 과도한 보안조사로 정신과 상담까지 받아야 했다며, El Al Israel 항공사를 상대로 '폭행과 불법감금(assault and false imprisonment)'에 대한 보상청구를 하였다. Tseng은 보안조사로 인한 정신적 상해를 주장하였고 신체상해를 주장한 바 없었다.

2. 원심판결

원심에서는 우선 Tseng에게 행하여진 '보안조사'가 바르샤바조약 제17조상의 '사고(accident)'에 해당하는지 여부에 대하여, 제17조의 사고는 '예상 불가능하고 보통의 일이 아니어야 하며 승객의 외부에서 일어난 사건이어야 한다'고 Saks 사건을 인용하면서 사고의 개념은 승객의 상해를 둘러싸고 일어난 상황을 함께 평가하여 유연하게 적용하여야 한다고 한다. 이에 따라 El Al의 보안조사가 일상의 조사이지만 승객에게 잘못 이행되었으며 탑승을 위한 과정 중에 일어났으므로 이는 당연히 조약 제17조의 사고에 해당한다고 하였다. 그러나 조약 제17조는 '신체상해의 손해'에 대해서만 운송인이 책임을 진다고 규정하고 있으므로 이에 따라 원고는 정신적 상해만 주장하고 신체상해는 입은 바 없으므로 조약에 의해 구제받을 수 없다고 Tseng의 권리주장을 기각하였다.

또한 조약 제24조가 제17조에 의해 보상될 수 없는 개인상해에 대해서는 운송인에게 책임을 물을 수 없도록 제한하고 있기 때문에 Tseng은 권리주장 소송을 뉴욕주 불법행위법하에서도 계속할 수 없다고 하였다.

---

11) 525 U.S. 155(1999).

3. 항소심 판결

항소심에서는 원심의 '사고' 해당부분과 '조약의 배타적 적용'에 관한 부분을 뒤집었다. 우선 '사고'에 관해서는 원심과는 달리 '보안조사'는 국제항공 이용 시 '일상적이고 정기적인'일이며, 테러방지를 위한 노력의 일부로서 '법적으로 널리 보급되고 인정되는'과정이며, 유상승객이 그들을 위한 항공안전을 유지하려고 돈을 내는 사안이므로 보안조사는 사고로 볼 수 없다고 하였다. 또한 보안조사는 El Al 항공사가 매일 시행하는 일일 뿐만 아니라, 이 과정에서 혐의 없는 승객이 조사될 가능성은 진범을 잡으려는 노력 중에 있을 수 있는 실수라고 보았다.

'조약의 배타적 적용'과 관련하여서는 조약 제24조는 명백하게 사건이 조약 제17조에 포함되는 경우에만 자국법을 통한 구제를 제한하는 것이라고 그 근거를 조약의 제정역사에서 찾으면서 조약이 명시적 적용을 표시하지 않은 경우 승객 구제를 위해 자국법을 적용할 수 있도록 한 것이 본 조약의 취지라고 한다. 따라서 본 조약은 다른 형태의 법을 배척할 만큼 강제적으로 통일성 권한을 명시하고 있지 않기 때문에 자국의 법을 통한 권리구제를 허락하는 것이 조약의 통일성을 해치는 일은 아니라고 하면서 본 사건에 있어서는 신체적 상해와 동반하지 않은 정신적 상해는 바르샤바조약에 의하여 보상될 수 없지만, 항공운송 중 일어난 상해에 대한 자국법 소송에 대한 본 조약의 배타성 주장을 거절하였다.

4. 연방대법원의 판결

연방대법원은 El Al의 보안조사는 항소심에서와 같은 이유로 제17조의 사고에 해당하지 않는 것으로 확인하는 한편 조약의 배타성(exclusivity)에 관한 항소심의 판결을 파기하고 조약의 배타성을 인정하였다. 그 사유는 다음과 같다.

1) 바르샤바조약은 유치한 항공산업의 보호를 도모하는데 조약의 배타성을 부정할 경우, 조약하에서는 운송인의 책임을 제한하면서 자국법으로 운송인에게 무한책임을 지우는 것은 허락한다는 해석은 조약의 본래의 목적과 모순된다.

2) 바르샤바조약의 주요한 목적의 하나는 국제항공운송 중에 일어난 규제를 통일적으로 하는 데 있다. 바르샤바조약의 배타성을 부정하고 제24

조가 가맹국에 비통일적으로 제각각 운송인 책임에 대한 규제를 허락한다는 해석은 조약의 목적에 어긋나는 잘못된 해석이다.

3) 본 조약 제24조의 목적은 운송인의 이익과 개인상해를 입은 승객의 보상 간에 운송인의 책임제한을 통해 균형을 이루는 것이다. 이는 조약의 배타성을 통하여 유지되며, 이러한 해석이 본 조약의 전체적 구조와 일치한다.

4) 승객이 개인상해를 입었을 때 이에 대한 교묘한 소송과 변칙을 막으려면 조약의 배타성을 인정하여야 한다.

[관련판례 2: Donkor v. British Airways Corp][12]

이 사건의 원고인 Donkor는 가나 시민권자로서 가나 여권을 가지고 가나로부터 여행 중에 있었다. 그녀는 뉴욕 케네디공항에서부터 파리의 드골공항까지의 항공권을 구입하였는데 이 항공권은 프랑스로 가는 연결편과 연결을 위해 영국에서 잠시 머무르는 것으로 되어 있었다. 그녀는 영국항공으로로부터 연결편을 이용하기 위해서는 경유비자가 필요치 않다고 들었다고 주장했다. 그런데 동 항공편은 비행 중 동료승객의 병으로 인해 뉴파운드랜드의 갠더에 계획에 없던 착륙을 하게 되었고, 이로 인해 영국에의 도착이 지연되어 원고는 연결편을 놓치게 되었다. 그 결과 원고는 영국 이민 당국에 의해 억류되고 나중에 추방을 당하였다. 원고는 이를 이유로 뉴욕주 법원에 손해배상청구소송을 제기하였는바 이에 영국항공은 본 소송을 연방법원으로 이송 신청하는 일방 본 사건은 1978년의 항공사규제완화법(Airline Deregulation Act)에 우선하여 바르샤바조약이 적용되어야 한다고 주장하였다.

그러나 연방법원은 연방대법원의 Tseng 사건을 인용하면서 만약 이 사건이 바르샤바조약 제17조상의 사고에 해당한다면 조약이 우선 적용되나 피고인 영국항공이 이를 입증하지 못하였기 때문에 연방법원으로의 이송은 적절치 못하다고 결론짓고 뉴욕주 법원으로 환송 결정하였다.

---

12) 62F. Supp. 2d 963(E.D.N.Y. 1999).

[관련판례 3: Gibbs v. American Airlines, Inc.][13]

원고는 1981년의 Civil Right Act에 따른 자신들의 discrimination claim에 대하여 바르샤바조약이 우선 적용되는 것은 부당하다고 주장하였으나, 재판부는 common law claim뿐만 아니라 discrimination claim에도 바르샤바조약이 우선 적용된다고 판결하여 원고의 주장을 일축하였다.

[관련판례 4: Watson v. American Airlines, Inc.][14]

원고는 AA기 내에서 기내식을 취식한 후 식중독에 걸린 사건에서 원고는 AA를 상대로 state law claim을 제기하였으나, 피고인 AA는 동 사건에는 바르샤바조약이 우선 적용되어야 함을 주장하며 재판부에 claim을 기각할 것을 요청하였다. 재판부는 AA의 주장을 받아들여 원고가 제기한 state law claim을 기각하였다.

[관련판례 5: Blansett v. Continental Airlines, Inc.][15]

Continental Airlines 기내에서 부상을 당한 승객의 배우자가 배우자 권리 상실에 따른 손해배상을 요구하며 소송(loss of consort claim)을 제기하였다. 이에 대하여 피고는 바르샤바조약은 승객의 손해에 대한 remedy를 제공하며, 사망과 같은 제한적인 경우를 제외하고는 승객 이외의 자에게 cause of action을 제공하지 않는다는 점을 들어 원고의 청구를 기각해 줄 것을 재판부에 요청하였다. 그러나 피고의 이와 같은 주장에 Zicherman v. Korean Airlines 사건에서의 미대법원의 판결과 같이 바르샤바조약 제17조에 따라 제기되는 소송은 누가 어떠한 배상을 위하여 소송을 제기할 수 있는지에 관한 근본적인 문제에는 아무런 영향을 미치지 않는다고 강력히 주장하였다. 재판

---

13) 191F. Supp. 2d144(D.D.C.2002).
14) 2002U.S. Dist. Lexis 11143(D.Md.2002).
15) 204F. Supp. 2d999(S.D.Tex .2002).

부는 Taxas주법에 근거하여 제기된 배우자 또는 부모의 권리상실에 따른 손해배상청구소송에는 바르샤바조약이 우선 적용되지 않는다고 판시하고 피고의 기각요청을 거부하였다.

[관련판례 6: 대법원판결, 82다카1372]

동 판결의 내용은 다음과 같다.

"바르샤바조약은 제3장(제17조 내지 제30조)에서 국제항공운송인의 책임에 관하여 규정하면서 제24조 제1항에서 "제 18조 및 제19조에서 정하여진 경우에는 책임에 관한 소는 명의의 여하를 불문하고 본 조약에서 정하여진 조건 및 제한하에서만 제기할 수 있다고 규정하고 있는바 위 조항에서의 '명의의 여하를 불문하고'라는 문언은 영어의 'however founded'에 대한 공식번역이기는 하지만 이를 다른 말로 풀이하면 '그 근거가 무엇이든 간에' 내지는 '그 청구 원인이 무엇이든 간에'로 해석하는 것이 분명하므로 국제항공운송인에 대하여 그 항공운송 중에 생긴 화물 훼손으로 인한 손해배상을 소구함에 있어서는 그 계약불이행을 청구원인으로 하는 것이든 불법행위를 청구원인으로 하는 것이든 모두 바르샤바조약에서 정하여진 조건 및 제한 내에서만 가능한 것이라 할 것이고 그렇게 해석하는 것이 국제항공운송인의 책임에 관하여 위 조약의 규정과 다른 국내법원리를 적용하여 조약의 규정을 배제하는 결과를 초래하는 것을 방지함으로써 국제항공운송에 관한 법률관계를 규율하는 통일된 규범을 창조하려는 위 조약의 제정목적에도 부합하는 것이라 하겠다.

[관련판례 7: 대법원판결, 2005다30184]

국제항공운송에 관한 법률관계에 대해서는 1955년 헤이그에서 개정된 '국제항공운송에 있어서의 일부규칙의 통일에 관한 조약'(바르샤바조약)이 일반법인 민법이나 상법에 우선하여 적용된다.

3) 원조약 체결국과 개정조약 체결국 간의 적용문제

원칙적으로는 조약은 바르샤바조약 체약국 간(High Contracting Parties)에 적용된다. 문제는 국가에 따라서는, 예컨대 헤이그의정서를 비준하기 이전의 미국과 같이 1929년 바르샤바 원조약에만 가입한 국가가 있는가 하면 우리나라와 같이 1955년의 헤이그의정서를 비준함으로써 헤이그의정서에 의하여 개정된 바르샤바조약, 즉 개정조약에만 가입한 국가 간의 운송에 대해서는 원조약과 헤이그의정서에 의하여 개정된 조약 중 어느 것이 적용되어야 하는가가 문제가 되었다.

이에 대한 판례와 학설은 다음과 같이 갈리고 있었다.

① 개정 바르샤바조약에 의하여 개정되지 아니한 부분에 대하여 양 국가가 조약의 당사국 관계에 있다는 주장(미국의 기존 판례)

이는 원바르샤바조약과 개정 바르샤바조약의 동일성이 인정되므로 원바르샤바조약의 규정 중에서 개정 바르샤바조약에 의하여 '개정되지 아니한 부분(unamended portion)'에 대해서는 양 국가가 조약의 당사국 관계에 있다는 주장으로 후술하는 Chubb & Son, Inc. v. Asiana 사건의 연방지방법원의 판결, Hyosung v. JAL Case 및 KAL 007 Case의 입장이다. 특히 Hyosung v. JAL Case[16)]는 이러한 입장의 근거로 첫째 1969년 비엔나조약[17)] 제17(1)조는 "한 국가"가 조약의 일부에 가입하는 것에 관한 규정일 뿐이므로 당해건같이 "2개의 국가가 한 조약의 일부에 가입한 것이 이들 두 국가 간 협정을 체결한 것으로 간주될 수 있는가"의 문제에는 적용될 수 없으며, 둘째 비엔나조약 제40(5)조의 취지가 다자간 조약에의 가능한 많은 가입을 보장하기 위한 것 등을 들고 있다. 그러나 이러한 주장은 1969년 비엔나조약 관련 규정을 잘못 해석, 적용한 것으로 다소 무리가 있어 보인다. 즉, 본건 항소심 재판부도 지적한 바와 같이, Hyosung v. JAL Case는 미국이 원바르샤바조약을 비준할 때 동 조약의 일부만을 비준한 것이 아니라는 점을 무시함으로써 1969년 비엔나조약 제17(1)을 잘못 적용하는 오류를 범하고 있는

---

16) Hyosung(America) Inc. v. Japan Air Lines Co., Ltd. F. Supp. at 727(S.D.N.Y. 1985).
17) Vienna Convention on Law of Treaties, May 23, 1969, 1155 U.N.T.S. 331.

22

것으로 생각된다.

또한, 1969년 비엔나조약 제40(5)조의 원래 규정 취지는 개정조약이 발효된 후에 원조약에 가입하는 국가는 개정조약에 가입하지 않은 원조약 가입국과 원조약상의 조약관계가 있도록 하는 것일 뿐이다.[18]

생각건대 기존의 미국 판례가 전술한 KAL 007 Case나 Hyosung v. JAL Case 등에서 한·미 양국이 원바르샤바조약의 개정되지 않은 부분에 대해서는 조약관계가 있다고 인정한 배경에는 원바르샤바조약을 포함한 Warsaw System의 적용을 배제할 경우 나타날 수 있는 제반 문제점을 고려한 것이 아닌가 추측된다. 즉 Warsaw System의 적용을 배제할 경우 항공사로서는 원바르샤바조약 제29조의 재판관할권의 항변을 할 수 없고 또한 판례로 확립된 바 있는 징벌적 손해배상(Punitive Damages) 배제의 원칙을 주장할 수 없는 등 항공사에는 매우 불리한 결과를 초래할 수 있기 때문이다.

② 원바르샤바조약이 적용되어야 한다는 주장(한국 하급심 판례, 한국과 미국의 일부 학설)

우리나라가 개정 바르샤바조약에만 가입한 것은 개정 바르샤바조약에만 가입하면 자연히 원바르샤바조약의 적용을 받을 것으로 기대하였던 것이며 원바르샤바조약의 내용을 철저히 배척하려는 의도는 아니었을 것이라는 점과 개정 바르샤바조약은 원바르샤바조약과 전혀 무관계한 별개의 조약이 아니라 원바르샤바조약이 개정 바르샤바조약에 의하여 개정된 것에 지나지 않는다는 점을 근거로 원바르샤바조약을 적용하여야 한다는 주장으로 우리나라의 1심, 2심 판례[19] 및 우리나라와 미국의 일부 학설[20]의 태도이다.

그러나 이러한 주장은 Chubb & Son, Inc, v. Asiana 사건에서의 연방항소법원

---

18) Paul Reuter, Introduction to the Law of Treaties(Translated by Jose Mico and Peter H. Aggenmacher), Kegam Paul International, 1995, p.134~135; 유병화/박노형/박기갑, 국제법 I, 법문사 1999, 269 - 270면.

19) 서울민사지방법원 1981.12.10. 판결 1981 가합 67, 서울고등법원 제5민사부, 1982.7.9. 판결 82나 170.

20) 최준선, 「국제항공운송법론」(삼영사, 1987), 68~72면; Rene H. Mankiewicz, The Liability Regime of the International Air Carrier(Kluwer Law and Taxation Publishers, 1981), p.2.

이 지적하는 바와 같이 설득력이 없다. 왜냐하면 개정 바르샤바조약 가입국들은 동 조약 제ⅪⅩ조와 ⅩⅩⅢ조에 의해 원바르샤바조약의 규정에 구속되지 않는다는 의사표시를 한 것으로 해석할 수 있으며, 따라서 1969년 비엔나조약 제34조[21]에 규정된 이른바 조약의 상대성 원칙을 벗어난 것이기 때문이다.

이 밖에 원바르샤바조약이 적용되어야 한다는 근거로서[22] 1969년 비엔나조약 제40(5)조의 규정이 제시되기도 하나, 앞에서 언급한 바와 같이 1969년 비엔나조약 제40(5)조는 개정조약에 가입하지 않은 원조약 가입국과 개정조약이 발효된 후에 원조약에 가입하는 국가와의 조약관계에 관한 규정이므로 한국과 같이 개정 바르샤바조약에만 가입하고 원바르샤바조약에는 가입하지 않은 경우와는 관계없다는 것이 규정상 분명하다는 점에서 무리라고 생각된다.

③ 개정 바르샤바조약이 적용되어야 한다는 주장(한국대법원의 판례)

우리나라의 대법원은 원바르샤바조약에만 가입한 국가도 개정 바르샤바조약의 체약국에 해당되고, 따라서 원바르샤바조약에만 가입한 미국과 개정 바르샤바조약에만 가입한 우리나라 사이의 항공운송에는 개정 바르샤바조약이 적용된다고 판시한 바 있다.[23]

그러나 대법원의 판례와 같이 한·미 간 편도 운송에 대해 양국이 개정조약의 당사국 관계에 있다고 주장하는 해석론은 미국 정부의 명시적인 개정 바르샤바조약 가입 거부의사를 고려한다면 1969년 비엔나조약 제40(4)조의 "개정하는 합의는 개정하는 합의의 당사국이 되지 아니하는 조약의 기존 당사국인 어느 국가도 구속하지 아니한다"[24]는 규정을 충분히 고려하지 않은 결과라고 생각된다. 나아가 미국 상원의 명시적인 의사표시에 배치되는 견해는 미국의 국가의사에 반하는 것이고 이를 미국 법원이 받아들일 가능성은 거의 전무하였다고 본다.

---

21) 원문은 다음과 같다. "A Treaty does not create either obligations or rights for third state without its consent."

22) Rene H. Mankiewicz. supra note 45.

23) 대법원 1986. 7. 22. 선고 82다카1372.

24) 원문은 다음과 같다. "The amending agreement dose not bind any State or international organization already a party to the treaty which does not become a party to the amending agreement...(이하 생략).

④ Warsaw System이 적용되지 않는다는 주장

후술하는 Chubb & Son, Inc. v. Asiana Case의 항소심 판결의 견해처럼 한국과 미국은 각각 별개의 legal instrument에 가입하였기 때문에 체약국 관계가 존재하지 않으며 따라서 이 경우에는 입법이 불비한 경우로 보아 국제사법의 규정에 따라 국내법이 적용되어야 한다는 견해이다.

이러한 견해는 원바르샤바조약, 개정 바르샤바조약 나아가 이들 조약에 대한 국가들 간의 조약관계 해석의 근거가 되는 1969년 비엔나조약의 명문규정에 입각한 충실한 해석으로 판단된다.

그러나 이를 한국과 미국의 편도운송에 적용할 경우 양국 정부가 비록 형식적으로 가입한 조약은 다르더라도 모두 Warsaw System을 전혀 채택하지 않은 경우와 마찬가지의 결과가 되므로 보다 근본적인 대책을 강구할 필요성이 있었다고 보여지는데 미국이 2003년 9월 헤이그의정서를 비준하였고(2003년 12월 14일부로 발효) 또한 새로 제정된 국제항공운송인의 통합책임조약인 몬트리올조약 1999에 우리나라도 최근 가입하였는 바(2007년 12월 29일. 미국은 이미 가입) 동 조약 제55조에 의할 때 동 조약은 기존의 원조약과 개정조약에 우선하여 적용된다고 명시적으로 규정하고 있어 적어도 한·미 간에는 더 이상 이러한 문제가 발생하지 않을 것이다.

[관련판례 1: Chubb & Son, Inc. v. Asiana Case]25)

1. 사건개요

아시아나항공은 서울발 샌프란시스코행 항공편에 송하인인 삼성전자의 화물(Computer chip) 17Box를 수하인인 삼성반도체에 운송하기로 계약을 체결하고 화물을 인수하였으나 샌프란시스코행 항공편(OZ 214)에 화물을 탑재하지 못하고 서울발 로스앤젤레스행 항공편(OZ 202)으로 화물을 운송한 후 로스앤젤레스로부터 샌프란시스코 구간은 트럭으로 운송하였다. 화물이 샌프란시스코

---

25) 214F. 3d 301,309(2d Cir. 2000).

에 도착하여 확인한 결과 2Box가 없어진 것을 발견하였다(분실화물중량: 35.3kg). 수하인인 삼성반도체는 미국 보험사인 Chubb & Son으로부터 화물 보험증권에 따라 화물가액 미화 $583,000 및 여타 손해액을 보험금으로 수령 하였고, Chubb& Son은 1996년 7월 3일 아시아나항공을 상대로 삼성반도체에 지급한 보험금에 대한 구상청구소송을 미국 뉴욕 연방지방법원에 제기하였다.

　본건의 쟁점은 1955년 헤이그의정서 가입국인 한국과 1929년 원바르샤바 조약 가입국인 미국 간의 편도운송 중 발생한 화물분실사고에 대하여 원바르 샤바조약 제22조 제2항의 책임제한규정을 적용할 수 있느냐의 문제이다.

2. 원심판결[26]

　뉴욕 연방지방법원은 한·미 양국은 개정 바르샤바조약에 의해 개정되지 않 은 부분(unamended portion)에 대하여 조약관계가 있다고 결정한 바 있는 Hyosung v. JAL Case 및 KAL 007 Case를 수용하여, 피고 아시아나항공의 주장(보충신청)을 받아들였다. 즉, 동 법원은 한국과 미국은 개정 바르샤바조 약에 의해 개정되지 않은 공통조항인[27] 축약된 바르샤바조약에 대하여 조약관 계에 있으므로, 개정 바르샤바조약에 의해 개정된 원바르샤바조약 제8(c)조의 예정 기항지에 대한 기재요건은 본건에 적용되지 않는다고 보고, 피고 아시아 나항공기 예정 기항지를 기재하지 않았다고 하더라도 피고의 원고에 대한 책 임은 개정되지 않은 공통조항에 해당되는 원바르샤바조약 제22조 제2항에 따 라 $706($20 × 35.3kg)이라고 결론지었다.

---

26) 원심에서 Magistrate Judge는 미국과 한국이 원바르샤바조약 관계에 있다고 보고 원바 르샤바조약 제8(c)조의 예정 기항지(agreed stopping place)에 대한 기재가 없었으므로 피고는 동 조약 제9조에 따라 책임제한을 원용할 수 없다는 의견서를 제출하였다. 이 에 피고는 동 의견서에 대하여 항변함과 동시에 미국은 원바르샤바조약만을 한국은 개정 바르샤바조약만을 비준하였기 때문에 양국은 이들 두 조약의 공통부분에 대해서 만 조약관계가 있으므로 책임제한을 원용할 수 있다고 주장하며, 양국이 국제항공운송 에 관하여 조약관계가 있는지, 있다면 어느 범위까지 조약관계가 있는지를 묻는 보충 신청(supplement motion)을 제기하였다. 연방지방법원은 동 신청이 본건에 대한 사물 관할권(subject matter jurisdiction)에 영향을 미치는 것이므로 동 신청을 허용하였으며, 이에 관하여 결정한 것이 본건 원심판결의 내용이다.

27) 본 사건 판결에서는 이러한 공통된 부분은 "축약된 1929년 바르샤바조약"(이하 "축약 된 바르샤바조약"이라 함)이라고 칭하고 있다.

3. 항소심판결

그러나 연방지방법원의 판결에 대하여 원고가 제기한 항소심에서 미 제2연방항소법원은 기존 판례와 이를 답습한 본건 연방지방법원의 판결을 부정하였다. 제2연방항소법원은 판결에서 미국은 원바르샤바조약만을 한국은 개정 바르샤바조약만을 각각 비준하였는바, 한·미 양국은 조약법에 관한 국제법과 개정 바르샤바조약 규정상 원바르샤바조약이든 개정 바르샤바조약이든 어느 조약에도 조약관계가 없으므로, 두 조약의 공통된 부분으로 구성되는 이른바 "축약된 바르샤바조약"의 조약관계가 있을 뿐이라는 기존 판례를 거부하였다.

이에 따라 동 법원은 해당 연방지방법원은 본건에 대한 사물관할권이 없으므로, 원바르샤바조약 이외에 본건에 적용될 다른 법률적 근거를 찾도록 원심으로 되돌려 보냈다.

제2연방항소법원의 판결은 조약의 해석, 개정, 변경 및 집행 등을 규율하는 국제관습법을 성문화(codification)한 '1969년 비엔나조약'의 관련 규정을 명확하고도 엄격히 적용하려는 노력이 투영된 것이라 할 수 있는데, 동 법원은 미국이 1969년 비엔나조약에 가입하였는지 여부와는 관계없이 미 국무성과 사법부는 물론 국제판례에서 동 조약은 모든 국가를 구속하는 조약법에 관한 국제관습법이 성문화된 조약이라고 일관되게 인정하고 있음을 지적하고[28] 미국과 한국이 국제화물운송에 관하여 조약관계에 있는지 여부를 동 조약에 따라 판단한 것이다.

이에 따라 제2연방항소법원은 먼저 1969년 비엔나조약 제40(5)조[29]를 검

---

28) 양 당사자도 이에 관해서는 다투지 않았으며 1969년 비엔나조약의 해석과 적용만을 다투었을 뿐이다(Chubb v. Asiana, supra note 19, at 22). 실제로 한 조약이 국제관습법을 성문화(codify)한 조약인 경우, 이 조약은 이른바 조약상대성의 원칙이 적용되지 않으므로 동 조약에 대한 기속적 동의를 하지 않은 국가도 이러한 조약에 구속된다는 것이 오랜 국제관습법으로 인정되고 있다(Malcolm N. Shaw, International Law, 5th Ed, Cambridge University Press, 1988, p.652). 참고로 국제관습법이 성문화된 조약은 동 조약에 기속적 동의를 하지 않은 제3국에 구속력이 있음을 규정한 1969년 비엔나조약 제38조는 이러한 국제관습법의 내용을 그대로 명문화한 것이다(Yearbook of the International Law Commission, 1966, Vol.Ⅱ, p.230).

29) 원문은 다음과 같다. "Any State which becomes a party to the treaty after the entry into force of the amending agreement shall, failing an expression of a different intention by that State: (a) be considered as a party to the treaty as amended; and (b) be considered as a party to the unamended treaty in relation to any party to the

토하고, 한국은 개정 바르샤바조약에 가입함으로써 원바르샤바조약에 가입한 것이라는 원고의 주장을 배척하였다.

동 법원은 원조약이 개정된 이후 조약에 가입한 경우만을 염두에 두고 조약초안자들에 의해 성안되었다는 주장을 인용하면서, 원고의 주장처럼 이 규정은 단순히 개정조약에 가입함으로써 원조약의 당사국이 될 수 있다는 것인지 아니면 개정조약의 당사국이 되려면 원조약에 가입해야 함을 의미하는 것인지 확실치 않다고 판단하였다. 대신 동 법원은 개정 바르샤바조약 제XIX조30)에 따르면 개정 바르샤바조약은 원바르샤바조약과는 다른 새로운 조약이며, 개정 바르샤바조약에 가입하는 국가는 동 조약 XXI(2)31)조 규정에 따라 개정 바르샤바조약에만 가입하는 것이므로, 개정 바르샤바조약에 가입한 한국은 원바르샤바조약에 구속되지 않겠다는 의사를 표시한 것이라는 피고의 주장에 동의하였다.

제2항소법원은 나아가 미국과 한국은 원바르샤바조약과 개정 바르샤바조약의 공통부분, 즉 축약된 바르샤바조약에 대하여 조약관계가 있다(양국은 두 조약의 공통부분에 대하여 조약관계를 창설한 것이다)는 기존 판례(특히 Hyosung v. JAL Case)의 논거에 대해서도 다음과 같은 이유로 그 부당성을 언급하였다. 첫째, 원바르샤바조약은 부분가입을 인정하고 있지 않으며 미국도 동 조약에 대한 부분가입에 동의하지 않으므로 한국의 부분가입 여부와는 관계없이 1969년 비엔나조약 제17(1)조에 따라 두 조약의 공통부분에 관하여 양국이 조약관계에 있는 것은 아니며 둘째, 국가의사자유에 관한 제한의 추정을 금지하는 일반 국제법 원칙상 한 국가가 특정한 국제의무에 대하여 구속됨에 동의하였다는 것이 입증되지 않는 한 동 의무에 구속되지 않는다는 추정이 당연하며 셋째, 조약 체결 권한은 물론 조약의 개정, 변경 등도 입법부와 행정부에 부여되어 있으므로 사법기능의 행사로 미국이 축약된 바르샤바조약을 창설하였다고 하는 것은 미국 수정헌법에 규정된 삼권분립원칙에 위반된다는 것이다.

---

treaty not bound by the amending agreement."

30) 원문은 다음과 같다. "As between the Parties to this Protocol, the Convention and the Protocol shall be read and interpreted together as one single instrument and shall be known as the Warsaw Convention as amended as the Hague, 1955."

31) 원문은 다음과 같다. "Ratification of the Protocol by any State which is not a Party to the Convention shall have the effect of adherence to the Convention as amended by his Protocol."

[관련판례 2: Mingtai Fire & Marine Insurance Co. v.
United Parcel Service][32]

이 사건은 타이완으로부터 미국 캘리포니아의 산호세로 가는 $83,000 상당의 컴퓨터칩을 운송 도중에 분실한 사건으로 원고인 Mingtai Fire & Marine Insurance Co.는 동 컴퓨터칩을 수송한 United Parcel Service(이하 "UPS"라 함)를 상대로 바르샤바조약상의 책임을 묻는 소송을 제기하였다.

동 소송에서 피고인 UPS는 타이완은 바르샤바조약 체약국이 아니므로 동 조약은 타이완에는 적용되지 않고 따라서 자신의 책임은 항공화물운송장에 기재된 내용에 따라 $100으로 제한된다고 주장하였고 제9순회법원도 바르샤바조약은 동 조약의 체결국 간의 화물운송에만 적용된다고 결론지었다. 이와 관련 법원이 해결해야 할 문제는 미국이 타이완과 외교관계를 단절하고 바르샤바조약 체약국인 중국과 국교를 수립했다는 사실이 어떠한 영향을 미치느냐 하는 것인데 이는 중국이 바르샤바조약에 가입할 때 바르샤바조약은 타이완을 포함한 전 중국영토에 적용된다고 천명했기 때문이다.

이 문제는 정치적인 문제를 포함하고 있어서 법원은 미국과 타이완 간의 외교관계 단절의 영향에 대한 집행분과위원회의 입장을 참고하는 일방 국무성에서 발간한 현행 유효한 조약들에 대한 검토를 하였다. 그 결과 국무성은 중국과 타이완을 별개로 분리하여 미국과 이들 국가 간의 조약들은 여전히 유효한 것으로 명부에 올려놓고 있다는 것을 알게 되었다. 또한 법원은 미국이 1979년에 타이완과의 외교관계 단절 이후에도 미국과 타이완과의 모든 국제조약들을 계속해서 유효한 것으로 지침을 주었다는 점에 주목하였다. 이에 따라 법원은 최종적으로 집행분과위원회의 입장에 근거하여 바르샤바조약과 관련하여 미국과 중국 간의 상황이 타이완의 독자적 개별적 입장에 영향을 주지 않는다고 언급하고 중국이 바르샤바조약에 가입한 사실이 타이완을 구속하지 않는다고 판결하였다. 따라서 바르샤바조약은 이 사건 분실화물에는 적용되지 않고 손해는 항공운송장에 기재된 금액으로 제한된다고 판결하였다.

---

32) 177F. 3d1142(9th Cir. 1999), cert, denied, 120 s. ct. 374(1999).

[관련판례 3: 대법원판결, 82다카1372]

개정된 바르샤바조약 제1조 제2항에서 사용하고 있는 용어인 '체약국'이란 개념은 바르샤바조약과 헤이그의정서에 모두 가입한 국가는 물론, 대한민국과 같이 바르샤바조약에는 가입하지 않고 있다가 헤이그의정서에 가입함으로써 바르샤바조약에 가입한 효력이 발생한 국가와 바르샤바조약에는 가입하였으나 헤이그의정서에는 아직 가입하지 아니한 국가를 모두 포함하는 것으로 보아야 한다.

(2) 인적 적용문제

1) 계약운송인, 실제운송인

국제운송에 관한 조약은 계약운송인 및 실제운송인 모두에게 적용된다. 조약은 항공운송인의 정의에 관한 규정을 두고 있지 않지만, 여객·화주와 운송계약을 체결한 운송인을 계약운송인(the contracting carrier)이라 하고, 그 계약운송인을 위하여 또는 계약운송인을 대신하여 실제로 운송의 일부 또는 전부를 담당하는 운송인을 실제운송인(the actual carrier)이라 한다.

조약이 계약운송인에게 적용되는 것은 당연한 것이지만 실제운송인에게도 적용되는 것인가에 관해서는 대륙법계에서는 이를 긍정하였지만 영미법계에서는 반드시 이를 긍정하는 입장은 아니었다. 바르샤바조약은 이에 대한 명확한 규정을 두고 있지 않지만 상기와 같이 해석하여야 한다고 본다. 이 문제는 1961년 과달라하라조약(Guadalajara Convention)에서 구체적으로 양자 모두에게 적용되는 것으로 규정하였고 1999년 몬트리올조약에서도 그대로 도입되었다. 몬트리올조약에서는 동 조약 제6장(계약운송인 이외의 자가 행하는 운송)에서 제39조로부터 제48조에 이르는 총 10개의 조문에서 규정하고 있다. 이로써 현재 국제항공운송업계에서 보편화되다시피 한 Code-Sharing에 있어 Marketing Carrier(계약운송인) 및 Operation Carrier(실제운송인)의 쌍방에 조약이 적용된다는 취지가 명확하게 되었고 또한 화물운송에 있어서 Forwarder(계약운송인)와 Carrier(실제운송인) 간에도 역시 본 조약이 적용되도록 하였다.

이와 같이 몬트리올조약에서 실제운송인과 계약운송인의 동 조약 적용문제를 명확히 하였지만 동 조약에서도 항공운송인의 정의에 대해서는 규정이 없다. 이와 관련하여 문제가 된 판례를 보면 항공운송인이 타 운송인의 대리인으로서 항공권을 발행하기만 하였던 자를 항공운송인으로서 볼 수 있는가 하는 것이다. 즉 항공사가 항공권을 발행하였고 또 그 항공사가 운송인이기는 하나 그 항공권을 타 항공사를 위하여 그 대리인으로서 발행한 것이고 그러한 사실이 항공권에 명시되어 있을 뿐 아니라 그 항공사가 실제운송에는 참여하지도 아니한 경우인데 이 경우에는 그 항공사는 여객의 사망사고에 대하여 책임이 없다고 판시하고 있다.33)

또한 여행대리점도 항공권을 판매하기는 하나 항공운송인에는 해당되지 않는 것으로 보고 있다.

[관련판례 1: De Marco v. Pan American World Airways, Inc.]34)

원고는 피고의 여행사로부터 14일짜리 여행상품 'Russian Adventure'를 구입하였는데, 동 상품에는 피고 항공운송인이 운항하는 항공기를 이용한 왕복항공권, 호텔숙박, 전 일정의 식사, 가이드가 동반된 관광 등이 포함되어 있었다. 원고는 상품에서 예정된 대로 피고 항공운송인이 운항하는 항공편으로 중간 기항지인 독일의 Frankfurt에 도착하여 목적지인 Moscow로 향하는 항공편의 탑승을 기다리고 있던 중, 출발지 공항에서 피고 항공운송인에게 운송을 의뢰하였던 자신의 수하물이 도착하지 않았다는 사실을 통보받았다. 그 후 그 수하물은 9일이나 지연되어서 원고에게 인도되었다. 원고는 자신의 수하물 지연도착으로 인하여 계획했던 여행기간을 유쾌하게 보내지 못한 것은 물론이고 그로 인한 충격으로 자신의 건강에도 심각한 이상이 발생하였음을 주장하며 피고 항공운송인과 피고 여행사를 상대로 손해배상청구소송을 제기하였다. 하지만 동 소송은 위 상품의 여정이 종료된 시점으로부터 2년의 기간이 경과된 시점에 제기되었고, 그에 따라 피고 항공운송인과 피고 여행사는 바르샤바조

---

33) United States District Court, Southern District of New York, Edwina R. Hegna v. Kuwait Airlines Corporation, et al., 26 Jan. 1989: 21 Avi 18,098.
34) 117 Misc 2d 1071, 459 NYS2d 655(1982).

약 제29조의 적용에 따라 원고의 청구는 인용될 수 없다고 주장하였다.

법원은 피고 항공운송인이 제29조의 효력을 주장하는 것은 인용하였지만, 피고 여행사의 제29조 원용주장에 대해서는 여객, 수하물, 화물의 국제항공운송계약을 여행하는 데 있어서 여행사는 항공운송인에 해당되지 않고 항공운송에 있어 어떠한 계약의 이행도 보조하지 않는다는 이유로 피고 여행사는 바르샤바조약 제29조의 효과를 원용할 수 없다고 판결하였다.

[관련판례 2: 대법원판결, 2002다32523, 32530]

항공운송인 중 계약운송인에 대하여 바르샤바조약이 적용되는지 여부에 대하여 다음과 같이 판시하고 있다.

1955년 헤이그에서 개정된 '국제항공운송에 있어서의 일부 규칙의 통일에 관한 조약(개정된 바르샤바조약)의 적용을 받는 운송계약을 여객이나 송하인 또는 그 대리인과 체결하고 실제운송인(actual carrier)에게 그 운송의 전부 또는 일부를 이행하도록 위임하는 이른바, 계약운송인(contracting carrier)은 개정된 바르샤바조약상 운송인(carrier)에 해당한다.

2) 순차운송인

바르샤바조약은 2인 이상의 운송인이 연속하여 행하는 순차운송인에게도 적용된다. 또한 동 조약 제1조 제3항에 의할 때 수인의 순차운송인이 운송을 하게 되어 순차운송의 각 단계에서 각각의 운송증권이 발행된 경우에도 당사자가 이를 단일운송으로 취급하면 불가분의 단일운송으로 간주된다(동 조약 제30조 제1항 참조). 따라서 어느 한 구간의 운송이 국내운송이라고 하더라도 그 국내운송 역시 전체적으로는 국제운송이 되며 어느 구간에 육상운송이 개재되더라도 상관없다. 다만 그 육상운송기간 중에 발생한 손해에 대해서는 조약이 적용되지 않는다(동 조약 제31조 제1항). 몬트리올조약도 같은 취지의 규정을 두고 있으나 바르샤바조약과는 달리 임의적 대체운송을 인정하는 규정을 두고 있는바(동 조약 제18조 제4항 후단) 이 경우는 육상운송을 하였다 하더라도 항공운송의 기간 내의 것으로 간주하여 조약이 적용된다. 순차운송인은 반드시 운송계약 체결 시에 확정되어야만

하는 것은 아니다.

　순차운송의 경우 승객 또는 그의 권리의 승계인은 사고 또는 연착을 일으키게 한 운송을 행한 운송인에 대하여서만 청구할 수 있다. 다만, 명시의 특약에 의하여 최초의 운송인이 책임을 지는 때에는 그러하지 아니하다(바르샤바조약 제30조 제2항, 몬트리올조약 제36조 제2항). 수하물 또는 화물에 관해서는 승객 또는 송하인은 최초의 운송인에 대하여, 인도받을 수 있는 권리를 가진 승객 또는 수하인은 최후의 운송인에 대하여 각기 소송을 제기할 권리를 가진다. 또한 이러한 송하인 또는 수하인들은 파괴, 멸실, 훼손 또는 연착이 발생한 운송부분을 실행한 운송인에 대해서도 각기 소송을 제기할 권리를 가진다. 이러한 운송인들은 해당 송하인 및 수하인에 대하여 연대책임을 진다(바르샤바조약 제30조 제3항, 몬트리올조약 제36조 제3항).

[관련판례: Sabena Belgian World Airlines v. United Airlines, Inc.][35]

　원고는 Belgium 소재의 항공운송인으로서 Belgium를 출발하여 미국으로 도착하는 화물에 대해서는 자신이 실제 항공운송을 담당하고 화물의 하기 및 보관, 수하인에게 인도 등의 업무처리는 피고 항공운송인이 담당하도록 하는 조업계약서(Airport Ground Services Agreement)를 피고와 체결하였다. 사안의 항공화물도 이러한 계약에 따라 미국에 도착되어 피고 항공운송인의 창고에 보관 중이었으나, 피고 항공운송인은 적절한 주의를 기울이지 않고 화물을 수령할 정당한 권원이 없는 제3자에게 인도해 주었다.

　결국 원고 항공운송인은 송하인이 독일법원에 제기한 손해배상청구소송에서 패소하여 $171,404.10의 손해배상 책임을 부담하게 되었고, 그에 따른 구상소송을 피고 항공운송인을 상대로 미국 법원에 제기하기에 이르렀다. 그런데 원고 항공운송인이 피고 항공운송인을 상대로 구상청구소송을 제기한 시점은 사안의 화물이 잘못 인도된 시점으로부터 4년이나 경과된 시점이었다. 피고 항공운송인은 본 사안은 바르샤바조약 제29조가 적용되므로 자신에 대한 손해배상청구소송의 제기는 2년의 기간경과라는 사실로 인하여 부적법한 것

---

35) 773F. Supp. 1117(N.D.Ill, 1991).

이라고 주장하였다.

하지만 법원은 바르샤바조약 제29조는 국제항공운송의 승객, 화주가 그 손해의 배상을 청구하는 소송을 항공운송인을 상대로 제기한 경우에만 적용되는 것이므로 항공운송인 상호간에는 적용되지 않는다고 판단하였다.

3) 이행보조자

바르샤바조약은 운송인이 체결한 계약의 이행 일부를 실행·보완하는 이행보조자 즉, 사용인(servants), 대리인(agent)에게도 적용되고, 이들은 조약상의 책임제한 규정을 원용할 수 있다(동 조약 제20조, 제25조). 이를 몬트리올조약에서는 좀더 구체화시키고 있는데 동 조약에서 정한 손해에 관하여 운송인의 사용인 또는 대리인에 대하여 소송이 제기된 경우에 있어서 그 사용인 또는 대리인이 자기 직무의 범위 내에서 행위를 하였음을 증명한 때에는 운송인이 본 조약하에서 주장할 수 있는 책임조건 및 한도를 주장할 수 있다고 규정하고 있다(동 조약 제30조 제1항). 그러나 운송인의 사용인 또는 대리인이 손해를 발생시킬 의도로 행한 또는 손해가 발생할 염려가 있음을 인식하면서 무모하게 행한 작위 또는 부작위에 의하여 손해가 발생된 것이 증명된 경우에는 적용되지 아니한다(동 조약 제30조 제3항).

[관련판례 1: Johnson v. Allied Eastern States Maintenance Corp][36]

원고는 항공편으로 미국 Maryland를 출발하여 Bahamas에 도착하였는데 평소 지병인 관절염 때문에 목적지 공항에서 휠체어를 이용하여 항공기로부터 하기할 수 있도록 해달라는 요청을 항공사에 하였고 항공사는 통상의 경우와 같이 그러한 지상서비스를 대행해 주기로 계약이 맺어져 있던 피고 지상조업자에게 동 사항을 지시하였다. 그런데 원고가 휠체어를 이용하여 항공기로부터 하기를 하던 중 갑자기 휠체어가 어딘가에 부딪치게 되었고 그 충격으로 인하여 휠체어에 앉아 있던 원고는 아래로 추락하면서 심한 부상을 입게 되었다. 그로부터 약 3년이 지난 시점에서 원고는 자신의 신체상해에 대한 손해배

---

36) 488F. 2d 1341(Dist. Col. App. 1985).

상을 청구하는 소송을 피고 회사를 상대로 제기하였는데 피고 회사가 바르샤바조약 제29조의 규정으로부터 보호를 받을 수 있는지가 쟁점이 되었다. 법원은 통상의 경우 항공운송계약의 이행은 항공사 혼자 하는 것이라고 볼 수 없고 피고 회사와 같은 항공운송계약의 이행보조자가 개입되는 것이 일반적이므로 비록 바르샤바조약 제29조에서 명백하게 그 적용범위를 그러한 이행보조자로 확대하고 있지는 않다 하더라도, 국제항공운송에서 발생한 민사적 손해배상청구소송을 피고 회사와 같은 국제항공운송계약의 이행보조자에 대해 청구하는 경우에도 제29조에서 규정하고 있는 2년의 기간 내에 그 소송이 제기되어야 하고, 그러한 규정을 어긴 소송으로부터 이행보조자인 피고 지상조업자는 보호를 받을 수 있다고 판결하였다.

[관련판례 2: Alleyn v. Port Authority of New York & New Jersey][37]

이 사건은 원고가 항공사(Delta Airline)의 이행보조자로서 일을 한 elevator service 회사에 대해 제기한 소송에서 비록 동 회사가 Delta의 이행보조자로서의 업무를 수행하였지만 동 업무가 법에 의해서 요구되는 항공사의 업무가 아니라는 이유로 바르샤바조약의 적용이 부인된 사건이다. 법원은 바르샤바조약이 항공사의 이행보조자나 독립된 계약자에게 적용되는 것은 이들이 운송계약과 관련된 service를 수행하였거나 항공사가 법에 의해서 요구되는 서비스를 수행하였을 경우라고 판시하였다.

4) 기타 문제

바르샤바조약의 인적 적용문제와 관련하여 종종 문제가 되는 것은 항공사 직원 그중에서도 항공기 승무원에게도 조약이 적용되는가 하는 것이다. 휴가차 탑승한 승무원에 대해서는 무임항공권을 소지하고 있었는지에 상관없이 조약이 적용된다. 또한 교대근무를 위하여 교대장소로 가던 중의 사고 또는 임무 종료 후 본국으로 귀환하기 위해 탑승한 승무원(이른바 dead head crew)의 사고에 대해서도 조약이 적용된다는 것이 판례의 태도이다.[38] 그러나 근무 중의 승무원에 대해서는 조약이

---

37) 58F. Supp. 2d 15(E.D.N.Y.1999).

적용되지 않는다. 그리고 여객으로서가 아니라 항공사 직원으로서 항공기 탑승 중 사고를 당한 경우에는 처음부터 항공운송계약이 없었던 것으로 보아 조약이 적용되지 않는다고 판시하고 있다.[39]

[관련판례 3: In re Air Crash off Long Island, New York, on July 17, 1996][40]

1996년 7월 17일 New York 출발 Paris 목적지 TWA 항공편 추락사고에서 동 항공편의 승무원에 대한 소송에서 법원은 동 승무원들이 TWA와의 고용계약에 의해 동 편의 승무원으로서 의무를 수행하게 되어 있으므로 그들은 승객으로서가 아니라 사용인(직원)으로서 탑승한 것이라는 이유로 항공사를 상대로 한 동 소송을 기각하였다.

(3) 물적 적용문제

1) 항공운송 중의 사고

바르샤바조약 제24조는 제1항에서 "조약 제18조 및 제19조에 정한 사유가 있는 경우 책임에 관한 소는 ……제기할 수 있다"고 규정하고 있고 제2항에서 "이를 제17조에 정하여진 경우에도 적용된다"고 규정하고 있어 피해자가 입은 손해의 경우, "항공운송 중의 사고"(위탁 수하물, 화물)와 "항공기 상 또는 승강을 위한 작업 중 발생한 사고"(여객) 그리고 지연의 경우에 조약이 적용되는 것으로 하고 있다.

몬트리올조약에서는 위탁 수하물을 여객과 함께 동 조약 제17조에서 규정하고 있

---

38) U.S. Court of Appeals for 9th Cir., In re Mexico City Aircrash of Oct. 31, 1979, 24 May 1983: 17 Avi 18,387.

39) United States District Court, Southern District of New York, Dolores Sulewski v. Federal Express Corp., 19 Oct. 1990: 22 Avi 18,497.

40) 30F. Supp. 2d 631(S.D.N.Y. 1998).

고 화물은 별도로 제18조에서 규정하고 있는데 내용이 좀더 구체적이고 세분화되어 있다. 이 중 여객에 대해서는 관련부분에서 구체적으로 살펴보기로 하고 여기서는 위탁 수하물 및 화물과 관련한 "항공운송 중의 사고"에 대해서 우선 살펴보기로 한다.

이와 관련 바르샤바조약 제18조를 볼 것 같으면 "항공운송인은 위탁 수하물 또는 화물의 파괴, 멸실 또는 훼손의 경우에 있어서의 손해에 대해서는 그 손해의 원인이 된 사고가 항공운송 중에 발생한 것인 때에 한하여 책임을 진다"고 규정하고 있다.

몬트리올조약에서는 운송인은 위탁 수하물의 파괴, 멸실 또는 훼손의 경우에 있어서의 손해에 관해서는 그 손해의 원인이 된 사실이 항공기 상에서 또는 위탁 수하물이 운송인의 관리하에 있는 기간 중에 발생한 경우에만 책임을 진다(몬트리올조약 제17조 제2항)고 규정하고 있고, 화물의 경우는 "항공운송 중"에 발생한 경우에만 책임을 지고(몬트리올조약 제18조 제1항) 여기서 의미하는 "항공운송 중"에는 화물이 "운송인의 관리하"에 있는 기간이 포함된다고 한다(몬트리올조약 제18조 제1항).

따라서 "항공운송 중의 사고"가 아니면 조약이 적용되지 않는다. 예컨대 비행장 외에서 행해지는 육상운송, 해상운송 또는 내항운송의 기간은 항공운송 중에 포함되지 않는다(다만 그러한 운송이 항공운송의 계약에 있어서의 적하, 인도 또는 환적을 위하여 행해진 때에는, 손해는 반증이 없는 한 모두 항공운송 중의 사실로부터 발생한 것으로 추정한다.).

문제는 "운송인의 관리하(in charge of the carrier)"에 있는 기간이 언제부터 언제까지인가 하는 것이다. 통상 운송인은 화물 및 수하물을 인수하면서 그의 관리하에 있게 되고 책임이 개시된다 할 것이다. 운송인의 시내영업소 또는 시내의 화물취급소와 공항 간의 운송기간도 운송인의 관리하에 있는 기간이라고 할 것이다. 운송인의 책임이 종료되는 시점은 운송인이 화물, 수하물을 그 수령권한이 있는 자에게 인도한 때이다. 즉 운송물을 수하인 또는 여객 및 그들의 대리인의 관리, 처분 가능상태에 둠으로써 운송계약의 이행이 완료되고 운송인의 책임도 종료된다. 관련문제로서 목적지 공항 이외의 공항에 착륙하였기 때문에 운송물을 목적지 공항으로 운송하던 기간 중의 사고에 대해서도 조약이 적용된다고 본다. 운송인의 관리하에 있는 창고에서의 사고에 대해서도 조약이 적용된다. 휴대 수하물의 경우는 그것이 여객의 관리하에 있으므로 운송인 또는 사용인, 대리인의 과실이 있는 경우에 책임을 진다.

[관련판례 1: Schenker Intl(Australia) & Anor v. Simens Limited][41]

본 사건은 Schenker가 Simens의 Berlin 공장으로부터 호주 Melbourne으로 전자부품을 운송키로 하고 Melbourne의 Tullamarine 공항에서 4km 떨어진 Shenker Australia 창고까지 운송하였으나 공항 바로 밖에서 2pallet가 떨어져 손상되는 사고가 발생한 것인데, Schenker는 동 운송이 바르샤바조약 제18조의 범위 내의 운송이며 제22조의 책임제한이 적용된다고 주장하였는바, 창고로 가기 위해 공항을 벗어난 시점에서 발생한 사고에 대하여 바르샤바조약 제18조의 운송으로 볼 수 있는지가 주된 쟁점이었다.

이와 관련 "transportation performed outside an airport"의 해석에 관하여 본 사고는 공항 밖에서 발생한 것이 명백하므로 바르샤바조약 제22조의 책임제한이 적용되지 않는다고 해석하였다. 그러나 비록 동 운송에 바르샤바조약이 적용되지 않는다고 하더라도 적어도 항공화물운송장 이면에 기재된 책임제한규정은 적용되어야 한다는 피고의 주장에 대하여, 전체 구간의 운송이 바르샤바조약 범위 밖일 경우에만 화물항공운송장 이면의 책임제한규정이 적용된다는 1심의 판결내용을 뒤집고 항공화물운송장상의 책임제한조항은 바르샤바조약 범위 밖의 일부 운송에 대해서도 적용된다고 판시하였다. 결국, 피고의 배상액이 US $ 1.68mil에서 US $ 74,680으로 줄어들었으며, 이러한 결정은 국제적인 관례에도 부합하는 것이라는 평가를 받고 있다.

[관련판례 2: Fuller v. Amerijet International Inc.][42]

이 사건은 화물수송의 상당 부분이 육상운송에 의하여 행하여졌고 육상운송 중 화물의 분실사고가 발생하였는바 이를 바르샤바조약상의 항공운송 중에 발생한 사고로 볼 수 있는가 하는 점이다.

---

41) NSWCA 172(June 11, 2002).

42) 273F. Supp. 2d 902(S.D.Tex. 2003).

이 사건에 있어서 원고는 컴퓨터와 홈시어터 장비를 Houston에서 Belize City까지 항공으로 운송하는 수송계약을 Amerijet와 체결하였다. 원고는 화물을 Amerijet의 휴스턴의 Bush Airport 창고까지 인도하였고 Amerijet은 육상운송업자인 Land Cargo를 이용하여 동 화물을 Miami 국제공항의 Amerijet의 창고까지 운송하였다. 그러나 이 시점에서 동 화물이 분실된 것이다. 이와 관련하여 텍사스 남부지방법원(Southern District Court of Texas)은 바르샤바조약상에서의 항공운송은 단순히 항공기에 의하여 화물이 운송되는 경우만을 의미하는 것이 아니라 항공운송인이 화물에 대해서 책임을 지는 전 기간을 포함한다고 하면서 본건에 있어서 Amerijet은 동 화물을 운송할 직접적인 계약상의 의무가 있으며 육상운송업자는 항공사의 수탁자로서 운송 중에 화물을 분실하였기 때문에 바르샤바조약이 적용된다고 판시하였다.

이에 따라 법원은 Amerijet의 자신의 책임을 kg당 $20로 제한하는 Summary judgement 신청을 받아들였다.

[관련판례 3: 대법원판결, 2001다67164]

항공화물이 공항을 벗어나 보세장치장에 반입된 상태에서 무단 반출된 경우, 손해배상 책임에 관하여 개정된 바르샤바조약이 적용되는지 여부에 대하여 다음과 같이 판시하고 있다.

국제항공운송에 관한 법률관계에 대해서는 일반법인 민법이나 상법에 대한 특별법으로서 국제항공운송에 있어서의 일부규칙의 통일에 관한 조약(개정된 바르샤바조약)이 우선 적용되는데, 위 조약은 제18조 제1항에 따라 손해의 원인이 된 사고가 항공운송 중에 발생한 경우에 적용되고, 제18조 제2항에 따르면 항공운송중이란 수하물 또는 화물이 비행장 또는 항공기 상에서 운송인의 관리하에 있는 기간을 말한다고 규정하고 있는바, 항공화물이 공항을 벗어나 보세장치장에 반입됨으로써 항공운송은 종료된 것이므로, 보세창고업자들이 화물을 항공화물운송장 원본이나 운송주선업체가 발행하는 화물인도 지시서를 받지 아니하고 인도함으로써 수하인이 입게 된 손해는 항공운송 중에 발생한 손해라고 볼 수 없고, 결국 손해배상 책임에 관해서는 위 조약이 적용되지 아니한다.

[관련판례 4: 서울고등법원판결, 2004나73865]

항공운송을 포함한 운송계약을 체결한 운송업자가 항공운송을 종료한 후 운송물을 인도하는 과정에서 손해를 발생케 한 경우, 그 손해의 발생은 항공운송이 종료된 후에 발생된 것이어서 바르샤바조약상의 책임제한조항이 적용될 여지가 없다.

2) 운항취소 및 운송지연

항공기 기체의 결함 등 여러 가지 사유로 부득이 운항을 취소하여야 할 경우를 위하여 대부분의 운송인은 그 운송약관에 '운항취소권을 유보한다'고 정하고 있다. 따라서 이와 같은 경우 운송인은 운항취소로 인한 손해에 대하여 책임을 지지 아니한다. 운송지연에 관해서는 바르샤바조약 제19조에 규정하고 있는데 이에 의하면 바르샤바조약 제19조는 운송인은 여객, 수하물 또는 화물의 항공운송에 있어서 지연으로부터 발생하는 손해에 대하여 책임을 진다고 규정하고 있다. 운송지연이란 지정된 일자, 시간에 여객, 수하물, 화물이 목적지에 도착하지 아니한 것을 말한다. 지연의 원인을 묻지 않으나 운송인은 자신과 그의 사용인 및 대리인이 손해를 방지하기 위하여 합리적으로 요구되는 모든 필요한 조치를 취하였다는 것 또는 그 조치를 취하는 것이 불가능하였다는 것을 증명한 때에는 책임을 지지 아니한다. 판례는 운항취소의 경우에 운송인이 타 항공사에 여객의 항공권을 양도하여 그 여객이 목적지에 도달할 수 있도록 하였다면 운송인은 조약 제20조가 정한 '손해를 피하기 위한 모든 필요한 조치(all necessary measures to avoid damage)'를 취하였으므로 연결항공편의 운항지연으로 인한 손해에 대하여 책임이 없다고 한다.[43] 몬트리올조약에서는 이 부분 관련 모든 필요한 조치(all necessary measure)를 단순히 모든 조치(all measure)로 대체하였는바 운송지연에 의한 손해의 경우에 있어서 보다 합리적이고 현실성 있는 과실개념을 도입한 것으로 평가하고 있다.[44]

실무상의 사례를 살펴볼 것 같으면 예약초과로 인해 예약된 항공편에의 탑승이

---

43) City Court of Albany, New York Cathleen Cenci v. Mall Airways, Inc., 2Aug. 1988: 21 Avi 17,812.

44) 김종복 외 2인 공저, 「신국제항공우주법」(한국항공대 출판부, 2006), 123면.

40

거절된 것은 운송계약 자체의 취소이며 이때의 지연은 항공운송에 고유한 사고가 아니다. 따라서 이때에는 조약이 적용되는 것이 아니고 국내법이 적용된다. 또한 운송약관 또는 운송증권에 운송지연의 경우 운송인의 책임을 면하게 하는 면책조항(exclusion clause)을 삽입하는 경우도 있으나 이는 조약의 상대적 강행법규성을 정한 조약 제23조(몬트리올조약 제25조)에 위반되므로 그 효력은 제한적이라고 보아야 할 것이다. 마찬가지로 항공기 사정으로 운항이 취소된 경우 손해배상금을 운임액에 한한다는 약관의 규정도 무효이다.

운송인은 이 경우 조약 제22조의 유한책임을 주장할 수 있겠지만 그 책임은 운임액에 한정할 수 없다. 지연의 경우 손해배상의 범위는 각국의 국내법에 따른다. 결과적 손해, 지연으로 인하여 특별히 지출한 비용, 수입, 손실 등도 배상되어야 할 것이나 어디까지나 조약 제22조의 한도를 초과할 수 없다. 새로 제정된 몬트리올조약에서 지연의 경우에 승객 1인당 4,150SDR을 배상책임으로 규정하고 있는데 그 책임이 항공사에는 너무 부담이 되는 금액이라는 점에서 문제가 되고 있다.45)

[관련판례 1: King v. American Airlines]46)

원고들은 Miami/Grand Bahamas 구간 American Airline 항공편 탑승을 위해 확약된 Ticket을 소지하고 Check-In을 마친 후 boarding pass를 발급받고 항공기로 이동하는 버스에 탑승하였으나 결국 AA의 overbooking으로 인하여 탑승하지 못하게 되었다. 원고들은 자신들이 Africa계 미국인이었기 때문에 탑승을 거절당한 것이라고 주장하며 "discriminatory bumping"에 대한 배상을 요구하는 소송을 제기하였다.

1심 재판부는 국제여행업계에서 "bumping"은 지연(delay)으로 간주되고 있기 때문에 원고들의 claim은 항공사의 지연책임을 규정한 바르샤바조약 제19조의 범위에 해당된다고 결론 내렸다.47)

---

45) 김종복 외 2인 공저, 전게서, 123면.

46) 28 Avi.Cas.(CCH) 16,204(2d Cir. 2002).

47) 그러나 이 소송은 바르샤바조약 제29조에 규정한 제소기한 2년을 도과하였음을 이유로 기각되었다. 항소심 재판부도 제소기간 도과에 관한 원심의 판단을 지지하였다.

[관련판례 2: Obuzor v. Sabena Belgian World Airlines][48]

본 사건은 항공사가 Brussels에서 연결편을 마련하지 못함으로써 승객들이 그들의 최종목적인 Lagos까지 도착하는 데 5일이나 연착된 사건에 대한 항공사의 책임관계이다.

법원은 이 사건에 관하여 항공사가 '모든 필요한 조치(all necessary measures)'를 다하였는가에 대하여 이를 '모든 합리적인 조치(all reasonable measures)'로 해석하고 Lasgos로 가는 Brussels 출발 항공편을 지연시킨 것은 정시에 Brussels에 도착한 승객들을 지연시키는 결과를 가져왔으므로 이는 합리적으로 볼 수 없고 원고는 대체편도 마련하지 못함으로써 승객들에게 피해를 입혔다고 항공사의 책임을 인정하였다.

[관련판례 3: 대법원판결, 2002다32523, 32530]

바르샤바조약 제19조 소정의 '연착으로 인하여 발생하는 손해'의 의미에 대해 다음과 같이 판시하고 있다.

개정된 바르샤바조약 제19조에 따라 운송인은 승객, 수하물 또는 화물의 항공운송에 있어서의 연착으로 인하여 발생하는 손해(damage occasioned by delay in the carriage by air of passengers, luggage or goods)에 대하여 책임을 지며, 이때 연착으로 인하여 발생하는 손해는 개정된 바르샤바조약 제18조 제2항의 항공운송 중에 발생하는 손해만을 뜻하는 것이 아니고 수하물 또는 화물의 경우 그 탑재 자체가 늦어져 발생하는 손해도 포함한다. 그리고 개정된 바르샤바조약 제26조에 따르면, 화물이 연착한 경우 수하인은 화물을 처분할 수 있는 날로부터 21일 이내에 운송증권에 유보를 기재하거나 별개의 서면을 발송하여 운송인에게 이의를 진술하여야 하고 그 기간 안에 이의를 진술하지 아니한 때에는 운송인에 대한 소는 수리되지 아니한다.

---

48) No. 98 CIV0224(JSM), 1999WL 223162(S.D.N.Y. 1999).

[관련판례 4: 서울지방법원판결, 96가단271417]

본 판례는 전문 정비팀으로부터 점검수리 중인 여객기가 완전히 수리되었다는 통보도 받지 못한 상태에서 정상운항을 전제로 대체기 등을 미리 준비하지 않은 결과 출발 당일 여객기의 운항이 취소됨에 따라 운항이 지연된 경우, 항공사의 운항일정 관리상의 미필적 고의 또는 중과실로 인한 불법행위 책임을 인정한 사건인데, 동 판결에 의하면 대량으로 안전하고 신속하게 여객을 운송하여야 하는 항공운송업을 경영하는 피고 회사로서는 부득이한 사정이 없는 한, 예정된 시각에 여객기를 운항함으로써 다른 교통수단에 비하여 비교적 고액의 운임을 지불한 승객들로 하여금 예정된 시각에 도착지에 도달하게 하여줄 의무가 있다 할 것인데, 위 인정사실에 의하면 비록 이 사건 여객기에 위 여객기의 제작사에서도 예견하지 못한 부품의 이상으로 인하여 브레이크시스템에 고장이 발생하였고 위와 같은 고장을 단기간 내에 전문 정비팀이 발견하지 못하고 따라서 완전하게 수리되지 않은 위 여객기를 운항에 투입하지 아니하고 취소한 점에 대해서는 피고 회사로서는 전날부터 브레이크시스템에 이상이 있어 계속 점검수리 중에 있던 위 여객기에 대하여 전문 정비팀으로부터 고장이 완전히 수리되어 운항에 투입할 수 있다는 통보도 받지 못한 상태에 있었으므로 위 사고 당일 위 여객기가 정상적으로 운항할 수 없는 만약의 경우도 예상하여 위 여객기에 탑승할 예정인 승객을 모두 탑승시킬 수 있는 대체기를 예비적으로 준비하고 사전에 예정탑승객에게 이를 고지하는 등 되도록 운항지연을 방지하고 부득이 운항이 지연되어도 그 지연시간을 줄이려는 노력을 기울일 의무가 있음에도 불구하고, 만연히 위 여객기가 정상적으로 운항할 수 있음을 전제로 대체기도 마련하지 않은 상태에서 예정된 시각에 위 여객기가 출발할 수 있는 것처럼 원고들을 비롯한 탑승객의 탑승절차를 밟고 있다가 뒤늦게 위 여객기의 운항취소를 통보받고는 그때서야 비로소 탑승가능 인원이 위 여객기의 탑승예정 인원에 훨씬 못 미치는 대체기를 준비하는 등, 피고 회사의 운항일정 관리상의 미필적 고의 또는 중과실로 인하여 일정에 따라 예정된 시각에 제주도에 도착하여야 하는 원고들로 하여금 예정된 시각보다 2시간 25분이나 늦게 도착하게 하여 예정되어 있던 일정의 일부가 변경되고 취소되게 함으로써 원고들에게 정신적 손해를 주었음은 경험칙상 명백하다 할 것이므로, 피고 회사는 불법행위자로서 원고들에게 원고들이 입은 정신적 손해를 금전으로나마 배상할 의무가 있다 할 것이라고 판시하고 있다.

(4) 시간적 적용문제

조약에 가입하면 그 효력이 서명일로 소급하는가가 문제될 수 있으나 소급효가 없다고 보는 것이 일반적이다.[49]

이 문제와 관련하여 판례상 문제가 되었던 것은 1996년의 IATA기업 간 협정의 효력 발생일을 언제로 보는가 하는 것이 관계국 정부의 동 협정의 인가와 관련하여 문제가 되었다. 1996년의 IATA기업 간 협정은 바르샤바조약 제22조에서 규정하고 있는 책임제한에 관한 규정을 포기하는 데 필요한 조치를 동 협정에 서명한 항공사들이 취해 줄 것을 요구하고 있다. 동 협정은 그 발효일을 국제항공운송협회(IATA)의 Director General이 1996년 11월 1일로 선언하거나 또는 모든 필요한 관계국 정부로부터 인가를 획득하는 나중일자를 할 수 있는 것으로 언급하고 있다. IATA는 미국 정부의 인가획득을 추진하여 U.S.DOT로부터는 1997년 1월에 받았고 EU로부터는 동년 2월에 인가를 받았다. 이에 IATA는 IATA기업 간 협정의 발효일을 1997년 2월 14일로 공표하였다. 이에 따라 책임제한 한도액을 포기하고 동 협정에 서명하였지만 그때까지 자국 정부의 인가를 받지 못하고 있는 항공사에 있어 동 협정의 발효일을 언제로 보는가가 문제가 되었다. 법원은 이에 대해 일관된 입장은 아니나 적어도 동 협정의 발효요건으로 관계국 정부의 인가는 필요치 않다는 입장을 보이고 있다.

[관련판례 1: In re Air Crash at Agana, Guam on August 6, 1997][50]

이 사건은 대한항공의 항공기가 1997년 8월 6일 괌에서 추락한 사고건인데 당시 대한항공은 IATA기업 간 협정상의 책임제한 한도액 철폐건을 한국 정부에 인가 신청을 하여놓은 상태에서 사고가 일어났다. 이에 대해 미국 캘리포니아 지방법원은 동 협정은 이미 IATA가 선언한 1997년 2월 14일부로 발효되었으며 한국정부의 인가가 동 협정이 유효하기 위한 필요조건이 아니라고 하고 IATA기업 간 협정 어디에도 동 협정이 유효하기 위해 관계국 정부

---

49) 최준선, 전게서, 73면.
50) MDL 1237, CV 97/7023 HLH; CV 97－8657et al.(C.D Cal. 1998).

의 인가를 받아야 한다는 지침을 찾을 수 없다고 판결하였다.

[관련판례 2: Berlin v. Delta Air Lines, Inc.][51]

본 사건은 IATA기업 간 협정에 대한 항공사 자체의 서명과 발효가 U.S.DOT의 인가와 IATA가 공표한 발효일자보다 훨씬 빠른 데서(4개월 정도) 문제가 제기된 건이다. 본 사건에서 원고가 부상을 당한 일자는 1996년 9월 26일인데 이때 이미 항공사인 Delta는 IATA기업 간 협정에 서명하여 tariff상 유효한 것으로 하고 있었다. 따라서 본 사건의 원고는 U.S.DOT의 인가가 나지 않은 상태에서도 항공사는 이미 조약 제22조상의 책임제한 한도를 포기하였다고 주장하였고 법원은 원고 측의 discovery를 위한 application의 갱신을 인정하였다. 원고는 새로운 신청서에서 법의 문제로서 항공사인 Delta는 U.S.DOT의 사전인가가 없이도 조약 제22조의 책임제한을 포기한 것으로 법적으로 인정이 되고 당시 관련법령 및 판례법하에서 유효했던 tariff의 규정을 포기한 것으로 보아야 한다고 하였다. 뒷부분은 당시 Delta가 IATA기업 간 협정을 file하면서 몬트리올협정상의 $75,000 제한사항과 항공사의 직원은 계약조항을 포기할 수 없도록 하는 것을 포함하였기 때문인데, 항공사가 U.S.DOT의 인가를 받지 않은 상태에서도 조약상의 책임제한을 포기하였음을 인정하였다는 데 의미가 있다. 그러나 몬트리올협정으로부터 벗어나는 것에 대해서는 정부의 인가가 필요하다고 보았다. 이와 관련하여서 Prince v. KLM -Royal Dutch Airline 사건에서[52] 항공사인 KLM이 이러한 내용을 담은 새로운 tariff를 file하지 않았기 때문에 조약 제22조의 책임한도액 포기는 이 사건에는 적용되지 않는다는 상반된 판결이 있어 주목을 요한다.

---

51) No. 98CIV. 6263, 1999WL269678(S.D.N.Y.1999).
52) 107F. Supp. 2d 1365(N.D.Ga.2000).

2. 책임제한에 관한 판례

(1) 책임제한과 책임한도액

1) 책임제한

바르샤바체제의 가장 중요한 특징 중의 하나는 항공운송인의 책임을 일정 금액으로 제한하는 유한책임제도를 취하고 있다는 것이다. 1929년의 바르샤바조약에서는 운송인의 책임을 일정 한도의 포앙카레 프랑(Poincare franc)으로 제한하였고, 1955년의 헤이그의정서는 이 한도액을 2배로 인상하였고, 1975년의 몬트리올 추가의정서에서는 금액단위를 SDR로 변경하고 발효되지는 않았지만 제3추가의정서는 100,000SDR까지 규정하고 있다.

이러한 항공운송인의 책임제한이 인정되었던 근거로는 주로 연혁상의 이유, 손해배상액을 통일하고 항공산업을 계속 보호, 육성하여야 한다는 정책적인 이유, 위험 및 손해를 예측할 수 있게 함으로써 책임보험 활용이 용이하여 위험을 대비한 특별한 비용지출이 방지되고 그 결과 운임이 절감되어 항공기업의 경영합리화와 더불어 여객·화주에게도 이익이 된다는 실제상의 이유를 들고 있다.

그러나 이러한 책임제한을 인정하는 근거에 대하여 비판론자로부터 많은 논의가 있어 왔는데 그 주요골자는 과거에 비하여 기업기반이 공고화되고 보험제도가

46

크게 발달한 현대에 와서도 이들 기업에 다른 육상기업 이상의 강력한 국가적 보호를 베푸는 것이 절대적으로 필요한가 또 국제적 보호와 육성이 필요하다고 하더라도 이를 책임제한이라고 하는 피해자의 일방적인 희생을 강요하는 방법으로 행하는 것이 정당한지에 대해 의문이 제기되었고 오늘날 항공기의 대형화, 항공운송의 복잡화에 따라 기업활동과 전혀 무관한 제3자에게 손해를 발생시킬 기회가 증대되었고 이때 제3자는 항공기업의 활동에 의하여 아무런 직접적인 이익을 받는 것도 아닌데 이들에게 희생을 강요한다는 것은 기업활동의 위험을 이와 무관한 제3자에게 이전하는 것이라고 볼 수밖에 없어 책임제한은 폐지되어야 한다고 주장한다.

그러나 이러한 유한책임원칙은 오늘날 대부분의 국가들이 국내항공운송에 있어서 책임제한제도를 폐지하였고, IATA기업 간 협정 즉, IIA에서 항공사들이 자진하여 국제항공운송에서도 책임제한을 포기하였으며, 1999년 몬트리올조약에서 사실상 무한책임주의를 채택하였으므로 더 이상 논의의 실익은 없어졌다고 할 것이고 화물에 관한 규정 등 여전히 유한책임을 채택하고 있는 몇 개 부분에서 그 존재의 의의를 찾아야 할 것으로 본다.53)

2) 책임한도액

항공운송인의 책임한도액과 관련하여서는 사고발생 시 그 한도금액 모두를 지급하여야 하는 것인가 하는 것인데 판례는 이를 실 손해액으로 보고 있다. 즉 먼저 실 손해액을 산정한 다음 그 실 손해액이 한도액을 초과하더라도 그 한도액 내에서 이를 보상하고 남은 손해액에 대해서는 이를 보상하지 아니하고 또한 실 손해액이 동 한도액 아래인 경우는 입증된 동 실 손해액까지만 배상한다. Eastern Airline Inc. v. Floyd 사건에서 법원은 몬트리올협정에 의한 여객에 따른 손해배상액은 무조건 $75,000를 지급한다는 의미가 아니라 그 한도 내에서 입증되는 실 손해액에 한하여 이를 배상하여야 한다고 한다. 실 손해액의 산정방법은 각국의

---

53) 김종복 외 2인 공저, 전게서, 118면. 몬트리올조약 1999에서는 2단계 책임주의를 취하고 있다. 10만 SDR이하에 대해서는 절대책임을, 10만 SDR 이상에서는 과실추정책임주의를 취하고 있으나 책임액에 대한 상한이 없고 항공사가 과실없음을 입증하는 것이 지극히 어렵다는 점에서 사실상 무한책임을 인정한 것으로 보아도 무방할 것이다.

국내법에 따른다.54)

책임한도액과 관련하여서는 책임한도액에 대한 이자는 별도로 계산하여야 하는 지 아니면 이것을 한도액에 포함하여야 하는지가 문제 된다. 판결 후 지급 시까지의 이자는 당연히 별도로 인정된다. 판결 전의 이자에 관해서는 조약은 운송인의 책임을 절대적으로 제한한다는 이유로 부정하는 견해와 법정지의 법원칙에 따라 이를 긍정하는 견해로 나뉘고 있다.

부정설의 근거는 첫째, 운송인의 책임을 절대적으로 제한하고자 하는 조약 및 몬트리올협정의 목적상 이를 허용할 수 없고 둘째, 운송인의 책임은 조약 제22조에 의하여 제한되는데 소송비용의 경우에는 동 조 제4항에서 책임한도액을 초과하는 비용재정을 허용하는 데 대하여 이자의 경우에는 그러한 정함이 없다는 것은 책임한도액 이상의 이자는 허용될 수 없다는 것으로 해석될 수 있다고 한다.

긍정설의 근거는 첫째, 조약 제22조 제1항에서 손해배상액의 정기지급방식을 허용하고 있는데 이것은 조약 자체가 현재의 화폐가치와 미래의 화폐가치의 차이를 인정하고 있는 것이며 둘째, 책임한도액은 계약상의 손해배상금의 성질을 갖고 있는데 전통적으로 손해배상금에 대한 지연이자는 허용되어 왔고 셋째, 판결의 지연이 피고에게 유리하게 작용되어서는 안 된다는 이유로 국내법 또는 법원의 재량에 따라 이를 인정하여야 한다고 한다.

생각건대, 부정설은 조약의 문언에는 충실한 해석이지만 조약 제22조의 책임한도액은 그 이자까지도 포함한 것이라는 명시적 규정이 없는 한에 있어서는, 판결의 지연이 피고인 운송인에게 유리하게 작용하여서는 안 될 뿐만 아니라 피해자 보호의 입장에서 이를 긍정하여야 한다고 본다. 학설도 이를 인정하는 것이 다수설이다.55) 판례도 이를 긍정하고 있다.56) 따라서 긍정설에 의할 때 판결 전의 이자는 책임한도액 내에 산입되지 아니한다.

---

54) United States District Court, N.D. California, Willie H. Harrio, et al, v. Polskie Linie Lotnicze, et al., 21 Mar.1996; 17,449. 이 사건에 대한 항소심: United States Court of Appeals for the Ninth Circuit, 21 Jun. 1987:20 Avi 18,074.

55) 최준선, 전게서, 123 – 124면.

56) In re Air Crash Disater Near Honolulu Hawaii, On February 24, 1989, No.MDL 807(N.D. Cal. Sep.29,1990).

(2) 책임제한고지

　책임제한의 고지에 관해서는 바르샤바조약 제3조 제1항에서 여객항공권상의 기재사항 중 책임제한에 관한 주의문구를 기재하지 않았을 경우 운송인은 책임제한을 원용할 수 없다고 규정하고 있다.

　이 책임제한의 고지와 관련하여서는 사용될 문자의 크기와 위치가 문제가 되었었다. 바르샤바조약상에서는 이에 대한 어떠한 제한을 하고 있지는 않으나 1966년의 몬트리올협정은 여객항공권의 운송인의 책임에 관한 기재는 반드시 10point 이상의 활자로 기본과 대비되는 색깔의 잉크(contrasting ink)로 인쇄되어야 한다고 규정하고 있다. 이러한 요건이 구비되지 않은 경우 운송인이 책임제한을 원용할 수 있는가가 종전에 문제가 되었다. 일부 학설과 판례는 운송인의 책임에 관한 고지가 눈에 잘 띄지 않는 곳에, 지나치게 작은 활자로 인쇄되어 있어 사실상 읽어 볼 수 없을 정도인 경우 그 증권은 조약상의 증권이라 할 수 없고, 따라서 운송인은 그 책임을 감면하는 조약상의 규정을 원용할 수 없다고 하였다.57) 반면 조약이 요구하는 것은 책임제한에 관한 기재일 뿐이므로 항공권이 교부되었으면 충분하고 활자의 크기는 상관없다는 판결58)도 있어 판례가 갈려 있었는데 여객항공권의 책임제한에 관한 고지는 활자의 크기 여하에 불구하고 운송인은 그 책임제한을 원용할 수 있다고 본 판례가 다수였다.

　그 이유는 바르샤바조약이나 몬트리올협정 어느 것도 고지형식 위반의 경우 운송인의 책임제한 원용권을 박탈한다고 규정하고 있지 않기 때문이다. 특히 몬트리올협정의 주요 목표는 책임한도액의 인상이지 책임한도액의 고지방법이 아니기 때문이다.

　이 문제는 미국 연방대법원이 1989년 Elisa Chan, et al. v. Korean Air Lines Co., Ltd. Case에서 8point의 활자로 인쇄된 경우에도 책임제한을 원용할 수 있다

---

57) U.S. Court of Appeals, 2nd Cir., Lisi v. Alitalia, 1Apr. 1966: 9 Avi 18,374, Avi 18,120, 10 Avi 17,785: 4point로 축소 인쇄된 책임제한에 대한 고지는 눈에 띄지도 않고 읽을 수도 없었던 것이어서 적절한 고지로 인정할 수 없다고 하여 조약상의 책임제한을 원용할 수 없다고 하였다.

58) Ludecke v. CPA, Court of Appeal, District of Montreal, Province of Qubec, 2 Dec. 1974: 13 Avi 17,454, Supreme Court of Canada, 20 Mar. 1979: 15 Avi 17,687.

는 판결을 내림으로써 논쟁에 종지부를 찍었다.

즉, 미국 연방대법원은 바르샤바조약과 몬트리올협정에 명문의 근거가 없음을 중시하여, 경우에 따라 법원이 다소 자의적으로 해석해 온 판례를 파기하고 바르샤바조약과 몬트리올협정을 엄격히 해석하여 법이 요구하지 않는 항공권의 활자의 크기는 문제 삼을 수 없다고 해석한 것이다.

[관련판례 1: Elisa Chan, et al. v. Korean Air Lines Co., Ltd][59]

1. 사건의 개요

1983년 9월 1일, 사할린 상공에서 소련 공군기가 뉴욕의 케네디 공항을 출발하여 한국의 서울로 향하던 대한항공 여객기를 격추, 여객기에 타고 있던 269명의 승객 전원이 사망하는 사건이 발생하였다.

희생자들의 유족들은 이 불법한 죽음에 대하여 대한항공을 상대로 Federal District Court에 소송을 제기하였고 이는 사전심리를 위하여 District Court for the District of Columbia로 이송되었다.

본 사건과 관련 문제가 된 표제의 사건은 바르샤바조약에 따른 책임한도를 고지할 의무와 관련된 사안이다. 당시 대한항공은 사고 항공기에 탑승한 승객에게 대한항공이 바르샤바조약상 원용할 수 있는 책임한도에 관한 내용을 8point로 인쇄한 항공권을 교부하였는바 이와 같이 몬트리올협정상의 규정(반드시 10point이상의 활자로 기본과 대비되는 색깔의 잉크로 인쇄)을 따르지 않은 대한항공이 바르샤바조약상의 책임한도액을 원용할 수 있는지가 쟁점이 되었다. 희생자의 유족들은 법적인 문제로 대한항공은 완전한 크기의 글자로 항공기에 탑승한 승객들에게 책임제한에 관한 고지를 할 책임이 있음에도 불구하고 불완전한 항공권을 교부하였으므로 조약상의 책임제한을 원용할 수 없다고 주장하였다.

---

59) Chan v. KAL, 490 U.S.122, 1989.

2. 원심판결

대한항공은 바르샤바조약상의 책임한도와 관련하여 몬트리올협정에서 요구하는 것, 즉 '승객의 사망이나 상해 발생 시 적용될 수 있는 바르샤바조약상의 책임한도에 대해 10point의 글자 크기로 인쇄하여 승객에게 고지할 의무'를 이행하지 않았다. 그러나 여기서 10point의 요구는 CAB의 규제에서 유래한 것으로 보상에 있어 책임제한을 없애려는 전통적인 미국의 입장에 힘입어 '적절한 고지(adequate notice)'의 구체적인 요건을 만들기 위해 바르샤바조약의 해석에서도 적용되었던 것뿐이다. 이는 지역적 규제에 불과하므로 몬트리올협정에 동의한 운송인이라 하더라도 외국의 운송인에게까지 적용되어야 하는 것은 아니다 또한 Warsaw System은 10point의 글자로 '적절한 고지'를 할 것을 요구하지도 않았으며 10point로 고지의무를 이행하지 않은 경우의 책임한계에 대해서도 규정하고 있지 않다. 따라서 10point로 고지하지 않은 대한항공이 바르샤바조약상의 책임한도를 주장할 수 없다는 원고의 주장은 받아들이지 않는다고 판결하였다.

3. 항소심 판결

항소심은 바르샤바조약에 관한 법원의 해석이 적절했음을 인정한다는 전심의 판단을 확인하는 판결을 내렸다.

4. 연방대법원판결

원고가 몬트리올협정에서 10point의 요구가 없더라도 바르샤바조약 제3조에 의하여 승객에 대한 '적절한 고지(adequate notice)'를 하지 않았을 경우 조약상의 책임한도를 원용할 수 없다고 보충·주장한 데 대해 연방대법원은 '적절한(adequate)'이란 단어는 언급되지 않았고 바르샤바조약 제3조 제2항은 항공권을 미교부한 경우 책임한도를 원용할 수 없음을 규정하고 있는 것이지 항공운송인이 '적절한 고지'에 실패했을 경우 이를 원용할 수 없음을 규정하는 조항이 아니다. 또한 제3조 제2항 전문에서 규정한 '부적절한(irregularity) 항공권'은 조약상에서 조약의 유효성과 관련된 조항의 효력에 영향을 미치지 않으며 책임한도를 원용할 수 없는 항공권에 해당하지 않는다.

따라서 교부된 항공권은 흠결 여하를 불문하고 제3조 제2항의 미교부된 항공권이 아니다. 문제의 대한항공의 항공권은 일단 교부되었고 다소 흠결이 있더라도 책임제한에 관한 고지를 하고 있으므로 책임한도를 원용할 수 없는 항공권이라 볼 수 없다. 따라서 대한항공이 교부한 항공권은 조약상의 책임한도 제한규정을 원용하는 데 영향을 미치지 않고 바르샤바조약상 손해에 대한 책임한도를 10point가 아닌 8point로 인쇄하여 고지한 피고(대한항공)는 바르샤바조약상 책임한도액을 원용할 이익을 잃지 않는다고 판결하였다.

나아가 조약의 초안자들은 애매한 조문을 명확히 하기 위하여 논의를 거쳤던 것으로 보이지만 적어도 그 조문이 명확해지기 전까지는 대법원이 그 논의를 따라 이를 수정하여 해석하는 것은 월권해석이라고 하였다.

[관련판례 2: 서울지방법원판결, 94가합3525]

본건은 국내항공사고에서 책임제한에 관한 항공사의 약관의 효력을 부인하고 실 손해에 따른 배상결정을 한 판결이다.

판결의 요지는 다음과 같다.

1. 배상책임 제한조항의 유효여부

약관의 통제원리로 작용하는 약관규제법상의 신의성실의 원칙은 약관이 항공운송인에 의하여 일방적으로 작성되고 여객으로서는 그 구체적 조항내용을 검토하거나 확인할 충분한 기회가 없어 계약을 체결하게 되는 계약 성립의 과정에 비추어, 약관 작성자는 여객의 정당한 이익과 합리적인 기대 즉 여객의 손해전보에 대한 합리적인 신뢰에 반하지 않고 형평에 맞게끔 약관을 작성하여야 한다는 행위원칙을 가리키는 것이며, 보통 거래약관의 작성이 아무리 사적 자치의 영역에 속하는 것이라고 하여도 위와 같은 행위원칙에 반하는 약관조항은 사적 자치의 한계를 벗어나는 것으로서 법원에 의한 내용통제 즉 수정해석의 대상이 되고 이러한 수정해석은 조항 전체가 무효사유에 해당하는 경우뿐만 아니라 조항 일부가 무효사유에 해당하고 그 무효부분을 추출 배제하여 잔존부분만으로 유효하게 존속시킬 수 있는 경우에는 가능하다 할 것이다.

피고의 약관상의 책임제한조항을 문언 그대로 여객의 사상의 모든 경우에 있어 아무런 제한 없이 손해배상의 범위를 제한하는 것으로 해석하게 되면, 광범위하게 책임을 제한하는 물건운송과는 달리 책임제한을 인정하지 않는 상법상의 운송인의 책임조항[철도에 의한 여객운송, 선박에 의한 해상여객운송(다만 선박운송인의 총체적인 책임제한만을 인정하고 있다) 등], 승객을 거의 절대적으로 보호하고 있는 자동차손해배상보장법상의 책임조항(자동차에 의한 여객운송), 피용자의 불법행위의 경우 손해배상의 범위에 일반적인 제한규정을 두고 있지 아니한 민법의 규정, 또한 앞서 본 헤이그의정서의 조항의 각 취지에 어긋나는 불합리한 결과가 생기게 된다. 따라서 피고의 운송약관 중 위 책임제한조항은 여객의 정당한 이익과 합리적인 기대에 어긋나는 것으로서 여객에게 부당하게 불리하고 운송업자가 부담하여야 할 손해배상 책임을 상당한 이유 없이 제한하는 것이어서 현저하게 형평을 잃은 것이라고 하지 않을 수 없으며, 이는 항공운송사업자 및 그 보험자의 공동이익과 여객운임의 등가성, 저렴성 등을 고려하더라도 마찬가지라고 할 것이다. 결국 위 배상책임 제한조항이 청구원인이 무엇이든지 간에 항공운송사업자 및 그 피용자의 고의 또는 과실로 인한 행위로 손해가 발생한 경우에까지 적용된다고 보는 경우에는 그 조항은 신의성실의 원칙에 반하여 공정을 잃은 조항으로서 약관규제법의 각 규정에 비추어 무효라고 볼 수밖에 없다. 그러므로 위 배상책임 제한조항은 위와 같이 수정 해석할 필요가 있으며 그와 같이 수정된 범위 내에서 유효한 조항으로 유지될 수 있다 할 것이다.

2. 배상책임 제한조항이 불법행위로 인한 책임에도 적용되는지 여부

여객운송계약상의 채무불이행 책임에 관하여 여객운송약관상 면책 내지 책임제한 특약이 있어 그에 따라 운송계약이 이루어졌다고 하여도 일반적으로 이러한 특약은 운송계약상의 채무불이행 책임을 묻는 경우에만 적용되는 것이고 이를 불법행위 책임에도 적용키로 하는 별도의 합의가 없는 한 당연히 불법행위 책임에 적용되는 것은 아닌바, 이 사건에 있어 여객인 망인과 피고 회사 사이에 피고의 약관상의 위 배상책임 제한조항을 불법행위 책임에도 적용하기로 하는 별도의 합의가 있었음을 인정할 아무런 증거가 없다.

3. 헤이그의정서가 국내여객항공운송에도 적용되는지 여부

여객의 국제항공운송에 관해서는 국내법과 동일한 효력을 가지고 있는 헤이그의정서가 상법의 특별법으로 적용된다 할 것이다. 그러나 여객의 국내항공운송에 관해서는 특별법이 제정되어 있지 아니하며 다른 운송수단에 의한 여객운송과 달리 취급할 근거가 없으므로 원칙적으로 일반법인 상법이 적용되고, 국내항공운송 중 운송인의 고의 또는 과실로 인하여 항공기 사고가 발생하여 손해를 입은 여객이 운송인에게 불법행위를 청구원인으로 하여 손해배상을 청구하는 경우에는 원칙적으로 일반법인 민법이 적용되어 헤이그의정서는 적용 내지 준용되지 아니한다 할 것이다.

(3) 항공운송증권상의 요건의 흠결

모든 항공운송증권에는 그 필요적 기재사항으로 ① 출발지와 도착지 ② 동일 체약국 내에서 운송이 개시되고 종료되는 경우 예정 기항지가 외국에 있으면 그 예정 기항지, ③ 당해운송의 최종도착지 또는 기항지가 출발지국 이외의 국가에 있는 경우, 조약이 적용된다는 사실 및 조약이 여객의 사망, 상해 및 수하물·화물의 멸실, 손괴에 대한 운송인의 책임을 제한한다는 뜻의 고지를 반드시 기재하여야 한다(바르샤바조약 제3조 제1항, 제4조 제1항, 제8조).[60] 이들 기재사항의 부존재, 불비 등은 운송계약의 존재 또는 효력에 영향을 미치지 아니하고 조약의 적용을 받는다. 위 ③에 있어서 책임제한의 고지에 대해서는 앞에서 설명한 바 있다. 문제는 바르샤바조약 제3조 제1항에서 항공권을 교부하지 않은 경우에 한하여 운송인은 조약 제22조의 책임제한규정을 원용할 수 없다고 정하고 있을 뿐, 기재부실의 경우에는 제22조의 규정을 원용할 수 있는지의 여부에 관하여 구체적인 정함이 없다.

---

60) 헤이그의정서 및 몬트리올조약에서는 항공운송증권의 필요적 기재사항을 대폭 간소화하였다. 바르샤바 원조약은 필요적 기재사항으로 항공권에 5가지, 수하물표에 8가지, 항공화물운송장에는 무려 10가지의 필요적 기재사항과 7가지의 임의적 기재사항을 규정하였었다.

운송인의 책임에 관한 고지 이외의 기재사항에 대한 기재흠결에 대해서는 흠결이 있더라도 책임제한을 원용할 수 있다고 하여야 할 것이다. 실제에 있어서 이들 사항의 기재요구는 손해배상액을 산정하기 위한 것이기 때문에 이들 기재가 없다고 하여 책임제한이 적용되지 않는다는 것은 부당하다. 바르샤바조약을 개정한 헤이그의정서에서 이를 요구하지 않고 있는데 이는 바로 이런 이유 때문이며 이 문제는 바르샤바조약이 적용되는 경우에만 문제 된다.

판례는 나뉘고 있으나 긍정하는 것이 다수의 판례이다. 문제가 된 판례로는 바르샤바조약 제4조가 규정하고 있는 수하물표에 위탁 수하물의 개수와 중량을 기재하지 아니하였다고 하더라도 운송인은 조약상의 책임제한을 원용할 수 있는가 하는 점에 관한 것인데 이를 긍정하는 것이 다수의 판례이다. 즉, 수하물표에 위탁 수하물의 개수와 중량을 기재하는 것은 기술적이고 중요하지 않은 것이므로 이를 생략할 수 있으며, 이를 생략하더라도 운송인은 조약상의 책임제한을 원용할 수 있다고 한다.[61) 항공화물운송장의 경우에도 그 기재요건 중 일부를 결하였다고 하더라도 그 결함이 송·수하인을 해하였음이 증명되지 않는 한 운송인은 조약에 따라 책임이 제한된다.[62)

한편 이와 반대로 운송인은 조약 제4조의 수하물표의 기재요건을 결하여 수하물의 개수와 중량을 기재하지 아니한 이상 조약상의 책임제한을 원용할 수 없다는 판결도 있다. 이에 의하면 운송인은 그와 같은 기재사항을 기재하지 않은 것이 중요한 것도 아니고 여객의 권리를 침해하는 것도 아니며, 조약 제4조가 그러한 기재를 요구하는 것은 수하물표의 기술적·형식적 요건을 규정한 것으로서 현실적으로도 적용되지 않고 있다고 주장하였다.

그러나 법원은 조약은 엄격히 해석되어야 한다고 전제한 다음, 조약 제4조의 문언이 명백하고 그 문언대로 의미 및 효과가 주어져야 하며 운송인으로 하여금 조약이 정한 최소한의 요건을 충족할 것을 요구하는 것이 부당하거나 지나치게 기

---

61) New Jersey Superior Court, Mario Lourenco and Patricia Lourenco v. Trans World Airlines, Inc., 20 Jul. 1990: 22 Avi 18, 447; United States Court of Appeals for the Second Circuit, Republic National Bank of New York v. Eastern Airlines, Inc., 30 Mar. 1987: 20 Avi 17,920.

62) United States District Court, Southern District of New York, Victoria Sales Corporation et al, v. Emery Air Freight, Inc. et al., 5Jul. 1989: 21 Avi 18,529.

술적인 것도 아니라고 한다. 나아가 조약상의 운송인의 책임제한은 운송인의 수하물의 개수와 무게를 나타내는 수하물표의 발행 등 조약이 정한 요건을 충족할 것을 조건으로 인정되는 것이라고 한다.

또한 운송인이 이를 정확히 기재해 주어야만 여객이 운송인의 책임한도를 알 수 있기 때문이라고 한다.

항공운송증권과 관련한 문제로서는 이 이외에도 항공권의 교부의 문제가 있다. 바르샤바조약상에서는 승객에게 항공권을 교부하지 않은 항공운송인은 책임을 배제하거나 제한하는 바르샤바조약의 규정을 적용받을 수 없어서 항공운송인으로서는 일정한 사항이 기재된 항공권을 반드시 교부할 필요가 있었다(바르샤바조약 제3조 제2항). 이것이 1996년 항공사 간 기업협정, 1999년 몬트리올조약에서 승객배상책임에 대해 무한책임을 채택하였기 때문에 현재는 항공권의 발행·교부가 종전과 같이 큰 의미를 가지는 것은 아니라고 할 수 있다.

또한 몬트리올조약 제3조 제2항에서 운송증권의 표시사항의 정보를 보존하는 모든 방법은 증권의 교부에 대신할 수 있다고 규정하고 있는바 이제는 교부 자체를 필수적이 아니라고 할 수 있다. 그러나 몬트리올조약 제3조 제4항 및 5항에서 "운송인이 승객에게 사망·상해로 인한 손해배상의 책임제한 사항을 서면통지(written notice)를 하지 않았을 경우 책임제한을 원용할 수 없다"고 규정하고 있으므로 비록 항공권의 형태는 아니더라도 책임제한에 관한 서면통지는 중요한 의미를 갖는다. 문제가 되는 것은 인터넷 전자판매의 경우 서면통지의 방법과 그 효력의 문제이다. 보통 인터넷을 통한 전자발권의 경우 승객이 전자발권을 위해 항공운송인의 홈페이지에 접속하면 항공운송인의 책임제한 내용이 기재된 화면이 표출되고 승객이 승낙한 경우에만 전자발권이 가능하다. 몬트리올조약상 인터넷 거래의 경우에 대비한 책임제한 사항의 전자문서 통지규정이 없으나 동 조약 제3조 제2항이 서면 이외의 항공권 기재사항을 저장하는 수단에 의해 승객에게 통지하는 것을 허용하고 있으므로 동 조항을 유추하여 인터넷으로 통지되는 책임제한 사항도 전자문서로서 서면통지로 볼 수 있다고 본다.

우리나라 전자거래 기본법에서도 전자문서는 다른 법률에 특별히 규정이 있는 경우를 제외하고는 전자적 형태로 되어 있다는 이유로 문서로서의 효력이 부인되지 아니한다고 규정하고 있다.63)

[관련판례 1: American Home Assurance Co. v. Jacky Maeder (HongKong) Ltd.][64]

이 사건은 Singapore Airlines가 Hongkong으로부터 New York으로 수송한 시계들이 강도들의 창고침입에 의하여 도난당한 사건에 대해 소송이 제기된 건이다.

원고는 약식재판을 통하여 이 사건에 있어서 항공운송인은 항공화물운송장에 예정 기항지로 기재된 2곳(Singapore, Frankfurt)과 다른 항공편으로 수송되었기 때문에 바르샤바조약상의 책임제한을 원용할 수 없다고 주장하였다. 법원은 이에 대해 당사자 간에 항공화물운송장에서 요구하는 예정 기항지에 대한 합의가 있었음을 추론하여 원고의 신청을 받아들였다. 나아가 동 항공화물운송장은 중간예정 기항지를 항공사의 timetable에 적절히 기재하지 못하였다고 하면서 Singapore Airlines는 바르샤바조약 제22조의 책임제한규정을 원용할 수 없다고 판결하였다.

[관련판례 2: D'Arrigo v. Alitalia][65]

본 사건의 원고는 New York/ Naples/ New York에서 발생한 수하물 파손에 대하여 손해배상을 요구하는 소액소송을 제기하였다. 원고는 나폴리 도착 시 위탁 수하물의 파손을 발견하고 Alitalia에 서면으로 파손신고를 하였으나 New York 도착 시 다른 위탁 수하물에 파손이 발생한 것을 발견하였을 때에는 Alitalia 직원에게 구두로 신고하였으며 그 직원은 구두로 제기한 Claim을 컴퓨터에 입력하였다. Alitalia는 첫 번째 수하물의 파손에 대해서는 원고의 claim 접수를 인정하였으나 두 번째 파손건에 대해서는 서면에 의한 claim 제기가 없었으므로 바르샤바조약에 따른 유효한 claim notice를 인정할 수 없다고 주장하였다. 본 소송의 주요쟁점은 승객이 직원에게 구두로 claim을 제기하고 직원이 이를 컴퓨터에 입력한 경우 바르샤바조약에 따른 'written

---

63) 전자거래기본법 제4조(전자문서의 효력).

64) 999F. Supp. 543(S.D.N.Y. 1998).

65) Misc. 2nd 188, 745 N.Y.S. 2nd 816(2002).

notice of a claim'으로 인정할 것인지의 여부가 문제되었다. 재판부는 바르샤바조약상에 'writing'의 개념이 정의되어 있지 않아 New York 주법을 참고하였다. New York 주 Technology Law 제106조는 전자기록에 의한 증거를 허용하고 있으며 이것이 적용되지 않은 몇 가지 예외조항을 규정하고 있으나 바르샤바조약에 따른 수하물 파손 claim은 동 예외조항에 포함되지 않는다. 이와 같은 점을 감안하여 재판부는 피고의 직원이 승객의 claim을 컴퓨터에 입력한 것은 New York 주법에 따른 'writing'에 해당되며 바르샤바조약의 notice requirement를 충족시킨다는 결론을 내렸다. 나아가 재판부는 항공사들이 'e-ticket'을 시행하고 있는 오늘날의 현실에서 claim의 유효요건으로 서면통보만을 강요하는 것은 모순이라는 견해를 밝혔다.

(4) 징벌적 손해배상

징벌적 손해배상(punitive damage)이라 함은 손해의 전보 내지 명목적인 손해배상과는 달리 타인의 권리에 대한 피고의 악의(evil motive) 또는 무모한 무관심(reckless indifference)에 기하여 무법한(outrageous) 행위를 한 자를 징벌하고, 장래에 그자나 다른 자가 유사한 행위를 하지 못하게 억지하기 위하여 인정되는 손해배상이다.

이 징벌적 손해배상은 바르샤바조약 제17조의 '손해(damage sustained)' 또는 '신체상해(bodily injury suffered)'에는 해당하지 않는다는 것이 판례의 태도이다.

항공운송인에게 wilful misconduct가 인정되는 경우에는 징벌적 손해배상을 인정하여야 한다는 일부 주장이 있으나 항공운송인에게 wilful misconduct가 있었는지 여부를 불문하고 바르샤바조약이 적용되는 한 징벌적 손해배상의 청구를 인정할 수 없다고 본다. 그 근거를 다음과 같은 사유를 들고 있다.

첫째, 바르샤바조약의 본래 목표는 국제통일조약을 채택함으로써 항공운송인의 책임을 제한하는 동시에 항공운송인의 책임에 관한 규정을 국제 통일적으로 해석하도록 하기 위한 것이다. 징벌적 손해배상을 인정하려면 명문규정이 있어야 하는데, 미국 법에서만 인정되는 징벌적 손해배상은 바르샤바조약의 해석상 인정할 수 없다.

둘째, 조약 제17조도 모든 일반적인 법적 손해를 규정하고 있다기보다는 사고에 의하여 발생된 실 손해(actual damage by an accident)를 배상할 것을 규정한 것이다.

셋째, 조약 제25조 제2항을 규정함에 있어서도 입법자들의 common law상의 징벌적 손해배상을 바르샤바조약 아래서도 인정하려는 의도였다고 볼 수는 없고, 항공운송인에게 wilful misconduct가 있는 경우에는 책임제한 원용권을 박탈하여 무한책임을 인정하려는 것일 뿐이다.

넷째, 징벌적 손해배상을 인정하면 항공운송인의 책임보험체계에 혼란이 야기되어 항공운송인으로 하여금 보험에 가입할 수 있도록 한다는 조약의 원래의 의도가 말살된다.

다섯째, 항공운송인에게 wilful misconduct가 있는 경우에는 징벌적 손해배상이 인정된다고 한다면, 모든 청구인이 당연히 항공운송인의 wilful misconduct를 주장하게 됨으로써 최소한의 소송비용으로 단기간에 손해배상문제를 해결한다는 조약의 본래의 의도가 퇴색된다는 것이다.

그런데 몬트리올조약에서는 징벌적 손해배상을 인정하지 않는다는 취지를 아예 명시적으로 규정하여 이의 인정여부에 대한 논란의 여지를 없앴다(동 조약 제29조 후단). 몬트리올조약에서 징벌적 손해배상을 배제하는 명시적 규정을 둔 것은 제5의 재판관할권에 반대하는 의견에 대하여 완충제로서 두었다는 의견이 있다.

제5재판관할권이 인정되면 여객의 사상에 대해서는 배상액이 높은 미국에서 소송이 제기될 가능성이 증가하므로 미국에서의 고액의 징벌적 손해배상에 대한 염려를 명문으로 불식시킬 필요가 있었다는 것이다. 관련문제로서 징벌적 손해배상의 배제가 항공운송인의 사용인 또는 대리인에게도 적용되는가 하는 문제가 있다. 판례는 이를 긍정하고 있다.

[관련판례 1: Laor v. Air France][66]

이 사건은 원고가 화장실에서 흡연을 함으로써 화재경보가 발생하여 강제로 격리된 사건인데 원고는 이 과정 중 부당한 공격과 감금으로 부상을 당하였다고 하면서 이에 대한 손해배상과 징벌적 손해배상을 구하는 소송을 제기하였다.

---

66) 1998 WL 892077(S.D.N.Y. Dec. 17,1998).

법원은 바르샤바조약은 징벌적 손해배상에 대한 별개의 claim을 인정하지 않는다는 이유로 원고의 이에 대한 청구를 받아들이지 않았다.

[관련판례 2: In re Air crash Disaster Near Peggy's Cove, Novia Scotia][67]

Novia Scotia에서 발생한 Swiss Air 추락사고 관련 소송에서 원고는 추락사고의 주된 원인이 In-Flight Entertainment의 오작동이며, 공동피고인 정비조업사에게 동 System의 장착 및 정비에 관한 책임이 있다고 주장하면서 Swiss air SR Technics 등 피고들에게 Punitive Damage를 청구하였다. 이에 대해 재판부는 Swiss Air뿐만 아니라 Warsaw Convention 및 동 조약의 책임관련 조항이 SR Technics에도 적용된다고 판결하였다.

그 이유로 바르샤바조약상의 'Carrier'는 Carrier를 대신하여 항공기 운항에 필수적인 서비스를 제공하는 employee와 agent를 포함하는 개념이며, 조업사의 조치는 운항을 위한 필수적인 업무로 보았다.

[관련판례 3: Hunt v. Taca international Airlines, Inc.][68]

본 사건의 원고는 1993년 4월 3일 과테말라의 과테말라시에 추락한 TACA 501 항공사고에서 생존한 승객으로 동 사고로 입은 개인적인 부상에 대한 손해와 징벌적 손해배상을 요구하는 소송을 제기하였다. 법원은 항공사가 Wilful Misconduct에 해당한다고 하더라도 징벌적 손해는 바르샤바조약에서 배상되는 손해가 아니라는 이유로 원고의 징벌적 손해에 대한 배상청구를 기각하였다.

---

67) U.S. Dist. LEXIS 3308(E.D.Pa. 2002).

68) 1997 WL 738594(E.D.La.Nov. 17. 1997).

60

(5) Wilful Misconduct

바르샤바체제가 국제항공운송인의 책임에 관해 유한책임원칙을 채택하였지만 여기에는 예외가 있었다. 즉, 바르샤바조약 제25조에 의하면 운송인 측의 wilful misconduct 또는 소가 계속된 법원이 속하는 법률에 의하면 wilful misconduct에 상당하다고 인정되는 default에 의하여 손해가 생긴 경우에는 운송인은 조약상의 책임제한을 원용할 수 없고 무한책임을 진다. 여기서 문제가 되는 것은 'wilful misconduct' 및 'wilful misconduct에 상당하는 default'의 의미가 무엇인가 하는 것이다.

'wilful misconduct'의 의미를 둘러싼 논의는 1970년대 들어 새로 제정된 과테말라의정서 및 몬트리올 제4의정서에서는 동 조항이 삭제되고 새로운 책임제도가 도입되었기 때문에 사실상 더 이상의 논의의 실익이 없어졌다고 하였으나 바르샤바조약 및 헤이그의정서가 적용되는 곳에서는 여전히 계속되고 있고 또한 바르샤바조약은 이들 의미의 해석에 관하여 법정지법에 위양하였기 때문에 각국 법원마다 해석이 달라 복잡한 문제가 야기되고 있어 이를 명확히 할 필요성이 있다.

바르샤바조약 제25조는 헤이그의정서에서는 그 내용이 수정되었다. 즉, 원조약상의 'wilful misconduct'를 삭제하고 이를 '가해할 의사로서 또는 무모하게 또는 손해가 아마 발생할 것이라는 인식으로서 행하여진 작위나 부작위'(an act or omission done with intent to cause damage or recklessly and with knowledge that damage would probably result)라는 표현으로 대체되었다. 따라서 개정조약의 적용을 받는 우리나라에서는 이를 논의할 실익이 없지 않느냐는 일부 주장이 있는데 이는 결국 원조약의 'wilful misconduct'를 구체적으로 풀어쓴 것이어서 결국 같은 문제이기 때문에 논의의 실익이 있다고 하겠다. 또한 헤이그의정서의 이 조항에 대해서도 논쟁이 있다. 원래 'wilful misconduct'는 바르샤바조약에서 운송인의 책임제한의 예외를 정하는 규정을 제정 시 고의 및 고의보다는 약간 넓으나 중과실(faute lourde, gross negligence)까지는 포함하지 않는 개념을 염두에 두고 선택한 용어다.[69]

---

69) Rene H. Mankiewicz, The liability Regime of the International, Air Carrier, Kluwer Law and Taxation Publishers.,(1986) p.122.

문제는 'wilful misconduct에 상당하는 default'인데 이는 영미법상에는 없는 개념으로서 대륙법계 국가들에 의한 것이다. 일반적으로 대륙법계에서는 이를 중과실로 보고 있는 것 같다. 이에 대해서 wilful misconduct는 일정결과의 발생을 인식하고서도 그 결과의 발생을 인용하는 경우, 즉 고의 내지는 고의적으로 그 결과를 고려하지 않고 부주의하게 그 행위를 하는 것이라는 점에서 그 행위자의 의사를 필요로 하고 행위자의 의사가 개재되면 고의로 간주되고, 따라서 과실은 그것이 아무리 중대하더라도 행위자의 의사가 개재되지 않는 점에서 고의가 될 수 없다는 점에서 wilful misconduct는 과실이 아니라고 하면서 wilful misconduct에 상당하는 과실을 중과실로 보는 것은 잘못이라는 견해가 있다. 중과실은 영미법상의 gross negligence에 해당하고 이는 어디까지나 과실의 일종이고 고의 또는 고의에 상당하는 개념이 아니라는 것이다.[70)

판례상 나타난 wilful misconduct의 개념을 볼 것 같으면 우선 미국의 경우는 초기에는 wilful misconduct의 의미가 상당히 엄격히 해석되었다. 즉, wilful misconduct의 성립에는 행위자의 고의가 반드시 개재됨을 강조하고 wilful misconduct의 인정여부는 구체적 사안에 따라 결정될 것이며, 특히 거증책임은 원고에게 있다는 점을 명백히 하였다.[71)] 그 후 몇몇 판례에서는 약간 완화되는 경향을 보였으나 운송인의 책임한도액을 인상시킨 1966년의 몬트리올협정이 체결된 후로는 wilful misconduct의 내용을 가능한 한 축소 해석하여 wilful misconduct를 인정한 예가 거의 없다.[72)]

영국은 개정조약을 채택하였기 때문에 주로 개정조약 제25조의 'recklessly and with knowledge that damage would probably result'를 서로 분리하여 이 중 어느 하나의 요건만 충족되면 제25조가 적용된다고 보는 입장과 양자를 합하여 하나의 요건으로 보는 입장으로 나뉜다. 판례는 양자를 합하여 하나의 요건으로 보고 있는데 이를 하나의 요건으로 보는 이상 reckless를 객관적으로 인정할 수 있다고 하더라도 'with knowledge that damage would probably result'라는 문언의 지배

---

70) 최준선, 전게서, 127면.

71) New York Supreme Court, Division 1952: 3 Avi 18,057.

72) U.S. District Court for the District of Columbia, Martin v. Pan Am, 26 Apr. 1983: 17 Avi 18,352; U.S. District Court for the Southern District of New York, Piano Remittance Corp. v. Varig, 2Jul. 1984: 18 Avi, 18,381.

를 받아 '손해가 아마 발생할 것'이라는 주관적 인식이 실제로 존재하였을 경우에만 제25조가 적용된다고 한다.73)

프랑스의 경우는 우선 과실의 개념 자체도 불확실한 것으로 알려지고 있는데 판례의 경향은 대체로 '고의에 상당하는 과실'을 1957년 법의 '변명할 수 없는 과실'이라고 해석한다. '변명할 수 없는 과실(la faute inexcusable)'이란 '손해가 발생할 가능성이 있음을 인식하고서도 정당한 이유 없이 그것을 무모하게 인용한 고의적 과실'을 말하는데, 이것은 통상의 민사법에서 말하는 중과실보다 더욱 한정적인 내용을 갖는 것으로서 형사법상의 '인식 있는 과실'에 가까운 것이다.

일본의 경우는 일본최고재판소가 다이아몬드가 들어 있는 보석상자의 멸실로 인한 손해배상을 구하는 사건에서 개정조약 제25조의 '부주의하게 또는 손해가 아마 발생할 것이라는 인식으로서'를 일본 상법 제581조에서 말하는 중과실에 해당한다고 판시한 바 있고74) 그 후 스즈끼 진주점 사건에서도 같은 태도를 견지하고 있다.75)

이상 wilful misconduct의 개념을 판례 중심으로 살펴보았는데 이미 언급한 바와 같이 바르샤바조약의 개정조약인 헤이그의정서에서 wilful misconduct라는 용어 자체를 삭제하였다. 이는 조약 제25조의 해석을 법정지법에 위탁함으로써 생긴 각국의 해석상의 불일치를 종식시키기 위한 것이었다. 따라서 헤이그의정서에 의하여 개정된 바르샤바조약을 채택하고 있는 우리나라 등에서는 'wilful misconduct에 상당하는 default'의 내용이나 개정조약 제25조를 탄력적으로 해석할 여지가 없어졌다고 하겠다. 또한 과테말라의정서 및 몬트리올 제4의정서에서도 동조항을 삭제하고 새로운 책임제도를 도입하였고 이것이 국제항공책임의 통합조약인 1999년 몬트리올조약에서도 그대로 유지되고 있는바, 바르샤바조약 또는 헤이그의정서가 적용되어 조약 제25조가 문제 되는 경우 및 몬트리올조약상에서도 연착과 수하물에 적용되는 소수의 경우를 제외하고는 이에 대한 고전적 논쟁을 종지부를 찍었다고 할 것이다.

---

73) Philip Goldman v. Thai International: 1983 Air Law 171(제1심), 그러나 이 판결에 대한 2심 판결은 wilful misconduct를 부인하였다.

74) 損害賠償請求事件(日本最高裁判所 昭和 47年 3月 19日 判決), 判例時報 弟807号.

75) 鈴木眞珠店事件(日本最高裁判所 昭和 47年 3月 19日 判決), 判例時報 弟807号.

[관련판례 1: Shah v. Pan American World Services, Inc.][76]

이 사건은 1986년 파키스탄 카라치에서 Pan Am 073 항공편이 하이재킹을 당하여 20명이 사망하고 상당수의 승객이 부상을 입은 사건이다. 원고들의 한 그룹인 'Singh'은 Pan Am 항공사가 항공사의 광고선전에서 자신들의 국제선 항공의 보안을 위해 Alert Management System과 계약을 맺어 공항보안을 강화하였다는 선전을 보고 이를 믿고 파키스탄행 Pan Am 항공편을 이용하기로 결정하였으며 이는 사기에 해당하는 선전행위에 해당하는 것이라며 소송을 제기하였다.

이 소송에 있어 배심원들은 6주간에 걸친 심리 끝에 Alert Management System과의 계약에 있어 Pan Am 측의 Wilful Misconduct를 인정하였으나 이러한 Pan Am의 Wilful Misconduct가 하이재킹의 직접적인 근인은 아니라는 특별한 평결을 내렸다. 제1심 법원은 이러한 배심원의 평결에 근거하여 원고 측의 사기성 선전에 대한 claim을 각하하고 바르샤바조약상의 책임한도액에 기한 손해배상을 인정하는 판결을 내렸다.

원고는 Pan Am의 오도된 선전은 바르샤바조약 제25조의 Wilful Misconduct에 해당되므로 바르샤바조약 제22조에 근거 손해배상액을 한정한 1심의 판결은 잘못된 것이라고 1심판결에 불복 항소하였다.

항소심은 Wilful Misconduct에 대하여 Lockerbie Ⅱ 사건의 정의를 적용하였다. 동 정의에 따르면 Wilful Misconduct를 인정하기 위해서는 항공운송인이 1)그의 행위가 아마도 부상이나 사망의 결과를 초래할 수도 있다는 인식을 가지고, 또는 2)사망이나 부상이 그의 행위의 결과로서 가능하다는 인식을 가지고 있었거나 또는 무모하게 이를 무시하는 행위를 했어야 한다는 것이다.

이와 관련 법원은 원고가 다투는 Pan Am의 보안에 관한 광고선전이 Non Wilful Misconduct가 되어서는 아니 되는지 그 이유를 분명히 하지 못하였고 나아가 오도된 선전과 원고의 손해 간에 '인과관계(causal nexus)' 입증을 하여야 한다고 판시하면서 Pan Am이 원고가 주장하는 사기적인 광고선전을 하지 않았더라도 하이재킹은 일어났을 것이라는 배심원의 평결에 근거, 인과관계를 부정하고 1심판결을 지지하는 판결을 내렸다.

---

76) 148F. 3d84(2d Cir. 1998).

64

[관련판례 2: Clark & Ors v. Silk Air (Singapore) Private Ltd.][77]

1987년 12월 19일 인도네시아에서 Silk Air B737 항공기가 추락하여 승무원과 97명의 승객이 사망한 사고가 발생하였다. 원고들은 기장이 고의적으로 추락사고를 일으켰기 때문에 피고는 바르샤바조약 제25조에 의한 책임제한을 원용할 수 없다고 주장하였다. 싱가포르의 1심 재판부가 원고의 소송을 각하하자 원고는 항소를 제기하였으며 The Singapore Court of Appeal 또한 원고의 주장을 뒷받침하는 증거가 불충분하다고 판단하여 항소를 기각하였다. 항소심 재판부는 사고 원인과 관련한 원고의 주장은 개연성만 있을 뿐 충분한 입증이 뒷받침되지 않기 때문에 바르샤바조약 제25조에서 규정하고 있는 책임제한 배제사유인 Wilful Misconduct를 인정할 수 없다고 판결하였다.

[관련판례 3: SuZuki Shinjuten Co. v. Northwest Airlines, Inc.][78]

동 사건은 피고 항공사가 다이아몬드가 들어 있는 나무상자를 적색자루 속에 집어넣고 그 위에 귀중품을 나타내는 적색 정방형 표시를 하여 항공기에 탑재한 후 동 화물을 뉴욕에서 도쿄로 운송하였으나 문제의 나무상자가 분실된 사건인바, 원고 측은 이러한 분실이 피고 측의 절도나 동 화물의 안전운송의 책임이 있는 피고 측의 중과실(gross negligence)에 기인한 것이므로 피고 항공사는 바르샤바조약 제22조 제2항의 책임제한규정을 원용할 수 없다고 주장하였다.

본건을 심리한 제1심 법원은 피고 항공사(사용인 등 포함) 측의 절도나 동 화물의 안전운송에 있어서 항공사 측의 중과실을 입증하는 어떠한 증거도 없다고 판결한 반면, 항소법원은 문제의 나무상자가 항공기에 탑재되고, 동 항공기가 이륙 후 착륙 시까지 피고 항공사 직원(사용인 등) 이외의 제3자가 화물칸으로 접근하는 것이 불가능하다는 점을 고려할 때, 동 상자의 분실은 결국 피고 항공사 직원의 절도나 화물의 적하 도중 피고 측의 중과실에 의해 야기된 것이라 할 수 있으므로, 피고 항공사는 바르샤바조약 제22조 제2항의

---

77) The High Court of the Republic of Singapore, 24 October 2001.

78) 日本最高裁判所 昭和 51年 3月 19日 判決, 判例時報 弟807号.

책임제한규정을 원용할 수 없다고 판결하였다.

본건의 최고재판소도 이러한 항소심의 판결을 확인하면서 바르샤바조약 제25조 제1항의 'wilful misconduct에 상당하는 default'는 일본 상법상의 '중과실(gross negligence)'의 개념에 해당한다고 판결하였다.

[관련판례 4: Dazo v. Globe Airport Security Service][79]

원고가 휴대 수하물을 X-ray기에 올려놓고 보안검색을 받는 동안 휴대 수하물이 분실된 사건에서 원고는 보안검색회사를 상대로 소송을 제기하였다. 원고는 피고가 동일 장소에서 유사한 도난 사건이 발생한 적이 있다는 것을 알면서도 원고를 도난의 위험에 방치한 것은 Wilful Misconduct에 해당한다고 주장하였으나 법원은 이를 인정하지 않았다.

[관련판례 5: KLM v. Hamman][80]

화물의 일부도난관련 소송에서 남아프리카공화국 법원이 항공사의 Wilful Misconduct를 인정하는 판결을 내렸다. 법원은 항공사 직원이 항공기의 출입을 통제하고 화물의 탑재 및 하기작업을 감독하기 때문에 본건 화물도난사건에서 항공사 직원이 직접 절도행위를 하였거나 범인과 공모하였을 가능성이 크다고 판단하였다.

[관련판례 6: AHP Manufacturing v. DHL Worldwide Network][81]

상기 판례 5 소송판결과는 반대로 Supreme Court of Israel은 피고인 항공사의 Wilful Misconduct를 인정하지 않고, 원고가 항공사 또는 항공사 직원의 주관적인 의사를 입증해야 할 책임이 있으며, 정황증거만으로는 피고의 주

---

79) 295F. 3d 934(9th Cir. 2002).
80) 2002(3) SA 818(W) (Witwatersand Local Division 2002).
81) (2001)4 IR 531.

관적 의사를 확인하기 어렵다고 판단하였다.

[관련판례 7: 서울민사지법, 85가합4258]

바르샤바조약 제25조 소정의 고의에 상당하다고 인정되는 과실이라 함은 소가 계속된 법원 법률에 따라 그 구체적 내용이 달라질 것이지만, 일반적으로는 헤이그의정서 제13조에 의하여 개정된 내용과 같이, 손해발생의 개연성을 인식하였거나 손해의 발생을 무모하게 무시한 의도적인 위법성을 의미한다고 할 것이다.

[관련판례 8: 서울중앙지법판결, 2003가합58978]

2002년 김해공항 인근에서 발생한 중국국제항공공사의 항공기 추락사고에 있어서, 당시 항공기 기장 등의 행위를 '무모하게 그리고 손해가 아마 발생할 것이라는 인식으로써 행하여진 것'으로 판단하여 '개정된 국제항공운송에 있어서의 일부 규칙의 통일에 관한 조약(개정 바르샤바조약)' 제22조 제1항의 항공운송인의 책임제한규정이 적용되지 않는다고 판시하였다.

동 법원의 판단에 따르면 이 사건 당시 이 사건 항공기의 기장 등은 기상상태의 불량으로 인하여 3선회 및 4선회를 실시하면서 활주로를 지속적으로 확인할 수 없던 중 구름을 통과하게 되면서 더욱더 전방의 시야를 충분히 확보할 수 없게 되었을 것으로 보인다. 그와 같은 상황이라면, 많은 수의 승객이 탑승한 항공기의 안전운항과 관련한 모든 사항에 대하여 절대적인 권한과 책임을 지고 승무원들을 지휘·감독하는 지위에 있는 이 사건 항공기의 기장 및 그러한 기장의 업무를 보조하는 지위에 있는 제1, 2 부조종사에게는 선회접근 방식에 따른 절차와 조건을 수집 가능한 정보와 면밀하게 비교, 검토하여 사고기의 현재 위치와 경로를 파악하고 신속하게 복행하는 절차 등을 취함으로써 충돌사고를 막아야 할 업무상의 주의의무가 있다.

그러나 위 인정사실에 의하면, 이 사건 항공기의 기장 등은 사고기의 위치와 경로에 대하여 아무런 문제 제기나 토의를 하지 않은 채 선회접근과 관련된 대형항공기의 착륙기상 최저치를 숙지하지 못하고 선회접근을 실시하고, 관제탑

과의 통신도 원활히 하지 못한 상태에서 활주로 18R의 선회접근을 실시하는 동안 배풍경로에서 김해공항 선회접근범주 'C' 등급의 최대속도인 140노트를 초과하여 150~160노트로 비행하였으며, 배풍경로 폭은 정상보다 좁았으나 적절한 수정조치를 하지 않은 채 상황인식을 상실하여 기장은 의도했던 시기에 3선회를 실시하지 못하고 선회접근 구역을 벗어났으며(기장 및 제1부조종사는 의도했던 시기에 3선회를 실시하지 못한 사실을 인식하였다.), 활주로 18R로의 선회접근 중 활주로를 시야에서 잃어버렸을 때 즉시 복행하여야 한다는 규정을 지키지 않은 채 장애물을 발견한 후에야 뒤늦게 기기를 조작함으로써 공항 인근의 높은 지형장애물(산)에 충돌하였다. 또한 당시 제1, 2 부조종사도 시각측정의 완료시점에 대한 확인 및 활주로 또는 시각참조물 등이 시야에서 보이지 않았을 때 기장에게 미리 복행하라는 적극적인 조언을 하지 않았고, 이에 대한 문제 제기도 없었으며, 기장은 제1 부조종사가 복행할 것을 권고했을 때조차도 즉시 적극적으로 복행을 하는 조작을 하지 않았다.

그렇다면 선회접근과 착륙에 있어서 정확한 지시속도 및 고도의 유지, 계속적인 시각참조물의 확인, 시기적절한 3선회 등이 그 필수적인 조건들이라는 점에 비추어 볼 때 위와 같은 기장 등의 행위는 단순한 과실을 넘어 '무모하게 그리고 손해가 아마 발생할 것이라는 인식으로써 행하여진 것'으로 평가된다.

따라서 기장 등은 그 직무범위 내에서 이 사건 항공기를 조종하던 중 위와 같은 과실로 인하여 이 사건 사망자들이 모두 사망하는 사고를 발생케 하였으므로, 그 사용자인 피고는 운송인의 손해배상 책임을 제한하는 개정 바르샤바 조약 제22조 제1항의 규정을 원용할 권리가 없고, 결국 원고들에게 이 사건 사고로 인한 모든 손해를 배상할 책임이 있다고 하였다.

3. 여객운송인의 책임에 관한 판례

(1) 항공운송사고

1) 여객의 사망 또는 신체상해

바르샤바조약 제17조는 운송인이 여객에 대하여 책임을 지는 경우로 여객의 사망, 부상 기타 신체상해로 인한 손해에 대하여 책임을 지는 것으로 규정하고 있고 다만 그 손해의 원인이 된 사고가 항공기 상에서 발생하였거나 승강을 위한 작업 중에 발생하였어야 한다고 단서를 달고 있다. 이 규정은 상대적 강행규정으로서 국내법 또는 당사자 간의 특약으로 여객에게 불리하게 책임조건을 강화할 수 없다.

몬트리올조약 제17조 제1항에서 같은 취지의 규정을 두고 있는데 다만 바르샤바조약 제17조와 표현이 약간 다를 뿐이다.

즉 바르샤바조약 제17조의 여객의 사망, 부상 기타 신체상해(the death or wounding of passenger or any other bodily injury suffered by passenger)라는 표현을 여객의 사망 또는 신체상해(death or bodily injury of a passenger)로 표현을 달리하고 있다.

여기서 바르샤바조약에서부터 문제가 되었던 것은 신체상해(bodily injury)의 개념인데 이것이 정신적 상해(mental injury)까지 포함하는가 하는 것인데 몬트리올조

70

약에서도 그 표현은 바뀌지 않았다. 이 문제에 대해서는 몬트리올조약의 외교회의에서 크게 격론이 벌어졌지만 여객의 사상에 있어 배상한도액의 철폐 또는 100,000SDR까지의 무과실책임의 채택이 세계 각국의 중소 항공회사에 미치는 영향을 고려하는 일방 정신적 상해의 보상에 대한 명시적 언급을 위 용어를 사용한 바르샤바조약 제17조 아래에서 전개되어 온 사법적 선례로부터 지속적으로 발전해 나갈 것이라는 의도하에 포함시키지 않기로 결정하였다.[82]

이 문제에 대한 종전의 판례의 입장은 'bodily injury'를 엄격하게 해석하여 정신적 손해를 포함하지 않는다는 입장과[83] 조약 제17조가 'bodily injury'라고 명시적으로 규정하였음에도 불구하고, '정신적 충격(trauma), 고통(anguish, distress, suffering)' 등 정신적 손해까지도 포함한다는 입장으로 나뉘어 있었다.[84]

미국 판례도 갈려 있었으나 연방대법원은 Floyd v. Eastern Airlines 사건에서 바르샤바조약상에서 규정하고 있는 '기타 신체상의 상해'에 순수한 정신적 손해는 포함하지 않는 것으로 판결하였다. 동 사건은 피고인 Eastern 항공의 항공기가 이륙 직후 엔진정지에 의하여 급강하하였는데 그 후 엔진이 재가동되어 무사히 착륙한 사건으로 승객은 신체적 상해는 없었지만 자신이 당한 정신적 고통에 대한 손해배상을 청구하였으나 연방대법원이 이를 인정하지 않은 사건이다.

그 근거로 바르샤바조약의 원문인 프랑스어에서 사용된 'le'sion corpolle'는 조약이 채택될 당시에 법률용어로서 순수한 정신적 손해를 포함하고 있었다고 말할 수 없고, 조약의 기초자가 순수한 정신적 손해를 포함한다는 공통적 인식도 없었으며 운송인 보호의 차원에서 운송인의 책임을 제한하는 것이 기초자의 의도였다

---

82) 동 회의의 minutes of the proceeding(의사록)에 기록된 내용은 다음과 같다. "신조약 제17조 제1항과 관련하여 'bodily injury'이라는 표현은, 몇몇 국가에서 mental injury 에 대한 손해가 특정상황하에서 보상 가능하다는 사실, 국제항공운송 분야에서의 법률 이론과 관계하에서 국제항공운송 분야에서의 유사한 법률이론과 발전을 방해하지 않고자 하는 점에 입각하여 본 항에 포함된 것이다." International Conference on Air Law, Vol, Ⅰ Minutes, p.242－243(Plenary, Sixth Meeting, May 27, 1999).

83) New York County of Appeals, Roseman v. TWA, 13 Jun. 1974: Avi 17,231. 본 사건에서 청구의 대상이 되는 손해는 육체적 충격, 육체적 상황 또는 정신적 충격을 원인으로 하는 육체적인 외견적 장애가 아니면 안 된다고 하였다.

84) U.S. District Court, Southern District of New York, Husserl v. Swissair, 1975; 13 Avi 17,603 재판지법으로 뉴욕주법을 선택해 뉴욕주법에 의해 정신적 손해를 포함하였다.

는 것이다. 학설도 나뉘고 있으나 바르샤바조약의 해석상으로는 국제적으로 공통적인 해석인 엄격하게 해석하는 입장이 우세하다.[85]

그러나 이 문제는 비록 몬트리올조약에서도 'bodily injury'라는 종전의 표현을 유지하고 있으나 상당수의 국가에서 신체상해의 경우 특정상황하에서 정신적 손해의 보상이 가능하고[86] 피해자 보호의 입장에서 앞으로 몬트리올조약을 개정할 기회가 있을 때에 본 조약의 'bodily injury'라는 문구를 1971년 과테말라의정서 제4조에 규정되어 있는 정신적 상해까지도 포함될 수 있는 'personal injury'라는 문구로 수정하든지 또는 'mental injury'라는 문구를 명시적으로 삽입하는 것이 타당하다고 본다. 참고로 2004년 6월 28일 발효된 개정 독일항공운송법은 손해배상의 대상을 신체적 상해로 인한 손해뿐만 아니라 기타 건강침해(Gesundheitsverletzung)로 발생한 손해에 대해서도 항공운송인의 배상의무를 규정하고 있는데 이는 건강을 해하는 기타의 정신적 손해까지 인정한 것으로 그 의미가 크다고 할 것이다.[87]

[관련판례 1: Floyd v. Eastern Airlines][88]

1. 사건개요

1983년 5월 5일, Eastern Airline의 885편 여객기는 플로리다에 있는 마이애미공항을 출발하여 바하마로 향하던 중이었다. 그러나 이륙 후 얼마 지나지 않아 세 개의 엔진 중 하나가 유압에 문제를 일으켜 엔진이 꺼져버리는 사태가 발생하였다. 이어서 나머지 엔진들도 유압으로 인해 이상이 생겼고 항공

---

85) 坂本昭雄, 三好 晋, 전게서 224頁. 정신상의 손해를 포함한다는 견해는 최준선 교수, 전게서, 169 – 171면.

86) 미국의 경우 정신적 손해에 배상을 인정하는 주가 있으며, 이 경우 바르샤바조약에 의하지 않고 일반 불법행위법에 의한 청구가 가능하다. 우리나라도 민법 제751조에 불법행위로 인하여 타인에게 정신상의 고통을 가한 자는 그 손해에 대하여 피해자의 정신적 손해를 구제하여 주는 길을 열어놓고 있다. 일본은 민법 제701조에 비재산적 손해에 대한 배상을 규정하고 있다. 이러한 경우 조약의 배타적 적용의 문제가 제기된다.

87) Luft VG 제45조 제1항.

88) 499 U.S. 530(1991).

기는 급강하하기 시작했다.

승객들에게는 대서양에 불시착하게 된다는 사실을 알렸다. 다행스럽게도 얼마간 무동력으로 비행을 하던 중 승무원은 다시 엔진을 재가동시키게 되었고 무사히 마이애미 국제공항으로 되돌아왔다. 이 여객기에 탑승하였던 승객들은 신체적 상해는 없었지만 자신들이 당한 정신적 고통에 대한 손해를 보상받기 위해 항공사의 ①계약상의 책임, ②불법행위 책임, ③바르샤바조약상의 책임을 주장하며 Eastern Airlines를 상대로 소송을 제기하였다.

2. 원심판결

각각의 소인들에 대하여 다음과 같이 판결하였다.

1) 오래 지속되어 온 플로리다주법에 따르면 정신적 고통 또는 육체적 부상이 수반되지 않는 괴로움에 대해서는 약간의 과실이 포함되었다 하더라도 과실에 의한 계약위반에 기인하여 이를 보상하지 않는다. 원고는 피고의 독립된 고의적인 불법행위에 관한 적절한 주장을 하는 데 실패하였기 때문에 과실에 기인한 계약위반에 따른 정신적 고통에 대해서는 보상받을 수 없다.

2) 원고는 만약 ①정신적 충격으로 인한 육체적인 증상, ②항공사의 과실에 기인한 충돌 또는 직접적인 육체적 접촉의 결과 등을 증명하지 못한다면 단순한 과실에 기인한 정신적인 충격에 대해서는 플로리다주법하에서는 보상받을 수 없다.

3) 엔진이 꺼졌을 때 항공사가 고의적이고 무모하게 공항으로 돌아갔다는 원고 측의 주장은 고의로 유발된 정신적 고통에 대한 보상의 이유로 받아들이기엔 불충분하다.

4) 바르샤바조약 제17조상 보상되는 손해는 오직 '신체적 상해(bodily injury)'만이 해당되므로 '정신적 손해(mental damage)'는 바르샤바조약하에서 단독으로 보상의 대상이 되지 못한다.

2. 항소심 판결

항소심에서는 원심과는 달리 정신적 손해를 인정하는 판결을 하였다.

1) 사건은 명백히 기내에서 발생하였으며 동력의 상실로 항공기가 불시착하

게 된 것은 바르샤바조약 제17조의 '사고(accident)'에 해당한다. 문제는 순수한 정신적 피해에 대한 보상이 인정되느냐의 여부인데 이는 그간 법원의 해석에 있어서도 혼란이 계속되어 왔고 수많은 주석들이 있어왔다. 조문의 프랑스법적인 해석, 판례, 입법과정 들을 검토한 결과 고의적인 고통으로 인한 순수한 정신적인 피해도 바르샤바조약하에서 보상될 수 있다는 결론이다.

2) 바르샤바조약상의 'lesion corporelle'은 승객이 입은 어떠한 손해도 포함하는 개념이다.

3) 지역의 법 또는 어떤 주의 법이 바르샤바조약과 충돌될 경우 바르샤바조약이 우선적으로 적용된다.

4) 바르샤바조약은 운송인이 Wilful Misconduct에 의한 손해를 발생시킨 경우 조약상의 책임한도를 배제하거나 제한할 수 있다.

3. 연방대법원 판결

연방대법원은 최종적으로 다음과 같이 판결하였다.

1) 바르샤바조약 제17조는 4가지 조건하에 상해를 입은 승객에 대한 항공운송인의 책임에 대하여 규정하고 있으나 순수한 정신적 피해에 대한 보상을 허용하지는 않는다.

2) 조약문을 해석할 때 먼저 연방대법원은 조문과 본문에 사용된 단어의 사전적 의미를 분석한다. 일반적으로 규칙들의 구조는 어렵고 애매모호한 문맥들로 이루어진 경우가 많다.
조약은 사법보다 자유로운 구조로 되어 있기 때문에 법원은 조약이 체결된 역사적 배경과 조약문에 쓰인 단어 그리고 당사자들에 의해 가능한 해석들을 고려하여 해석하여야 한다.

3) 연방대법원은 바르샤바조약에서 사용된 'lesion corporelle'에 대하여 프랑스의 법률해석을 고려할 필요가 있었다. 그것은 유럽대륙 법학자들에 의해 프랑스에서 작성된 조약의 초안에 따라 당사자들의 예상을 공유하기 위한 지침이 되기 위함이다. 이에 의할 때 조약의 기초자가 순수한 손해를 고려하였다는 형적을 찾을 수 없으며 조약의 서명국 간에도 순수한 정신적 손해를 포함한다는 공통적 인식도 없었으며 운송인 보호의 차원에서 이에 대한 언급을 피했다는 것이 기초자의 의도로 보아야 한다.

4) 바르샤바조약 제17조에서 사용된 'lesion corporelle' 용어는 신체적 상해를 뜻한다. 그러므로 순수한 정신적 피해에 대한 보상은 허용하지 않는다.

[관련판례 2: In Re Air Crash at Little Rock, Arkansas on June 1, 1999][89]

American Airline 소속(AA 1420편) 항공기가 Little Rock 공항 활주로에 추락한 사고와 관련하여 원고는 기내좌석의 볼트에 의해 다리를 심하게 다쳐 근육이 파열되었음을 주장하며 AA를 상대로 소송을 제기하였다. 원고는 아울러 사고 후 외상성 스트레스질환(Post Traumatic Stress Disorder: PTSD)을 주장하였으며, 원고 측이 내세운 전문가는 원고가 사고 당시의 경험으로 인해 생긴 만성적인 PTSD가 원인이 되어 뇌에 손상이 발생하였다고 법정에서 증언하였다.

본 사건에서 배심원들이 US \$ 6,5million의 배상판결을 내리자 AA는 정신적인 상해는 바르샤바조약에 따른 손해배상의 대상이 아니며 설사 배상이 된다고 하더라도 신체적 상해에 의해 발생된 범위 내로 한정되어야 한다고 주장하면서 항소를 제기하였다. 항소심 재판부는 정신적인 손해는 사고로 인한 신체적인 부상이 원인이 된 경우에만 바르샤바조약에 따른 배상이 가능하다고 판시하고, 만성적인 PTSD로 인한 체중감소, 불면증, 뇌의 변화와 같은 정신적 상해의 신체적 징후는 바르샤바조약에 따른 배상의 대상이 되지 않는다고 판결하였다.

[관련판례 3: Lee v. American Airlines][90]

본 사건의 원고가 탑승한 항공편은 예정시간보다 1시간 늦게 탑승을 시작하였으며 탑승 후에도 출발하지 못하고 기다리다가 결국 하기하여 대체편 탑승을 위하여 새로운 gate에서 승객들이 대기하게 되었다. 이곳에서 장시간 기다리는 동안 대기장소가 공사 중인 관계로 제대로 된 의자도 없었으며 에어컨

---

89) 291F. 3d. 503(2d Cir. 2002).

90) 2002 U.S. Dist. LEXIS 12029(N.D. Tex 2002).

도 정상적으로 작동되지 않았을 뿐만 아니라 결국 대체편도 취소되어 승객들은 짐을 찾아 또 다른 대체편에 예약을 한 후 호텔에 머무를 수밖에 없었다. 게다가 다음 날 다시 공항으로 나왔을 때 AA가 대체편 예약도 제대로 해 놓지 않았음을 알게 되었다.

원고는 항공편 취소 및 지연 등에 따른 손해배상을 요구하는 소송을 제기하였으며 피고인 AA는 원고인 '불편에 따른 손해'는 순수한 정신적 손해에 불과하다고 주장하면서 소송의 기각을 요청하였다. 재판부는 원고가 주장하고 있는 항공편 지연에 따른 불안, 성가심, 초조 등에 기인한 불편은 쉽게 계량화할 수 없고 경제적인 손실을 초래한 것으로도 보기 힘들다고 판단하여 원고의 불편에 따른 손해는 바르샤바조약상의 손해배상의 대상이 되지 않는다고 판결하였다.

[관련판례 4: 서울지방법원판결, 97가합29672]

이 사건은 인도네시아 가루다항공사 소속 항공기가 1997년 3월 5일 23시경(현지시각) 자카르타 국제공항을 이륙하였으나 RH 바퀴작동대(RH ACTUATOR ROD)의 나사못이 닳아 위 작동대가 느슨해짐으로 인하여 바퀴를 넣는 동안 RH 몸체바퀴문(RH BODY GEAR DOOR)과 레드 바퀴문(RED GEAR DOOR)이 열렸다는 표시등이 들어오고 착륙바퀴를 집어넣는 동안 RH 몸체바퀴문이 계속 열리는 등 비정상적인 씨오(C/O) 과정이 초래되자 자카르타 국제공항으로 회항하여 다음 날인 같은 날 6일 2시경 위 공항에 착륙하였고 약 1시간 동안 정비를 한 다음 같은 날 3시경 다시 이륙하였으나 1시간 정도 비행하다가 다시 회항하여 같은 날 6시경 자카르타 국제공항에 착륙하였다. 2차 회항 당시에는 위 항공기가 좌우로 몹시 흔들리고, 안내방송 없이 급강하를 하여 비행기의 꼬리 부분이 거의 바다에 닿을 정도로 저공비행을 하기도 하였던 사건이다.

이에 대해 원고들은 이 사건 항공기가 2회에 걸쳐 회항함으로써 원고들이 받은 불안, 공포 등 정신적 침해로 인한 손해는 위 조약 제17조에 정한 기타의 신체상해에 포함되지 아니하므로 위와 같은 손해는 위 조약하에서 배상받을 수 있는 손해가 아니라고 다투었던 건이다.

이에 대해 법원은 다음과 같이 판시하였다. 본래 영미법상 injury라 함은 타인에 대한 법익침해를 총칭하는 개념으로서 신체는 물론 인격, 재산, 권리, 명예 등에 가한 위법적인 손해를 특히 personal injury라고 한다. 이에 비하여

bodily injury는 신체조건에 가해진 손해를 의미하며 보통 전자보다 좁은 개념으로 파악된다.

그런데 조약상 bodily injury는 불어원문의 'lesion corporelle'를 영역한 것으로서 프랑스법상 손해는 크게 인적 손해와 물적 손해로 구분되고, 통상 전자는 신체적 손해와 정신적 손해를 포함한 것으로 해석되고 있으며, 헤이그의정서 제27조는 헤이그의정서의 공식용어인 영어, 불어, 스페인어 사이에 어의(語義)의 불일치가 있을 때에는 불어본이 우선한다고 규정하고 있다.

더욱이 헤이그의정서와 1955년 9월 28일 헤이그에서 작성된 의정서에 의하여 개정된 1929년 10월 12일 바르샤바에서 서명한 국제항공운송에 대한 규칙의 통일에 관한 조약의 개정의정서(이를 과테말라의정서라고 한다)의 공식영어본에는 bodily injury대신 personal injury로 표기하여 어의에 관한 논란을 입법적으로 해결하고 있는바, 이러한 점을 고려하면 바르샤바조약상의 bodily injury도 그 표현에 불구하고 personal injury의 개념으로 이해함이 상당하다. 따라서 정신적 충격, 고통도 위 조약 제17조에 정한 신체상해에 포함된다고 봄이 상당하다고 판시하고 있다.

2) 손해의 원인이 된 사고

바르샤바조약 제17조에 의하면 운송인은 '사고(Accident)'가 원인이 되어 발생한 손해에 대하여 책임을 진다고 규정하고 있다. 이는 몬트리올조약에서도 동일한데 관련조약은 '사고'에 대한 명확한 개념 정의를 하지 않고 있기 때문에 그 정의가 문제 된다. 이는 특히 항공운송인들은 바르샤바조약 제20조 제1항의 무과실 항변권을 포기하였기 때문에 운송인의 방어방법으로는 승객의 사망 또는 부상이 동 조약 제17조의 사고에 해당하지 않는다거나, 동 조약 제21조의 승객의 기여과실이 있음을 주장하는 것 외에는 없으므로 사고의 개념을 명백히 규정하는 것은 항공운송인과 피해자 간의 분쟁을 해소하는 데 매우 중요하다. 따라서 사고의 개념을 조약상 명백히 할 필요가 있다.

조약상 사고의 개념은 흔히 이에 대한 리딩케이스인 미 연방대법원의 판례인 Saks v. Air France 사건에서 찾고 있다. 이에 의하면 조약상 사고에 해당하기 위해서는 첫째, 예기치 못하였거나 비정상적인 외부적 사건(unexpected and unusual event or happening that is external to passenger)이어야 하고 둘째, 항공여행 고유의 위험(characteristic risk of air travel or opertion of aircraft)에 해당하여야 한다. 셋째, 이러한 예기치 못하였거나 비정상적인 사건이 사고의 원인으로 작용 (play a causal role)했어야 한다. 이후로도 많은 판결이 나왔지만 사고에 관한 위 판례의 기존은 비교적 엄격하게 지켜져 있다고 할 수 있다.

상기 판례기준에 따라 문제 된 판례를 살펴볼 것 같으면, 승객이 항공기에 탑승하기 위해 계단을 오르다가 계단에 있는 물에 의해 넘어진 경우는 사고에 해당한다고 하였다.[91] 여기서 물은 비행기의 운항과는 아무런 관련이 없지만 예기치 못한, 비정상적인 외부적인 것이었다는 이유다. 그러나 공항터미널 내에서 넘어진 사건에 대해서는 사고를 인정하지 않았다.[92]

항공기의 운항과 관련하여서는 좌석을 눕히는데 승무원이 협조를 거절하여 부상을 당한 경우,[93] 부러진 기내장비에 의한 접촉사고,[94] 뜨거운 커피에 의한 부상,[95] 기내압력장치의 고장[96] 등은 사고에 해당하지만 정상적인 착륙과정에서 부상을 당했다고 주장한 청구에 대해서는 사고를 인정하지 않았다.[97] 난기류로 인한 건은 구체적인 사정에 따라 인정된 경우도 있고, 그렇지 못한 경우도 있다.[98] 승객과 승객, 승객과 승무원 간에 생긴 건도 경우에 따라 다르다. 부상한 승객을 조치하기 위해 통로를 정리하면서 승객을 밀친 행위,[99] 통로에 놓인 가방에 승객이 넘어진 경우는 사고에 해당하지 않지만,[100] 천식환자의 자리이동 요청을 승무원이 거절하여 옆 좌

---

91) Gezzi v. British Airways, PLC, 991F, 2d, 9th Cir., 1993.

92) Barratt v. Tobago Airways, Corp. No. CV88 – 3945, 1990WL 27590(E.D.N.Y.) Aug 28, 1990.

93) Schneider v. Swissair Trans Co., 686F, Sup. 15,16D. Me. 1988.

94) Gilbert v. PanAm World Airways, Inc., No.85 Civ. 4157, 1989 U.S. Dist. LEXIS1715, at 1(S.D.N.Y. Feb22,1989).

95) Lugo v. American Airlines, Inc., 686F. Sup. 373, 375(D.P.R.1988).

96) Dias v. Trans Brasil Airlines, Inc., 26 Avi. Cas. (CCH) 16,048(S.D.N.Y. 1998).

97) Salace v. Aer Lingus Air Lines, No.84 Civ. 3444, 1985 U.S. Diet. LEXIS 20215, at 1(S.D.N.Y. May 1, 1985).

98) Quinn v. Canadian Airlines Intl, Ltd. 1984, 48 A.C.W.S. 3rd 222: 난기류를 사고로 보지 않음.
Simmons v. American Airlinesm Inc., 2001 U.S. Dist. LEXIS 571(S.D.Fla., Jan. 18, 2001): 사고로 인정함.

99) Brandt v. American Airlines, Inc., 2000WL 288393, at 7(N.D. Cal. Mar 13, 2000).

석의 승객이 피운 담배연기로 승객이 사망한 사건에 대해서는 사고를 인정하였다.[101] 승객 간의 싸움은 사고에 해당하지 않지만[102] 그것이 기내에서 제공한 과다한 음주에 기인하였을 때에는 사고에 해당한다.[103]

승객의 승객에 대한 성적 괴롭힘 또는 공격에 대해서는 입장이 분명하지 않다.[104] 하이재킹,[105] 항공기에 대한 테러공격[106]도 사고에 해당하는 것으로 본다. 단 테러공격이라도 공항 내에서 행해진 것은 사고가 아니라고 보았다.[107] 폭탄위험에 대해서는 나뉘고 있다.[108] 기내에서의 의료조치는 환자의 상태를 특별히 악화시키지 않는 경우는 사고에 해당하지 않는 것으로 본다.[109]

이상을 종합하여 볼 때, 조약상의 사고에의 해당여부는 위의 판례의 기준에 추가하여 구체적인 사정이 감안되었다고 할 수 있다.

---

100) Sethy v. Malen－Hungarian Airline, Inc., 2000 WL 1234660(S.D.N.Y. Aug. 30, 2000).

101) Husain v. Olympic Airways, 116F. Sup. 2d 1121, 1135(N.D. Cal 2000).

102) Price v. British Airways, No.91 Civ. 4947, 1992 WL 170679, at 3(S.D.N.Y. Jul 7, 1992).

103) Tsevas v. Delta Airlinesm Inc., 1997 WL 767278, at 4(N.D.I 11. Dec1, 1997).

104) Wallace v. Korea Airlines, 214F 3d 293, 297(2nd Cir, 2000).

105) Day v. Trano World Airlines, inc., 528F. 2d 31, 33(2nd Cir.1975), Pflug v. Egypt Air corp. 961F. 2d 26, 30(2nd Cir.1992), Standford v. Kuwait Airways Corp., 648F. Sup. 657, 660 at 4(S.D.N.Y.1986).

106) Husserl v. Swissair Trans Co. Ltd., 351F. Sup. 702, 706(S.D.N.Y. 1972).

107) Martinez－hernandez v. Air France, 545F. 2d 279(1st Cir, 1976).

108) Salerno v. Pan Am World Airways, Inc., 606F. Sup. 656, 657(s.D.N.Y. 1985) unexpected and unusual한 것으로 사고로 인정하였다.
Margrave v. British Airways, 643F. Sup. 510, 512(S.D.N.Y. 1986) 사고로 인정하지 않았다.

109) Kry v. Lufthansa German Airlines, 119F. 3d 1515, 1515(11th Cir.1997), 28 Avi. Cas.(CCH) 16147(N.D. Ga, 2002).

[관련판례 1: Saks v. Air France][110]

1. 사건개요

　1980년 11월 16일 Valerie Hermien Saks는 프랑스 파리발 미국 로스앤젤레스행 Air France 항공기에 탑승하였다. 별다른 문제 없이 비행은 이루어졌지만, Saks는 착륙을 위해 하강하는 약 10여 분 동안 왼쪽 귀에 약간의 압력과 그로 인한 고통을 느꼈다. 이는 항공기가 착륙한 후에도 계속되었지만, Air France의 승무원이나 직원들은 이러한 현상에 대해 아무런 설명도 하지 않은 채 그녀를 항공기에서 내리게 했다. 그 다음 날 그녀는 전화기의 다이얼 소리를 듣지 못하는 자신을 발견하고, 왼쪽 귀의 청력에 문제가 있음을 알게 되었으며, 그로부터 5일 후 의사로부터 그녀의 왼쪽 귀의 청력을 완전히 잃게 되었음을 통보받았다. Saks는 그녀의 청력상실이 Air France의 과실에 기한 기내압력시스템의 불성실한 유지 및 오작동으로 인한 것이라 주장하며 Air France를 상대로 California주법원에 소송을 제기하였다.

2. 원심판결

　원심(summary judgement)[111]은 바르샤바조약 제17조상의 '사고(accident)'는 '비정상적인 또는 예기치 않은 사건(unusual or unexpected events or happening)'을 의미한다고 하면서 이 사건에서 항공기가 착륙하기 위해 하강할 당시 정상적인 기내의 압력변화(normal change in cabin pressurization)는 사고에 해당할 수 없다고 하였다. 따라서 Saks의 청력상실은 바르샤바조약 제17조상의 사고에 의해 발생한 것이 아니며 Saks는 항공기의 작동과정에서 기술적인 문제점이나 비정상적인 또는 예기치 않은 작동이었다는 점을 증명하지 못하는 한 항공사로부터 손해를 보상받을 수 없다고 판결하였다.

---

110) 470 U.S 392, 105S. ct, 1388, 84L. Ed. 2d 289(Mar4, 1985).

111) 본 사건은 피고인 Saks가 자신의 상해가 바르샤바조약상의 'accident'에 의해 야기된 것이라는 사실을 충분히 입증하지 못함에 따라 약식재판(summary judgement)에 회부되었다.

3. 항소심판결

항소심에서는 원심의 판단을 뒤집고 Saks에 대한 Air France의 손해배상을 인정하였는데 그 근거는 다음과 같다.

1) 일반적으로 ICAO에서 정의되고 있는 또는 미국에서 받아들여지고 있는 '사고(accident)'는 '항공기의 작동과 관련하여 발생한 사건'을 의미하며, 국제항공업계에서도 'accident'를 Air France가 주장한 것처럼 '갑자기 또는 비정상적인 사건'으로 한정하여 좁게 해석하지는 않는다. 또한 Saks가 느낀 그녀의 귀에 대한 고통과 그로 인한 청력상실은 갑작스럽고 비정상적인 것이었으며 분명히 항공기의 작동과 관련한 사건이었다. 따라서 그녀의 청력상실은 사고의 요건을 충족시킨다.

2) 바르샤바조약의 제정경위 등을 살펴볼 때 바르샤바조약의 초안자들은 '사고(accident)'를 넓게 해석하여 항공기의 작동과 관련하여 발생한 상해를 입은 모든 승객들이 바르샤바조약의 적용을 받을 수 있도록 하게 하려는 데 그 의도가 있는 것으로 보인다. 그러나 Air France의 주장대로 이를 좁게 해석하게 되면 초안자들의 의도에 어긋날 뿐 아니라 보상을 불확실하게 하게 될 것이다.

3) 바르샤바조약상의 보상되는 injury와 관련된 단어는 'accident'가 아니라 'damage'이다. 'damage'란 용어는 제어할 수 있는 용어이고 'accident'는 단지 용어의 설명에 불과한 무제한의 용어이다. 만약 법원이 Air France의 의견에 동조하여 'accident'의 제어적 효력을 인정하고 동시에 좁게 정의를 내린다면 수하물이나 화물의 소유자들은 제18조의 'occurrence'에 의한 'damage'에 대하여 제17조에 의해 소송을 제기하는 사람들보다 더 큰 보상권한을 가지게 될 것이다.

4) 몬트리올협정은 Saks의 청력상실과 같이 항공기의 작동과 관련하여 발생한 상해에 대하여 고의가 없는 경우 항공사의 절대적인 책임을 부과하고 있다. Saks는 보상받기 위하여 그녀의 상해를 의도하지 않았으며 상해의 발생에 있어 어떠한 기여도 하지 않았다. 그녀는 오직 항공기의 작동과 관련하여 발생한 손해에 대한 보상만을 청구했을 뿐이다. 따라서 Saks는 몬트리올협정상 보상받을 권리가 있다.

5) 미 연방대법원은 지난 30여 년간 항공사의 안전을 강화하고 항공운송에 의한 손해(damage)에 대한 승객의 권리를 확장하기 위해 노력해 왔다.

따라서 Saks의 청력상실은 보상범위에 포함될 수 있다.

6) Air France는 티켓상의 공지(Ticket Advice)에서 항공기의 작동과 관련된 갑작스럽고 예기치 않은 사건에 따른 상태만이 보상될 수 있다는 것을 Saks에게 충분히 알리지 않았다.

7) 본 법원의 바르샤바조약 제17조상의 'accident'의 해석과는 관계없이 원심의 summary judgement의 판결은 바꾸어야 한다. summary judgement는 정상적인 기내압력변화로 인하여 발생한 Saks의 청력상실이 바르샤바조약 제17조상의 'accident'에 해당하는지 여부만을 판단하였지만 Saks가 주장한 항공사의 과실에는 청력상실이 '항공여행 고유의 위험(characteristic risk of air travel)'이라는 것에 대한 경고를 하지 않은 것도 포함되어 있기 때문이다.

상기와 같은 이유로 항소법원은 summary judgement의 판단을 바꾸어 Saks에 대한 Air France의 손해배상을 인정하는 판결을 내렸다.

3. 연방대법원의 판결

미 연방대법원은 상기와 같은 항소법원의 판결에 대해

1) 항공운송인은 승객의 상해가 바르샤바조약 제17조상의 '사고(accident)'에 기인한 것으로서 '예기치 않은 또는 비정상적인 외부적 사건(unexpected or unusual or event or happening that is external to passenger)'으로 발생되어야 하고, '항공여행 고유의 위험(characteristic risk of air travel or operation of aircraft)'에 해당하여야 하며, 이러한 '예기치 못하였거나 비정상적인 사건이 사고의 원인으로 작용(play a causal role)'하였을 경우에만 책임을 진다.

2) 위 정의는 승객의 상해와 관련된 모든 상황을 평가한 후 유연하게 적용되어야 한다.

3) Saks의 증언대로 갑작스러운 급강하로 인하여 압력의 변화가 일어났고 그것이 그녀의 청력상실의 원인이 되었다 하더라도 이는 정상적이고 예견된 비행기 작동에 대한(the usual, normal, and expected operation of the aircraft) Saks 자신의 내부적인 반응에 기인한 것으로서 바르샤바조약 제17조의 '사고'의 개념을 확장시킨 것이라 볼 수도 없다고 하면서 항소법원의 판단은 바꾸어야 한다고 판결하였다.

[관련판례 2: Brandi Wallace v. Korean Air][112]

1. 사건개요

1997년 8월 17일, 서울발 로스앤젤레스 대한항공 061편에 탑승한 Mrs. Brandi Wallace(원고)는 자신의 좌석에서 취침하던 중 옆 좌석의 남자 승객으로부터 성추행을 당했다는 이유로 대한항공을 상대로 미국 뉴욕 소재 연방지방법원에 총 미화 5백만 달러의 손해배상청구소송을 제기하였다.

당시 원고는 기내 영화상영이 종료되어 기내의 조명이 꺼진 상태에서 창가 좌석에서 취침 중에 있었는데 이상함을 느껴 잠을 깨고 보니 옆 좌석에 앉아 있던 승객이 원고의 바지지퍼를 내리고 내의 속으로 손을 집어넣어 자신의 신체를 만지고 있는 것을 발견하여 몸을 창가 쪽으로 돌려 피하려고 하였으나 가해 승객이 손을 빼지 않자 그를 가격한 후 옆의 좌석을 뛰어 넘어 대피하였다. 사건발생 즉시 대한항공의 승무원들은 원고를 다른 자리로 옮기고, 로스앤젤레스 도착 후 가해승객을 현지 수사당국에 인계하였다. 이후 증거조사 과정에서 원고가 진술한 바에 따르면, 사건발생 이전 가해승객이 전혀 이상한 행동을 한 일이 없었고, 술에 취하지도 않았던 상태였으며 대한항공이 사건발생에 있어서 과실이 있었다거나 기여한 바가 없다는 것을 인정한 바 있다. 가해승객은 이 사건으로 구속 기소되어 형사처분을 받았다.

2. 원심판결

본건 담당 연방지방법원은 원고에게 발생한 다른 승객으로부터의 성추행은 불행한 일이긴 하나, 본건에 있어서는 Saks v. Air France Case에 대한 미국 연방대법원 판례 및 이후의 하급심 판례에서 인정하고 있는 바와 같이 '정상적이고 예견된 항공기 운항에서 벗어나는 항공기 또는 항공사 직원의 작위, 부작위'가 없었고(there was no act or omission by the aircraft or airline personnel representing a departure from the normal expected

---

112) 214F 3d 293, 297(2nd Cir 2000). 1심에서는 사고를 부인하였으나 항소심에서는 이를 뒤집고 사고를 인정하였다. 대한항공에서는 이에 불복하여 연방대법원에 상소하였으나 소송 도중 화해하여 결말은 보지 못하였다.

operation of the flight), 다른 승객으로부터의 성추행은 '항공여행이나 항공기 운항의 고유한 특성에서 오는 위험(characteristic risk of air travel or operation of aircraft)'이라고 볼 수 없으며, 대한항공이 성추행에 어떠한 원인을 제공하지 않았다는 점을 종합적으로 고려할 때 바르샤바조약 제17조상의 '사고(accident)'가 있었다고 볼 수 없다고 판시하여 대한항공에 승소판결을 내렸다.

3. 항소심판결

본건 항소심을 담당한 미 제2연방 항소법원(United States Court of Appeals, 2nd Circuit)의 다수의견은 Saks v. Air France Case 및 그 후속판례에 나타난 1929년 바르샤바조약 제17조상의 accident를 인정하기 위한 구성요건들을 구체적으로 본건의 사실관계에 적용하기보다는 대한항공이 1966년 몬트리올협정에 가입하였으므로 항공기 운항과 관련된 승객의 부상에 대해서는 절대책임을 지는 것으로(mindful of virtual absolute liability) 결론을 내렸다.

특히 '항공여행의 고유특성에서 오는 위험(a characteristic risk of air travel)'을 판단함에 있어 원고가 이코노미 좌석의 좁고 어두운 공간에서 낯선 남자 곁에서 장시간 여행함으로써 쉽게 성추행을 당했고, 대한항공 승무원이 원고의 상태를 전혀 인지하지 못했다는 점을 거론하며 원고가 당한 성추행은 항공여행의 고유한 특성에서 오는 위험에 해당되어 바르샤바조약 제17조상의 accident가 있었다고 판시하였다.

한편 본 판결에 있어서 소수의견은 Saks v. Air France Case의 판결의 요건을 더욱 피상적으로 적용하여 다른 승객의 성추행은 '원고에게 예기치 못하거나 비정상적인 외부적인 사건(unexpected and unusual event external to wallace)'이므로 바르샤바조약 제17조의 accident에 해당되어 대한항공에 배상책임이 있다고 판시하였다.

[관련판례 3: Langadinos v. American Airlines][113]

1. 사건개요

1996년 6월 13일, Langadinos(원고)는 Boston발 Paris행의 American Airlines 비행기에 탑승하였다. 비행 중 Langadinos는 술에 취한 다른 승객 (Debord)으로부터 폭행(Langadinos의 고환을 잡아채 굉장히 고통스럽게 하고 자신의 성기를 만지게 함)을 당하였다. 이에 놀란 Langadinos가 이를 승무원에게 보고했지만 만족스러운 조치는 취해지지 않았다. 한 승무원은 Debord가 자신의 친구라고 말하며 해로운 사람이 아니라고 말할 뿐 아무런 조치를 취하지 않았고 또 다른 승무원은 파리에 도착하면 Debord가 체포될 것이라고 약속하였지만 이 또한 지켜지지 않았다. 이에 Langadinos는 Massachusetts 지방법원에 AA를 상대로 일반불법행위에 따른 손해배상과 바르샤바조약 위반에 따른 손해배상을 청구하였다.

2. 원심판결

1심(the United States District Court for the District of Massachusetts)에서 원고는 AA의 승무원이 승객 Debord가 취해 있었고 그의 행동이 괴상하고 공격적(erratic and aggressive)이라는 것을 알고 있었음에도 그에게 술을 계속 제공함으로써 원고에게 폭행을 가하게 한 것은 바르샤바조약 위반이라고 주장했다.

이에 대하여 법원은 원고가 사고의 원인에 대하여 그저 있었던 사실만 진술하였을 뿐 확실히 보상을 받을 만한 증거를 제시하지 못하였으며 용어의 설명이 세밀하지 못해 바르샤바조약상의 '사고(accident)'를 주장하기에 부적합하다는 항공사 측의 주장을 받아들여 원고의 청구를 받아들이지 않았다. 원고는 이에 불복 항소하였다(일반불법행위에 따른 소장의 기각에 대해서는 항소하지 않았다).

---

113) 199F. 3d68(1st Cir. 2000).

3. 항소심판결

본건의 항소심에서는 원심판결을 뒤집고 과도한 술 제공에 대한 적절한 근거가 없이는 바르샤바조약상의 '사고(accident)'로 인정할 수 없긴 하나 취한 승객에게 술을 제공하는 것은 몇몇 사례에서도 알 수 있듯이 다른 사람을 다치게 할 위험을 초래할 수 있기 때문에, 실제로 연방대법원에서는 이런 종류의 사례에서 바르샤바조약상의 사고의 요건을 유연하게 적용하고 있다고 하면서 연방대법원의 견해에 따를 때 승무원이 괴상하고 공격적인 행동을 보인 Debord에게 그가 취해 있던 상태임을 알았음에도 과도하게 술을 제공한 것은 만취된 Debord로 하여금 항공기에 탑승했던 승객 모두에게 해를 끼칠 위험을 초래하였다는 것이 인정된다고 하였다.

또한 원고가 Debord로부터 폭행을 당하였다는 원고의 증거자료와 진술을 충분히 신뢰할 만하고, 보상받을 만큼의 부상을 당하였다는 점도 인정된다고 하였다. 괴상하고 공격적이라는 표현 또한 피고 측에서 충분히 인지할 수 있을 만한 용어이므로, 용어의 설명이 세밀하지 않아 바르샤바조약상의 사고를 주장하기에 부적합하다는 항공사 측의 주장은 받아들일 수 없다고 하였다. 따라서 원고가 승객 Debord에 의해 성기부분에 심한 상해를 입었고, 승무원이 승객이 술에 취해 있음을 알면서도 과도하게 술을 제공하는 위법행위로 인해 가해자가 취하게 되었다는 것과 그것이 상해의 직접적인 원인이 되었다는 원고의 주장은 받아들일 수 있다고 판결하였다. 이는 승객 간의 불법행위와 운송인의 사용인 사이에 인과관계가 있는 경우에 운송인의 책임을 인정한 판결이다.

[관련판례 4: Grezzi v. British Airways, PLC][114]

본 사건은 항공기 탑승계단의 고인 물로 인해 승객이 부상당한 경우로서 제9항소법원은 고인 물이 항공기의 운항과 무관하지만 탑승계단에 물이 있었다는 것은 예측할 수 없었던 비일상적인 것으로서 승객의 내부적 문제의 발로가 아닌 외부적인 정황에 의한 것으로 조약상의 '사고'에 해당한다고 보았다.

---

114) 991F. 2d 603(9th Cir, 1993).

[관련판례 5: Krys v. Lufthansa Airlines][115]

이 사건은 항공사 직원이 심근경색을 일으킨 승객에 대해 적절한 조치를 하지 못하였다고 소송을 제기한 건이다.

그 내용은 1991년 11월 30일, Leonard Krys는 마이애미에서 독일 프랑크푸르트로 향하는 Lufthansa 463기에 탑승하였는데 비행 후 얼마 지나지 않아 Krys는 심장에 고통이 시작되는 것을 느끼고 승무원에게 도움을 요청하였고 승무원은 두 번에 나누어 nitroglycerin을 투약하였으나 호전되지 않자 안내방송을 통하여 기내에 탑승한 의사가 있는지를 살피고 도움을 요청하였다. 동승했던 의사(Fischmann 박사)가 그의 정상을 보았으나 처음에는 걱정할 정도가 아니라고 판단하였고 이에 따라 승무원들은 비상착륙을 하지 않았다. 그러나 Krys의 통증은 점점 더 심해졌고 암스테르담에 이르렀을 때쯤 의사가 Krys에게 심근경색의 증상이 있다는 것을 알아차렸지만, 그때는 이미 Krys의 증세가 매우 심각해진 상태였다. 프랑크푸르트에 도착하자마자 Krys는 구급차에 실려 병원으로 후송되었는데 병원에서 Krys는 실제로 심근경색으로 인한 심한 고통을 받고 있었음이 확인되었다.

이 사건에서 법원은 Florida law에 따르면 항공사 측은 승객의 운송계약을 이행함에 있어서 고도의 주의와 대비를 해야 하고 올바른 판단과 신중을 기해야 한다고 규정하고 있다. Krys는 AMA(American Medical Association)에 따른 심근경색의 모든 증상을 보였고 그러한 경우 항공사 자체의 운항규정에 따른 비상착륙을 시도했어야 함에도 불구하고 그러하지 않았기 때문에 동승했던 의사가 Krys의 통증의 호소가 심근경색으로 인한 고통이 아니었다고 의견을 제시했을지라도 승무원의 과실은 인정될 수 있다. Krys의 상태가 지속적인 것이 되었음을 인정하는 한편 승무원이 예정에 없던 착륙을 하지 않았던 것은 바르샤바조약상의 '사고'에 해당하지 않고, 계속적인 비행으로 상태가 더 나빠질 수 있다는 것은 예상 가능한 것이었으므로 '예측할 수 없는 비정상적인 사고(unexpected and unusual accident)'가 되지 않는다고 보았다.

---

115) 119F. 3d 1515(11th Cir. 1997), cert. denied, 522 U.S. 1111(1198).

[관련판례 6: Husain v. Olympic Airways][116]

본 사건은 천식을 앓고 있던 승객이 그리스 아테네에서 뉴욕까지의 Olympic Airways 기내에서 다른 승객이 피운 담배연기를 흡입함으로 인해 사망한 사건이다.

내용인즉 Ms.Husain의 남편 Dr.Hanson은 천식환자로 담배연기에 알레르기가 있는 사람이었고 당시 Dr.Hanson의 좌석은 흡연석으로부터 겨우 3줄 떨어진 앞쪽에 있었는데, 항공기 이륙 전부터 승객들이 담배를 피우기 시작하자 Dr.Hanson 씨는 괴로움을 호소하였고, Ms.Husain은 승무원인 Ms.Leptourgou에게 좌석을 바꾸어줄 것을 요구하였으나 거절되었다. 이륙 후 non-smoking 표시등이 꺼지자 많은 승객들이 담배를 피우기 시작하였는데, Ms.Husain은 재차 Ms.Leptourgou에게 좌석을 바꾸어줄 것을 요구하였으나, Ms.Leptourgou는 바쁘다는 이유로, 또 나중에는 빈 좌석이 없다는 이유로 거절하였다. 마침내 Dr.Hanson은 담배연기를 참지 못하고 좌석에서 일어나 복도로 걸어 나가던 중 심한 호흡곤란으로 사망하였다. 이 사건에서 법원은 좌석을 바꾸어 달라는 요구를 세 번이나 거절한 것은 예측할 수 없는 비정상적인 행위로서 조약 제17조의 '사고'에 해당한다고 판단하였고 더 나아가 이는 wilful misconduct에 해당한다고 판시하였다. 승객이 항공기에 탑승한 경우, 승객은 당연히 승무원이 절차와 규칙을 준수할 것으로 기대하게 되므로 이를 위반한 것은 예측할 수 없는 상황이라고 하였다.

[관련판례 7: Brunk v. British Airways][117]

본 사건의 원고는 LHR/Dulles APO in Virginia 구간 BA 기내에서 turbulence로 부상을 당하여 BA를 상대로 소송을 제기하였다. 원고는 기내에서 turbulence가 발생하여 좌석으로 돌아오는 도중에 넘어져 무릎의 인대가 파열되는 부상을 당하였다고 주장하였다. BA는 동 turbulence가 바르샤바조약상의 '사고(accident)'가 되기에 충분한 정도로 심각한 것이 아니었다고 주장

---

116) 2002 U.S. App. LEXIS 25470(9th Cir. 2002).

117) 195F. Supp. 2d 130(D.D.C. 2002).

하였으나, 재판부는 BA의 주장을 받아들이지 않았다. 재판부는 turbulence가 accident로 인정될 수 있기 위해서는 Federal Aviation Act에서 정의된 바와 같은 정도로 'servere' or 'extreme' 하여야 한다고 판시한 New York 지방법원의 결정에 따르지 않고, turbulence로 인해 원고가 넘어지고 음식 tray가 바닥에 떨어지기에 충분한 정도였기 때문에 원고의 부상은 'unexpected or unusual event'로 인하여 발생한 것이라고 판단하였다.

3) 승강을 위한 작업 중

운송인은 손해의 원인이 된 사고가 '항공기 상에서 또는 승강을 위한 작업 중에 발생한 경우에만' 책임을 진다(바르샤바조약 제17조, 몬트리올조약 내용동일). 여기서 '항공기 상(on board the air craft)'의 개념에 대해서는 그 개념 자체가 명확하여 이의가 없다. 그러나 '승강을 위한 작업 중(in the course of any of the operation of embarking or disembarking)'의 의미에 대해서는 논란이 있다. 최근의 경향은 문구의 의미에 구애받지 않고 좀더 넓게 해석하는 면으로 나아가고 있다. 단순히 여객이 항공기에 탑승하기 위해 지면을 이륙한 순간으로부터 항공기에서 하기하기 위해 지면에 도착할 때까지로 한정하는 것은 부적당하다는 것이다.

이에 대한 일본의 판례[118]는 이를 '여객을 항공기에 탑승시키기 위한 제반작업에 따른 항공운송에 특수한 위험발생의 가능성이 있는 기간 즉, 여객이 개찰을 하고 비행장에 들어간 때로부터 착륙 후 비행장을 떠날 때까지로 보고 있는데 여기서 비행장이란 공항 건물의 외측에 있는 항공기를 위해 사용하는 apron도 포함한다고 동 판례는 보고 있다.

미국의 판례는 '장소기준(local test)', '행위기준(activity test)'으로 크게 2분류로 나누어 볼 수 있다.[119]

우선 '장소기준' 판례[120]에 의할 것 같으면 승객이 항공기에서 내려 공항터미널 내의 안전한 지점에 도달하기까지 여기에 해당한다. 여객이 여객으로서의 자격을 갖고 있는지는 관계가 없다. 관련 판례는 승객이 탁송수하물을 찾기 위해 수하물

---

118) 東京高栽 昭和 40年 3月 24日 判決, 判例時報 弟408号 11頁.

119) 장소기준, 관리기준, 행위기준으로 3분류하기도 한다.

120) MacDonald v. Air Canada, 11 Avi 18,029(1st Cir., 1971).

수취장에 있을 때 일어난 사건인데 판례는 이미 승객은 항공운송 고유의 위험으로부터 떨어진 장소에서 일어난 사고이므로 이는 승강을 위한 사건으로 볼 수 없다는 것이다. 그러나 항공기에서 내려 공항 건물로 걸어가던 중의 사고, 항공기에서 내려 공항 내의 버스로 청사로 가던 중 버스에서 지상에 추락한 사고는 승강 중의 사고로 보았다.[121]

'행위기준' 판례는[122] 승객이 항공기에 탑승하기 위해 통상 요구되는 수속 중인 것은 탑승을 위한 작업 중으로 본다. 이에 따라 공항 내 국제선 트랜짓 라운지에서 일어난 사고, 휴대 수하물 검사를 받기 위해 줄을 서 있는 중에 일어난 사고를 탑승 중의 사고로 보았다. 그 후에 나온 판례는 같은 취지이긴 하나 운송인의 관리하에 승객이 행동한 장소 및 기간에 발생한 사고는 탑승 중의 사고라는 것이다. 이에 따라 공항청사 내 트랜짓 라운지에서 보안검색을 받던 중 테러리스트에 의한 사고를 탑승 중의 사고로 보았다. 이러한 행위 기준의 판례는 주로 공항청사 내의 테러행위에 대한 것인데 이에 대해서는 이것을 항공기의 승강을 위한 작업 중의 사고로 보는 것은 적당하지 않다고 하면서 이는 원래 이러한 규정을 둔 바르샤바조약의 입법취지에도 벗어나며 항공운송에 고유한 위험의 존재만이 문제가 되어야 한다는 점에서 '장소기준'으로 보는 것이 타당하다는 유력한 반대설이 있다.[123] '행위기준'에 의할 것 같으면 앞에서 본 바와 같이 바르샤바조약의 적용범위가 확대되어 상기와 같은 테러리스트에 의한 피해도 보상이 가능하게 되어 피해자 보호는 기할 수 있지만 운송인의 책임은 무거워지게 된다.

현재 국내의 유력한 설은 이에 대한 운송인의 책임은 구체적 사정에 따라 해결하자는 것인데 즉, 장소와 행위 양자를 구체적 상황에 따라 적용하자는 절충설이라 할 수

---

121) U.S District Court, Eastern District of New York, Ricotta v. Iberia Lines de Espana, 30 Nov. 1979: 15 Avi 17,829.

122) Day v. TWA, 13 Avi 17,647(3rd Cir., 1976).
　　Phillips v. Air New Zeland, EWHC(Comm): 2002 그러나 영국 항소법원은 동 사건 판결에서 행위기준에 입각하여 해석하여 한다고 판시하는 일방, 이어서 승객이 부상할 당시 항공기에 탑승을 시작하였는지 여부와 상관없이 승객의 항공운송은 check-in하는 순간부터 개시된 것이며 따라서 그 순간부터 관련 조약이 적용되는 것으로 보아야 한다는 다소 모순된 주장을 하고 있다. Condon & Forsyth LLP, The Liability Reporter, Feb. 2003, p.4~5 참조.

123) Chief Judge Seitz in Evangeines v. TWA.

90

있다.124)

이에 대해서 저자는 좀더 진취적인 입장에서 신몬트리올조약이 승객(피해자)보호를 위주로 하고 있고 또한 책임보험의 발달에 의해 항공사의 입장에서는 담보범위를 확대하더라도 현실적으로 부담이 그다지 크지 않은 점, 9·11테러사태에서 보듯이 테러행위로부터의 피해자 보호 및 보상에 상당히 많은 문제점이 있음을 고려할 때 '행위기준'에 의해 좀더 넓게 해석하고자 한다.

[관련판례 1: Day v. TWA]125)

이 사건은 여객들이 항공권을 운송인에게 제시하고 출국사증 검열을 마친 후 transit lounge에서 대기하던 중 테러리스트의 공격에 의해 TWA 승객 40여 명이 사상한 사건이다. 이 사건에서 당시 TWA 직원의 에스코트를 받아 출발 Gate에 대기하고 있었던 Aristedes and Constains Day가 TWA를 상대로 바르샤바조약 제17조상의 배상책임을 요구하는 소송을 제기하였다.

이에 대해 법원은 테러가 바르샤바조약상의 '사고(accident)'에 해당된다는 것은 의문의 여지가 없다 하고 본 소송의 쟁점은 transit lounge에서 대기 중이었던 사실이 조약상의 "in the course of any of the operation of embarking"에 해당되는 것으로 볼 수 있는가 하는 것인데 법원은 공항터미널에서 테러리스트의 공격이 있었을 때 승객들은 이미 그들의 항공권을 양도하고 11단계의 출국 절차 중 5단계인 passport control을 통과했으며 오직 항공기의 탑승을 위하여 그 지역에 도착했고 탑승에 있어 필수적인 보안검색을 위하여 항공사 직원들에 의해 통제되고 있었으므로 비록 청사를 벗어나지 아니하였으나 바르샤바조약상의 탑승을 위한 과정 중에 있었다고 보아야 할 것이며 항공사는 그들의 손해에 대하여 wilful misconduct가 없더라도 책임을 져야 할 것이라고 하였다.

나아가 테러발생 당시의 승객의 위치는 본 사건 결론에 있어 중요한 쟁점이 아니며 오히려 그들에게 어떤 행동이 예정되어 있었느냐 즉, 승객들의 행

---

124) 최준선 교수, 전게서, 178면.

125) U.S Court of Appeals, 2nd Cir., 22 Dec. 1975 13 Avi 18,145 & 13 Avi 17,647 (제1심).

동이 탑승 또는 탑승을 위한 과정 중에 있었느냐가 더 중요하다고 하였다.

그리고 공항 내에서 기다리고 있던 승객의 안전에 대한 책임은 안전한 구조물을 제공하는 것에 그치지 않고, 제3자로부터의 위험을 방지할 합리적인 조치를 취하는 것까지 포함된다고 하였다.

법원은 이상과 같은 이유로 테러 당시 출발 Gate에 있었던 원고도 바르샤바조약 제17조상의 'in the course of any operations of embarking' 내에 있었다고 볼 수 있으며 보상될 수 있는 범위에 속한다고 판결하였다. 항소심에서도 1심의 판결을 받아들였다.

[관련판례 2: Kalantar v. Lufthansa German Airlines][126]

이 사건의 원고는 이란인으로서 이란여권을 가지고 독일로 여행하기 위해 미국을 떠나는 수속절차를 밟고 있었다.

공항의 ticket counter에 도착했을 때 항공사 직원이 원고의 수하물 검색을 요구했고 원고는 이에 대해 아무도 수하물 검색을 받지 않는데 자신의 수하물이 검색을 받아야 하는 이유를 밝혀 줄 것을 요구했으나 항공사 직원은 단지 FAA의 보안지침에 따른 것이라고 하면서 지침을 보여주는 것을 거부하였다. 또한 항공사 직원은 다른 승객이 들을 수 있을 정도로 당신은 미국 정부가 모든 이란인에 대해 적대적이라는 것을 알아야 한다고 말했다.

원고가 항공사 카운터를 떠날 것을 거부하고 그의 수하물 검색을 거부하자 항공사 직원은 경찰을 불렀고 원고는 체포되어 수갑에 채워져 연행되었다. 이에 원고는 인종차별, 명예훼손, 잘못된 구금과 의도적인 감정훼손 등을 이유로 소송을 제기하였다. 이 소송에 있어서 항공사 측은 바르샤바조약이 원고측의 주법에 우선한다고 주장하였다. 법원은 바르샤바조약이 적용되기 위해서는 사고가 '항공기의 승강을 위한 작업 중에 발생하여야 한다'는 점에서 본 사건이 '탑승(embarking)' 과정 중에 발생하였는지에 대해 검토하였다. 이에 따라 법원은 사건이 발생했던 당시에 있어서의 1) 승객이 위치한 장소, 2) 승객의 행위, 3) 항공사의 승객에 대한 관리의 정도에 초점을 맞추었다. 그 결과 원고의 장소에 대해서는 당시 원고가 있었던 카운터는 check-In을 하기 전이었고 탑승권도 받기 전이어서 항공기에 탑승하기 위한 실제적인 절차가

---

126) 276F. Supp. 2d 5(D.D.C. 2003).

진행되었다고 볼 수 없고, 시점도 출발 1시간 30분 전이었고, 원고는 탑승수속을 하기 위해 거쳐야 할 여러 단계 중 한 단계에 있었다고 볼 수 있다고 하면서 법원은 이 사건에 있어 원고는 탑승과정 중에 있었지 않았다고 결론짓고 항공사 측의 바르샤바조약 적용을 위한 partial summary judgement 신청을 기각하였다.

[관련판례 3: Martinez Hernandez v. Air France][127)

이 사건은 여객 터미널 내의 수하물 인수처에서 테러리스트의 공격에 의해 상해를 입은 사건이다. 이 사건에서 여객들은 세관통관절차를 끝내고, 수하물이 없는 여객은 공항을 떠났고 수하물이 있는 여객들만 수하물을 회수하기 위해 터미널에서 대기하던 중 테러리스트들이 기관총을 난사하여 상해를 입었다. 법원은 이 사고가 항공기 내에서 또는 승강을 위한 작업 중에 발생한 것이 아니라는 이유로 운송인의 책임을 인정하지 않았다.

[관련판례 4: Ricotta v. Iberia Lineas Aereas de Espana][128)

원고는 피고 항공운송인이 운항하는 항공기를 이용한 후 하기하여 항공운송인이 제공해 준 버스를 이용하여 공항 활주로를 빠져나와 여객터미널로 이동하던 중, 타고 있던 버스 밖으로 갑자기 떨어지게 되면서 상해를 입게 되었고, 이러한 결과는 항공운송인의 과실에 의한 것임을 주장하며 손해배상청구소송을 제기하였다. 법원은 원고가 버스에서 떨어져 상해를 입은 시점이 바르샤바조약 제17조에서 규정하고 있는 '승강을 위한 작업 중'에 해당하는 것으로 볼 수 있으므로 동 사안은 바르샤바조약의 적용대상이라고 판결하였다.

---

127) 545F. 2d 279(1st Cir. 1976).
128) 428F. Supp. 497(EDNY, 1979).

(2) 여객운송인의 책임관련 기타 주요판례

1) DVT

DVT(Deep Vein Thrombosis)는 '심부정맥 혈전증'을 일컫는 것으로서 일반인들에게는 '일반석 증후군(Economy Class Syndrome)'으로 더 잘 알려져 있으며 오늘날 항공소송에 있어서 중요한 이슈의 하나가 되고 있다. 원래 DVT는 비교적 흔히 볼 수 있는 질환으로 미국의 경우 매년 약 200만 명의 DVT환자가 발생되며, 그중 60만 명 정도가 심각한 합병증인 폐색전증(Pulmonary Embolism)으로 발전되어 10분의 1은 사망에 이르는 것으로 알려져 있다. 이 질환이 항공여행과 관련하여 세인의 주목을 끌게 된 것은 항공여행 후 발생된 DVT와 폐색전증을 치료한 사례들이 1954년 이후 간헐적으로 보고되어 오던 중, 2000년 10월에 런던 히드루공항에서 28세의 여성, E.Chistoffersen의 사망사건의 사인이 DVT와 관련되어 있는 것으로 알려지면서부터였다. 당시 호주 콴타스항공을 이용하여 호주에서 싱가포르를 거쳐 런던 히드루공항에 도착한 이 승객은 약 20시간에 걸쳐 12,000mile을 여행한 직후 사망하였으며 특별한 병력이 없는 것으로 알려져 있었다. 이 승객의 사인과 관련 언론매체에서 항공여행과 DVT와의 관련성에 많은 관심을 나타내었고 유사 사례들이 호주의 한 법률회사를 통해 계속 이슈화되다가 법적 대응을 하기에 이르렀다.

법적 소송과 관련하여 문제 되는 쟁점은 DVT로 인해 야기된 상황이 바르샤바조약 제17조상의 '사고(accident)'에 해당되는가의 여부이다. 이에 대해서 판례는 이를 인정하는 판례와 부정하는 판례로 갈리고 있으나 부정하는 판례가 우세한 편이다.

[관련판례 1: Povey v. CASA, Qantas, British Airway][129]

2001년 8월 1일 Brian William Povey는 CASA(Civil Aviation Safety Authority & Ors: 민간항공안전당국)와 콴타스항공 및 영국항공을 상대로 DVT 피해관련 손해배상청구소송을 제기하였다.

---

129) (2002) NSWSC 792(September 6, 2002).

　　원고는 2000년 2월 시드니에서 영국 런던으로 5일간의 여행을 다녀온 뒤 DVT를 앓게 되었다고 주장하며 시드니-런던 노선의 운항항공사인 콴타스항공과 런던-시드니 노선의 영국항공을 상대로 자신이 입은 피해에 대한 배상책임을 부담해야 한다고 요구하였다. 원고는 장시간 동안 비좁은 좌석에서 움직이지 못한 채 앉아 있어야 하는 이코노미(일반석) 좌석의 열악한 환경으로 인해 DVT가 발생했으며 또한 DVT의 위험성을 승객에게 충분히 알리지 않은 항공사의 직무태만이 DVT 발생에 기여했다고 주장하였다. 이러한 원고의 주장에 대해 호주의 빅토리아주 최고법원은 이코노미 좌석의 열악한 상황이 승객의 손해의 원인이 되는 의도하지 않은 그리고 예기치 못한 사고의 발생으로 보기는 어렵다고 판단하였다. 하지만 항공사가 장거리 여행 중 DVT에 걸릴 수 있는 위험을 승객들에게 충분히 알리지 않았다면 이러한 경고위반(failure to warn)이 바르샤바조약 제17조에 따른 사고의 범주에 들어갈 수 있다고 판결하였다. 동 법원은 '사고(accident)'에 대한 Saks v. Air France의 정의를 인용하여 항공사의 사전에 이미 알고 있는 위험과 관련하여 승객에게 충분히 경고하고 피해를 최소화하기 위해 예방책을 제시하는 것이 항공기의 정상적인 운항이라는 기준(standard)이라면 항공사가 이러한 주의의무를 충분히 수행하지 않은 것은 곧 승객에게는 예기치 못한, 비정상적인 외부상황의 발로인 '사고'로 간주될 수 있다는 것이다. 다만 관련항공기가 정상적으로 운항되었는가의 문제는 객관적으로 평가되어야 하기 때문에 빅토리아주 최고법원은 원고에게 항공사가 DVT와 그 원인 및 DVT의 발생위험을 최소화할 수 있는 예방요령을 사전에 인지하고 있었는지 여부와 항공사의 과실이 DVT를 유발한 일련의 사건들 중 하나라는 사실을 입증하도록 명령을 내렸다. 원고에게 입증책임의 부담이 있긴 하지만 항공사의 경고위반이 사고로 성립될 수 있다는 것이 동 법원의 판결이다.

[관련판례 2: Blansett v. Continental Airlines, Inc.][130]

　　본 사건에 있어 원고인 Shawn Blansett는 텍사스 휴스턴에서 영국 런던으로 가는 Continental 항공편에서 DVT에 의한 뇌손상을 당하는 상해를 입었다고 항공사를 상대로 소송을 제기하였다.

---

130) 204F. Supp. 2d999(S.D.Tex. 2002).

원고는 Continental 항공이 항공여행 중 DVT가 발생할 위험성에 대한 경고를 하지 않았으며 이에 대한 정보를 제공하는 등의 적절한 예방조치를 취하지 않았는바 이는 바르샤바조약 제17조상의 '사고(accident)'에 해당되는 것이라고 주장하였다.

한편 항공사는 정상적인 항공기 운항하에서의 DVT는 이에 해당하지 않는다고 원고 주장의 기각을 요청하였다.

이에 대해 법원은 정상적인 운항을 하고 있는 항공기의 좌석에 앉아 있는 것 자체를 사고로 보기는 어려우나 만약 DVT에 대한 위험이 많이 알려져 있고 이에 따라 승객들이 항공사로부터 DVT 위험 관련 경고에 대해 안내받기를 기대하고 있다면 항공사의 DVT 위험 고지 불이행이 승객에게는 비정상적이고 예기치 못한 외부적 상황의 발로로서 바르샤바조약 제17조상의 사고의 범주에 포함된다고 판결하였다. 이 판결은 DVT의 위험성에 대한 경고가 항공운송업계에 관행이나 절차로서 확립되어 있느냐 하는 문제와 그리고 어느 정도의 경고가 정상적이고 기대 가능한 것이냐 하는 문제점을 던져주었다 할 것이다.

[관련판례 3: Deep Vein Thrombosis and Air Travel Group Litigation][131]

영국 여왕좌부 최고법원은 장거리 비행도중 DVT를 겪게 된 승객들이 27개 항공사를 상대로 낸 손해배상청구소송을 기각함으로써 DVT에 대한 항공사의 책임을 인정하지 않았다. 본 재판을 위한 예비심리(Preliminary hearing) 과정에서 DVT 소송관련 가장 쟁점이 되는 세 가지 사항에 대한 다양한 논의와 검토가 이루어졌으며 최종 판결문에서 영국 최고법원은 항공사에 승소판결을 내렸다.

첫째, 법정쟁점은 '사고(accident)'에 대한 논의로서 승객이 겪은 DVT가 바르샤바조약 제17조에 기인한 손해를 밝히는 문제이다. 이에 대해 재판부는 DVT가 승객 외부에서 일어난 우발적인 어떤 사고에 의해 발생한 것이 아닌 정상적이고 예견 가능한 항공운송에 대한 승객 자신의 내부반응의 발로이므로 조약 제17조에서 규정하는 사고와 무관하다고 보았다. 또한 항공운송 중에 일어날 수 있는 예상 가능한 위험에 대해 승객들에게 미리 알리고 피해를 최소화하기 위해 사전대책을 세우는 것이 항공사의 통상적인 운항에 관한 관례인

---

131) EWHC 2825(Q.B. Dec. 20. 2002).

점을 고려할 때 이러한 의무를 지키지 않은 것도 비정상적이고 예상치 못한 사고로 볼 수 있다는 원고 측의 주장에 대해 재판부는 과실(culpable act)이나 부작위(omission)가 사고를 유발할 수는 있지만 그 자체가 사고는 아니므로 항공사의 과실이 입증된다고 하더라도 제17조의 사고의 성립요건을 충족시키는 충분조건이 되지 못한다고 판시하였다.

두 번째 법정쟁점은 '배타성(exclusivity)'에 대한 논의로서 바르샤바조약 이외의 다른 대안 법규를 적용하여 DVT 소송을 제기할 수 있는지의 여부이다. 이에 대하여 재판부는 본 조약 이외의 다른 국내법에 의한 손해배상은 인정하지 않는다고 판시하였다.

영국 최고법원은 바르샤바조약에서 근본적으로 추구하는 목적이 각 체약국의 국내법에 의존하지 않고, 모든 체약국의 법정에서 일관되게 적용할 수 있는 통일된 국제법규를 제정하는 것임을 감안할 때 바르샤바조약이 국제항공운송 중에 발생한 손해와 관련하여 항공사를 상대로 손해배상을 청구할 수 있는 유일한 소송사유이자 법적인 구제절차라고 명시하였다.

마지막 세 번째 법적 쟁점은 Human Right Act 1998(HRA) Section 3(1)과 European Convention on Human Right(ECHR) 제6조 및 제8조가 DVT 소송에 대한 법적 근거를 제공하는지에 대한 논의이다. 재판부는 영국 국내법(The Carriage By Air Act 1961)으로 편입된 바르샤바조약이 HRA Section 3(1)에 따라 ECHR의 규정을 위반해서는 안 되는 'Primary Legislation'이란 원고 측의 주장은 인정하나 바르샤바조약 제17조에 의거해 DVT 관련 손해배상청구소송을 기각하는 것이 ECHR 제6조 제1항에서 보장하는 공정한 재판을 받을 권리와 ECHR 제8조에서 보장하는 개인의 보건(the protection of health or morals)에 관한 권리 및 이러한 권리를 행사하는 데 있어서 어떠한 국가권위의 간섭도 받지 않을 권리를 침해하는 것은 아니라는 입장을 밝혔다. 나아가 재판부는 바르샤바조약 제17조는 절차법이 아닌 실체법상의 문제로서 승객이 소송할 수 있는 권리를 제한하는 것이기 때문에 ECHR 제6조 제1항에 명시된 권리에 위반된다고 볼 수 없으며, 또한 ECHR 제8조 관련 승객의 상해에 대한 법적인 구제책을 제공하지 않는다고 하여 개인의 신체적, 정신적 안녕을 보호받을 권리가 국가권위에 의해 침해받는 것이라고 보기 힘들다고 판결을 내렸다.

[관련판례 4: Rodrigez v. Ansett Australia Ltd.][132]

본 사건의 원고는 로스앤젤레스로부터 뉴질랜드의 오클랜드로 가는 Air New Zealand 항공편의 승객이었다. 원고는 거의 전 여정을 누워 잤었는데 뉴질랜드에 도착하여 하기하였을 때 활주로 상에 쓰러져서 병원에 보내졌고 거기서 DVT 진단을 받았다.

원고는 DVT를 이유로 Air New Zealand를 상대로 California 지방법원에 소송을 제기하였다. 피고인 항공사는 원고의 부상은 바르샤바조약 제17조상의 '사고(accident)'에 기인한 것이 아니라는 이유로 약식재판을 신청하였고 이는 예기치 않은 비정상적인 것으로 인해서 발생되었다는 것을 인정할 만한 증거를 제출하지 못함으로써 조약 제17조상의 사고에 해당한다는 입증을 하지 못하였다고 판결하였다.

[관련판례 5: McDonald v. Korean Air][133]

이 사건에서 원고는 항공사가 장시간 항공여행에 있어서 승객이 DVT에 노출될 수 있다는 경고나 교육을 하지 않았는바 이는 비정상적인 예기치 못한 사건에 해당되고 또한 항공사가 승객에 대한 주의의무를 위반한 것이기 때문에 바르샤바조약 제17조상의 '사고(accident)'라고 주장하였다.

이에 대해서 Canada Ontario 최고법원은 본 항공기의 비행 중 Saks Case에서 정의되고 있는 '사고'를 충족시킬 만한 어떠한 비정상적인 예기치 못한 사건이 없었다고 원고의 주장을 기각하였다. 비록 승객이 입게 될 위험을 승객에게 고지하지 않은 것은 항공사의 과실(negligence)일지 모르지만 원고가 입은 DVT가 승객으로서 비정상적이고 예기치 못한 외부적 사건으로 연결되지 않는다면 과실 그 자체가 조약 제17조의 사고에 해당되지 않는다고 그 이유를 밝히고 있다.

---

132) 28 Avi. Cas.(CCH) 16,627(August 8, 2002).

133) No.01－B30373, 2002WL 1861837(Ont. S.C.J. Sept 18, 2002).

4. 물건운송인의 책임에 관한 판례

(1) 책임원인

운송인이 항공물건운송과 관련하여 책임을 지는 경우는 다음과 같다. 즉, 운송인은 위탁 수하물 또는 화물의 파괴(destruction), 멸실(loss) 또는 훼손(damage)에 대하여 책임을 진다(바르샤바조약 제18조 제1항, 몬트리올조약 제17조 제2항, 몬트리올조약 제18조 제1항).

그러나 화물 및 수하물의 운송에 있어서 운송인은 손해가 조종, 항공기의 취급 또는 항행에 관한 과실로부터 발생하였다는 사실 및 운송인 및 그의 사용인이 기타의 모든 점에서 손해를 방지하기 위하여 필요한 모든 조치를 취하였다는 사실을 증명한 때에는 책임을 지지 아니한다(바르샤바조약 제20조 제2항). 휴대 수하물에 대해서는 바르샤바조약에서는 특별히 별달리 규정하고 있지 않으나 몬트리올조약에서는 운송인의 과실이 있는 경우에만 책임을 지도록 하였다(몬트리올조약 제17조 제2항). 수하물 및 화물의 운송지연의 경우에도 책임을 진다(바르샤바조약 제19조, 몬트리올조약 제19조).

1) 파괴 · 멸실 · 훼손

운송인은 위탁 수하물 또는 화물의 파괴(destruction), 멸실(loss) 또는 훼손(damage)에 대하여 책임을 지는데 이들 개념의 구별이 문제 된다. 이는 바르샤바조약이 제26조(몬트리올조약 제31조)에서 훼손의 경우에 이의진술 기간을 설정해 두고 있는 데 비하여 파괴 및 멸실의 경우에 관해서는 이러한 기간의 제한이 없어 그 구별의 실익이 있기 때문이다. 그러나 이들 개념의 구별은 그다지 명확하지 않다.

파괴(destruction)란 물리적 파괴뿐만 아니라 물건의 일부 또는 전부의 성질변경, 원래의 용도에 사용할 수 없게 된 경우까지 포함하는 개념이다. 예컨대, 물건이 부패된 경우라든지 생동물이 죽은 경우도 파괴라 할 수 있다.

멸실(loss)은 화물, 수하물이 수하인, 여객에게 인도되지 않은 경우를 말하는데 파괴와의 구별은 멸실은 물건의 현재 위치 나아가 존재 자체를 알 수 없거나 합리적인 방법으로 확인할 수 없는 것 또는 현재 점유를 상실한 것인 데 비하여, 파괴는 적어도 그 존재를 확인할 수 있고 현재 점유하고 있는 것인 점에서 구별된다. 양자의 공통점은 그 물건에 대한 경제적 가치를 완전히 잃어버린 점이라 할 수 있다. 멸실과 관련하여 문제가 되는 것은 우선 일부멸실의 경우이다. 예컨대, 포장단위 내의 물건의 일부멸실의 경우는 손괴로 처리하여야 한다는 점에는 의문이 없으나 3개의 포장단위 중 한 개의 멸실은 포장단위를 기준으로 하면 멸실이지만 항공운송장을 기준으로 하면 훼손이라고 해야 하므로 어느 것으로 기준을 해야 할지 문제가 된다.

이를 구별할 실익은 이의제기 기간의 차이 때문인데 멸실의 경우에는 운송약관상 대개 운송장 발행일로부터 120일 정도의 이의진술 기간이 허용되나 훼손의 경우는 수하물의 경우는 3일, 화물의 경우는 7일 이내에 이의를 제기하도록 법정되어 있다는 데 있다(바르샤바조약 제26조 제2항, 몬트리올조약에서는 수하물 7일, 화물 14일 이내이다. 몬트리올조약 제31조 제2항). 여기서는 후자의 견해가 정당하다고 본다. 항공운송장을 단위로 하여 1건의 운송물이 구성되기 때문이다. 미국 및 영국의 판례도 후자의 입장이다.134)

---

134) New York City Civil Court, Bronx Country, Schwimmer v. Air France, 19 Jan.

또 다른 문제는 운송지연이 최종적으로 멸실로 밝혀지는 경우인데 이 경우 어디까지가 운송지연이고 언제부터 멸실로 인정해야 할지가 문제이다. 지연의 경우는 조약상 14일 이내에(몬트리올조약 21일 이내), 그리고 멸실의 경우에는 운송약관상 120일 이내에 이의를 제기하도록 되어 있기 때문에 분별의 실익이 있다 할 것이다.

훼손(damage)은 물리적 훼손은 물론 물건 고유의 성질 변경도 포함된다. 파괴, 멸실이 경제적 가치를 완전히 잃어버린 경우라고 한다면 훼손은 경제적 가치가 조금이라도 남아 있는 경우를 말한다고 할 것이다.

2) 운송지연

화물·수하물의 운송지연도 여객운송지연의 경우와 다를 바 없다. 즉, 운송인이 선량한 관리자의 주의로서 운송계약을 이행하였더라면 도착하였으리라고 생각되는 때보다 늦게 화물·수하물이 목적지에 도착한 경우를 말한다. 다만 몬트리올조약에서는 물적 적용범위로서의 운송지연 부분에서 설명한 바와 같이 운송인의 방어수단에 약간의 수정이 있었다. 즉, 이제는 운송인이 자신과 그의 사용인 및 대리인이 "손해를 방지하기 위하여 합리적으로 요구되는" 모든 조치(all measures)를 취하였다는 점 또는 이들이 모두 이들 조치를 취하는 것이 불가능하였다는 점을 입증하는 것에 의하여 책임을 피할 수 있게 되었다(몬트리올조약 제19조 단서).

[관련판례 1: Western v. Federal Express Corp.][135)

원고는 전시회에 전시한 예술품을 Connecticut에서 Rome까지 운송키로 하는 계약을 Fedex와 체결하였으나, 화물이 지연 도착하여 전시회에 전시하지 못하게 됨에 따라 소송을 제기하였다. 원고는 항공사의 지연책임을 규정한 바르샤바조약 제19조를 근거로 손해배상을 청구하였으며, 1심 재판부가 바르샤

1977: Avi 17,466. House of Lords, United Kingdom, Fothergil v. Monach Airlines 1980: 2Lloyds L.R. 295.

135) 28 Avi. Cas.(CCH) 16,211(2d Cir. 2002).

바조약 제22조의 책임제한규정을 적용하여 Fedex의 책임을 제한하는 판결을 내리자 불복하여 항소를 제기하였다. 항소심 재판부는 본건에 바르샤바조약 제19조가 적용되므로 바르샤바조약 제22조에 따른 책임제한조항 역시 적용된다고 판시하고, 운송지연에도 책임제한규정이 적용된다고 판결한 원심의 판결을 지지하였다.

[관련판례 2: 서울지방법원판결, 98나7048]

본건은 659마리 사슴 중 일부 사슴이 폐사한 경우 멸실(loss)로 볼 것인지 손괴(damage)로 볼 것인지에 대해 손괴(damage)로 보아 14일 이내에 이의를 제기하지 않은 원고의 대위청구를 기각한 사건이다. 동 판결은 다음과 같이 판시하고 있다.

개정된 바르샤바조약 제26조 제2항은 '손괴(damage)가 있는 경우에는, 수하인은 손괴를 발견한 후에 즉시, 늦어도 수하물에 있어서는 그 수취일로부터 7일 이내에, 화물에 있어서는 그 수취일로부터 14일 이내에, 운송인에 대하여 이의를 진술하여야 한다.'고 규정하고 있고, 같은 조 제3항은 '모든 이의는 운송증권에 유보를 기재함으로써 또는 위 기간 내에 별개의 서면을 발송함으로써 진술되어야 한다.'고 규정하고 있으며, 같은 조 제4항은 '소정의 기간 내에 이의를 진술하지 아니하였을 때에는 운송인에 대한 소는 운송인에게 사기가 있는 경우를 제외하고는 수리되지 아니한다.'고 규정하고 있는바, 위 규정들은 결국 화물손괴에 대한 책임에 관한 소 제기의 전제요건으로서 운송인에게 사기가 없는 한 운송인이 선의이든, 악의이든 가리지 않고 수하인이 운송인에게 일정한 기간 내에 적극적인 의사표시로서 서면에 의한 이의를 제기할 것을 요구하고 있는 것으로 해석된다.

그런데 개정된 바르샤바조약은 화물훼손의 유형 중 파괴(destruction)와 망실 내지 멸실(loss)에 관해서는 위와 같은 이의기간에 관한 규정을 두고 있지 아니하므로, 손괴가 아닌 파괴와 망실 내지 멸실의 경우에는 소 제기의 전제요건으로서 이의기간 내에 서면에 의한 이의진술을 할 필요가 없다고 할 것인바, 여기에서 바르샤바조약이 화물훼손의 유형인 파괴, 망실 내지 멸실, 손괴를 명확하게 구별하여 규정하고 있지는 않지만, 일반적으로 파괴란 물리적인 파괴뿐만 아니라 성질변경 등으로 인하여 물건을 원래의 용도에 사용할 수 없게 된 경우, 즉 물건이 부패되거나 동물이 죽어 더 이상 사용할 수 없게 된 경우를 포함한다고 할 것이고, 망실 내지 멸실이라 함은 화물이 수하인에게 인도되지 못하는 것을 말하는 것으로서 도난, 유실, 제3자에의 인도 등으로 인한 점유회수 불능의 경우를 의미하는 것이고, 손괴라 함은 물건의 물리적 하자나 물건 고유의 성질변경으로 인하여 경제적 가치나 사용가치가 하락한 경우를 말하는 것으로 이해되고, 따라서 파괴와 망실 내지 멸실은 물건의 경제적 사용가치가 전부 상실된 경우로서 파괴는 물건의 존재와 점유는 남아 있지만 망실 내지 멸실은 점유 자체를 상실한 경우이고, 손괴는 사용가치가 일부 상실되어 아직 경제적 가치가 남아 있는 경우라고 해석된다.

바르샤바조약이 위와 같이 손괴의 경우에만 이의진술 절차를 두고 있고 파괴나 망실 내지 멸실의 경우에 대하여 따로 이의진술 절차를 두지 않고 있는 것은, 파괴의 경우에는 물건의 인도 단계에서 당사자들이 물건의 파괴사실을 비교적 쉽게 인식할 수 있고, 망실 내지 멸실의 경우에는 물건을 인도할 수조차 없어 굳이 단기간의 이의기간을 두지 않더라도 당사자 간의 법률관계를 확정하기가 용이한 반면, 손괴의 경우에는 수하인이 물건을 인도받은 후 상당한 시일이 경과하여 그 책임을 다투게 되면 책임소재를 가리기가 결코 용이하지 않고 당사자 간의 법률관계도 매우 불안정해져 국제상사거래의 안전성과 신속성을 해치게 되므로 이를 고려하여 이의자가 단기간 내에 이의를 제기하지 않으면 더 이상 다툴 수 없도록 권리를 제한한 것이라고 해석된다.

이에 비추어 화물의 일부만이 멸실되거나 파괴된 경우, 즉 일부멸실(the loss of part of a cargo)이나 일부파괴에 관하여 보건대, 1포장단위 내에 있는 물건이 일부 멸실(파괴, pilferage)된 경우, 특별한 사정이 없는 한 운송인이 1포장단위 내의 물건의 일부가 손상되었는지 여부를 명확하게 인식하고 화물을 수하인 측에게 인도한다고 볼 수는 없으므로 이는 손괴로 처리함이 타당할 것이고, 포장단위가 여러 개 있고 그중 1개가 멸실 또는 파괴된 경우에도, 화물운송계약이 운송장에 비추어 이 역시 인도 당시에 운송인이 화물의 손상 사실을 인식할 수 없는 경우가 많을 것으로 보이므로 손괴로 처리하는 것이 타당하다고 할 것이다. [이와 같이 해석상 어려움이 따르는 화물의 일부멸실이나 일부파괴를 손괴(damage)로 볼 것인지에 관하여 영국에서 이 문제와 직접적으로 관련된 법령인 Carrige By Air and Road Act 1979에 ‘damage includes loss of part of the baggage or cargo(손괴는 수하물 또는 화물의 일부멸실을 포함한다)’라는 해석규정을 두어 입법적으로 해결한 사

례가 있다.]

이 사건에 돌아와 살피건대, 앞서 든 증거들과 원심법원의 국립동물검역소 서울지소장에 대한 사실조회결과에 변론의 전취지를 종합하면, 송하인인 ○○○○가 발행한 항공화물운송장은 모두 6장인 반면, 운송대상 사슴 659마리는 미리 36개의 화물상자(pen)에 적재된 채로 송하인 측으로부터 피고에게 인도되어 그 상태대로 운송되었고 각 화물상자에 들어 있는 사슴들 중 일부인 38마리(항공화물운송장에 기재된 화물단위의 전부 또는 1개의 화물상자에 들어 있는 사슴들 전부가 아님)가 검역장에 도착하기 이전에 이미 폐사한 사실, 피고 항공기가 김포공항에 도착한 후 검역관(수의사)인 △△△이 검역장에서 검사를 실시할 때까지는 약 2시간가량이 소요되어 사슴 38마리가 항공운송 중에 폐사하였는지 아니면 그 이후 검역장에 도착하기 이전에 폐사한 것인지 정확히 알 수는 없는 사실, 통상 항공기로 화물이 운송되는 경우 도착지에서 먼저 검역관(수의사)이 검사를 실시하여 하역을 허가하면 이를 화물청사 내 계류장을 거쳐 김포공항 내 국립동물검역소 소속 검역계류장으로 옮긴 다음 국립동물검역소에서 검역을 실시하여 별다른 이상이 없으면 동물검역증명서를 발급하여 수하인에게 직접 교부 또는 통지하고, 이와 같은 일련의 검사 및 검역절차에 운송인 측은 입회하지 않는 것이 통례인 사실, 국립동물검역소는 1996.04.16. 검역 당시까지 살아 있던 사슴 621마리에 대한 검역증명서를 발급하였는데, 여기에 폐사된 38마리에 대하여 기내 폐사 19마리, 검역 중 폐사 19마리라고 특정되어 기재되어 있는 사실, 국립동물검역소 서울지소장은 수하인인 □□인터내셔날로부터 사슴폐사 확인을 요청받고 같은 달 19일, □□인터내셔날에 검역 중 사슴 38마리가 폐사되었음을 통지한 사실, □□인터내셔날은 사슴들에 대한 모든 검역을 마칠 무렵 이를 인도받은 사실을 인정할 수 있고 반증 없다.

위 인정사실에 의하면, 이 사건에서 사슴 38마리가 폐사한 것은 1개의 포장단위를 기준으로 하거나 항공화물운송장의 화물단위를 기준으로 하거나, 어느 경우든지 물건의 일부파괴로서 개정된 바르샤바조약 제18조 제1항 소정의 손괴(damage)에 해당한다고 보아야 할 것이라고 판시하고 있다.

(2) 책임범위

1) 책임한도액과 운송가격 신고

여객 또는 송하인이 운송가격을 신고하고 필요로 하는 초과요금(증가요금)을 지급하지 아니하면 운송인의 책임은 위탁 수하물 또는 화물 1kg당 250프앙카레프랑(17SDR)으로 제한된다(바르샤바조약 제22조 제2항). 가격을 신고하면 그 신고가격이 운송인의 손해배상한도액이 된다. 이를 운송가격 신고라고 하며 이는 세관신고가격과는 다르다. 신고가격은 도착지의 가격을 기준으로 한다(헤이그의정서 제22조 제2항(a)). 신고는 운송장에 기재함으로써 한다. 가격을 신고하지 아니한 경우에는 운송인은 유한책임을 진다.[136] 가격을 신고하였더라도 증가요금을 지급하지 아니하였으면 신고의 효력이 없고 운송인은 유한책임만 진다. 운송가격 신고가 있으면 운송인은 실가여하를 불문하고 신고된 가격을 한도로 배상을 하여야 한다. 다만 운송인은 신고가격이 도착지에서의 실가를 초과하는 것을 증명하여 배상액을 감할 수 있다(헤이그의정서 제22조 제2항(a)). 그전과 반대로 여객·수하인은 수하물·화물의 실가가 신고가를 초과하는 것을 증명하더라도 운송인은 신고가격의 한도 내에서 책임을 진다.[137]

이러한 운송가격 신고는 운송인으로 하여금 고가물에 대한 위험을 알리고 필요한 조치를 취하게 하기 위한 것이므로 신고가격이 화물의 중량 1kg당 250프랑카레프랑(17SDR)을 상회하는 경우에 필요한 것이며, 그보다 낮은 신고가격은 무의미하므로 운송인의 책임한도액도 신고가액으로 제한되지 않는다.[138] 즉, 화물이 멸실하고, 운송신고 가격이 법정책임한도액보다 적을 경우 그 신고가격은 무시된다.

또한 운송신고가격은 결과적 손해(consequential damage)까지도 포함하는 것이

---

136) New York City Civil Court, New York Country, Petryakov v. Pan Am, 25 May 1979: 15 Avi 17,777; U.S. District Court, Eastern District of New York, Marlen Stamps & Coins v. Rapp, 29 Feb. 1984: 18 Avi 17 810.

137) New York Supreme Court, New York Country, international Teaching Machines Corp. v. Mohawok Airlines, 10 JUN 1966: 9 Avi 18,229.

138) United States District Court, Eastern District of New York, B.R.I. Coverage Corp. v. Air Canada, 4Nov. 1989 22 Avi 17,576.

므로 간접손해 또는 특별손해를 별도로 청구할 수 없다. 원래 결과적 손해 또는 특별손해에 대해서는 운송인이 사전에 그 손해발생 가능성을 알고 있었던 경우에 한하여 책임을 진다.139) 조약 제25조의 사유(운송인 측에 wilful misconduct가 있는 경우)가 있더라도 운송인의 책임이 신고된 가격에 한하는 가도 문제이다. 운송인 측에 wilful misconduct가 있는 경우 운송인은 책임제한을 원용할 수 없고 무한책임을 지고 무한책임은 반드시 신고된 가격에 한하지 않으므로 이를 부정하는 견해가 옳다고 본다.140)

2) 일부멸실 · 훼손

운송인이 책임을 지는 경우 그 손해배상액은 중량을 계산하여 산정하되, 이때의 중량은 파괴 · 멸실된 부분만의 중량이 아니라 그 부분의 파괴 · 멸실로 인한 물건 전체에 미치는 손해를 말하므로 문제 된 물건 전체의 중량을 기준으로 한다(헤이그의정서 제22조 제2항(b)).

이에 관한 판례를 볼 것 같으면 파괴 · 멸실된 부분만을 기준으로 하는 경우와 전체중량을 기준으로 하는 경우로 나뉘고 있다. The Hartford Fire Ins.Co.,etc. v. Trans World Airlines, Inc., et al. 사건에서는 실제 멸실 · 훼손된 부분을 기준으로 손해배상액을 산정하여야 하고, 운송장에 기재된 전체중량을 기준으로 하지 않는다고 하였다. 만약 전체중량을 기준으로 하게 되면 일부멸실 · 훼손의 경우와 전체의 멸실 · 훼손의 경우의 손해배상액이 같아지는 불합리가 있게 된다는 것이다.141)

또한 Data Card Corp v. Air Express International 사건142)은 1매의 항공운송장에 기계류 8상자 13,132,5kg을 운송하던 중 한 상자가 파손되어 남은 7상자의

---

139) U.S District for Western District of Michigan, Southern Division, Mohamed A. Saiyed v. Tranomediterranea Airways 17 Mar 1981: 16 Avi 17,835.

140) Supreme Courts of Netherlands, Insurance Company of North America v. KLM, 6Jan 1978: 1978 Air Law. 123.

141) United States District Court, Central District of California. The Hartford Fire Ins. Co., etc v. Trano World Airlines, Ins., et al, 1 Sep. 1987: 20 Avi 18,254.

142) Queen's Bench Division(Commercial Court), England, Data Card Corp. v. Air Express international, 28 Mar. 1983: 1984 Air Law. 187.

기계도 작동할 수 없게 된 사건인데, 이 사건에서 손해배상액의 결정을 ① 전체의 무게인 3,132,5kg으로 할 것인가, ② 손괴로 영향을 받은 전체의 무게를 기준으로 할 것인가, ③ 포장단위의 무게를 기준으로 할 것인가가 문제 되었다. 법원은 포장단위를 기준으로 한다고 판시하였다.

그러나 Deere and Company v. Lufthansa 사건[143]에서는 컴퓨터의 중요부분이 파손되어 대체가 불가능하고, 파손된 부품만의 구입 또는 임차가 불가능하며, 파손으로 인하여 컴퓨터 전체의 가치가 크게 영향을 받았으므로, 책임한도액 계산은 파손된 부분의 중량이 아니라 파손된 부분을 포함하여 영향을 받은 전체의 중량을 기준으로 하여야 한다고 판결하였다.

결국 이 문제는 파손이 화물 전체의 가치에 미친 영향의 정도, 대체 가능성 등을 고려하여 구체적인 사건에 따라 해결할 수밖에 없다고 본다.

[관련판례 1: Kesel v. UPS][144]

미술품 전시 및 판매상인 원고는 UPS에 미술품 운송을 의뢰하는 과정에서 UPS로부터 UPS의 운송약관상 책임제한액인 US $ 60,000 정도를 신고할 계획이었으나 세관에서 지정한 화물의 가액인 US $ 558 이상으로는 신고가 불가하다고 하여 동 금액을 신고하였다. 화물운송 과정에서 동 미술품이 분실되는 사고가 발생하자 원고는 화물의 가액 전체에 대한 배상을 요구하는 소송을 제기하였고 UPS는 고가품 신고액으로 책임이 제한됨을 주장하였다. 원고는 UPS가 관련 약관조항을 계약체결지인 Russia어로 번역해 주지 않은 점과 세관이 산정한 가액 이상으로 신고하는 것을 거절한 점을 들어 피고의 책임제한 주장을 반박하였으나, 재판부는 피고의 주장을 받아들여 UPS는 세관이 지정한 가액 이상으로 신고를 받아 줄 법적인 의무가 없기 때문에 책임제한을 적용할 수 있다고 판결하였다.

---

143) United States Court of Appeals for the Seventh Cir., Deere and Company v. Lufthanea, 16 Aug 1988: 21 Avi 17,513(for the prior decisions, see 18 Avi 17,178 and 19 Avi 18,111).

144) 2002 U.S. Dist. LEXIS 12350(N.D. Cal. 2002).

[관련판례 2: Motorola, Inc. v. Federal Express Corp.][145]

Motorola 및 그의 보험사는 Fedex와 Freighter Forwarder 인 Kuhen & Nagle을 상대로 Texas에서 일본까지 운송된 화물에 damage가 발생하였음을 이유로 US $ 244,080의 배상을 요구하는 소송을 제기하였다. 문제가 된 화물은 휴대폰 기지국 시스템으로 1Master AWB로 발행되었으나 운송을 위해 20개의 crate로 포장되었다. 일본 도착 후 1개의 crate에 들어 있던 system의 주요 부품이 파손된 것이 발견되어 US $ 459,330을 지불하고 새로운 부품으로 교체할 수밖에 없었다. 파손된 crate의 무게는 대략 680kg이고 전체 시스템의 무게는 12,204kg이었다.

따라서 바르샤바조약에 따른 책임제한액 산정의 기준이 되는 화물의 무게를 전체 화물의 중량을 볼 것인지 아니면 손상된 부분만의 중량을 보아야 할 것인지가 소송에서 주요한 issue가 되었다.

이 문제와 관련하여 Hague Protocol 및 MAP4에서는 "화물의 일부에 발생한 부분, 파손 또는 지연이 전체 화물의 가치에 영향을 미치는 경우에는 전체 화물의 중량이 책임제한액을 결정하는 데 기준이 된다."라는 조항이 있으나, 본건에 있어서는 바르샤바 원조약이 적용되고 원조약에는 이와 같은 취지의 규정이 없다. 1심 재판부는 화물 일부의 손상이 전체 화물의 가치에 영향이 있다는 점을 원고가 입증하면 책임제한액 산정의 기준이 되는 중량은 전체 화물의 중량이 됨을 판시하는 한편, 이에 관한 원고의 입증이 타당하다고 인정하면서 원고 승소판결을 내렸다. 항소심 재판부도 원심의 판결을 인정하여, Hague Protocol상의 상기조항은 원조약에는 비록 언급이 없지만 동 조항의 신설 취지를 감안할 때 원조약에도 적용되어야 한다고 판단하면서, 본건의 경우 화물의 일부파손이 전체 화물가치에 영향을 미쳤다고 인정되므로 책임제한액 산정의 기준이 되는 중량은 전체 화물의 중량이 되어야 한다고 판결하였다.

[관련판례 3: 서울지방법원판결, 94가단143990]

본 사건은 책임한도액을 판단하는 기준은 무게라고 하면서도 부피에 따른 중

---

145) 308F. 3d 995(9th Cir. 2002).

량이 운임산정의 기초가 된 때는 이에 따라 배상하여야 한다고 판시한 건이다.

 본 판결에 의하면 이 사건 항공운송장의 이면약관으로 운송인의 책임제한에 관한 공지사항이라는 표제하에 운송의 최종목적지가 외국이거나 외국을 경유할 경우에는 바르샤바조약이 적용되고, 송하인이 미리 고가의 화물을 신고하고 추가운임을 지불할 경우를 제외하고는, 동 조약에 따라 모든 화물의 멸실, 손상, 지연에 대하여 운송인의 변상책임은 킬로그램당 250프랑스 금프랑으로 제한된다. 킬로그램당 책임한도액 250프랑스 금프랑은 금값이 온스당 미화 42.22일 때를 기준하여 킬로그램당 약 미화 20달러에 해당한다고 규정하고, 바르샤바조약이 적용되지 않는 운송으로서 송하인이 고가임을 신고하지 않고 추가운임도 지불하지 않았을 때의 화물의 멸실, 손상, 지연에 대한 운송인의 책임한도는 킬로그램당 미화 20달러 또는 그에 상당하는 금액을 초과하지 않는다고 규정하는 한편, 화물의 일부가 멸실, 손상, 지연되었을 경우 항공사의 책임한도는 무게로 결정되는데 당해 포장단위의 무게만으로 결정된다. 미 연방항공법에 정의된 국제항공운송 중에 화물의 전부 또는 일부가 멸실, 손상, 지연되었을 경우 어떠한 다른 규정이 있다 하더라도 항공사의 책임한도는 무게로 결정된다. 그 무게는 운임부과 시 적용하는 무게가 된다. 그리고 화물의 일부가 멸실, 손상, 지연되었을 경우에는 그 비율로 정한다고 규정하고 있는 사실, 이 사건 화물에 대한 운송장에는 특별한 가격을 신고하지 아니한 것으로 기재되어 있는 사실, 이 사건 사고 시나 변론종결 시에 가까운 미 달러화의 매매기준율이 1달러당 금 769.80원인 사실이 인정된다.

 따라서 바르샤바조약의 정의상 국제운송에 해당되는 이 사건 화물의 운송에 있어서 이 사건 화물의 손상으로 인한 손해에 대한 피고 ○○항공 책임액은 위 항공운송장의 이면약관에 의하여 바르샤바조약이 그대로 적용된다 할 것이어서 포장단위의 무게에 킬로그램당 250프랑스 금프랑을 곱한 금액을 한도(피고 ○○항공이 주장하는 국제항공운송약관의 규정에 의하더라도 위 한도액은 동일한 사실이 인정된다)로 한다 할 것이고, 이때 적용되는 무게는 위 약관이나 위 책임제한을 무게에 비례하여 인정하는 바르샤바조약의 정신에 비추어 운임이 지불된 무게 내지는 운임산정의 기초가 된 무게 즉 운임무게에 의하여야 한다고 할 것이라고 판시하고 있다.

(3) 이의제기

　화물 및 수하물의 훼손 및 연착의 경우 이의가 있는 자는 이의제기 기간 내에 서면에 의한 이의(timely written notice)를 제기하여야 한다. 이는 운송인에게 손해배상 책임이 있음을 알리고 사고조사의 기회를 주어 더 이상의 손해를 방지하고, 분쟁을 사전에 예방하면서 책임관계를 조속히 종료시키기 위한 것이다.146)

　화물·수하물에 훼손이 있는 경우에는, 화물에 있어서는 수령일로부터 14일 이내(바르샤바조약이 적용되는 경우에는 7일 이내)에, 수하물은 수령일로부터 7일 이내(바르샤바조약이 적용되는 경우에는 3일 이내)에 이의를 제기하여야 한다. 운송인은 이들 기간을 임의로 단축할 수 없다.

　이의제기는 위의 기간 내에 서면에 의하여야 하고 구두에 의한 이의제기는 효력이 없다.147) 이의를 제기하는 서면에는 손해액을 표시하지 않더라도 유효하고 화물이 훼손 또는 도착하지 아니하였다는 사실 및 운송인에게 책임이 있다는 사실을 통지하면 충분하다.

　실무에서 사용하고 있는 운송인이 마련한 Claim Notice Form에 하주가 기재하는 것도 유효한 이의제기로 보아야 할 것이다. 일단 이의를 제기한 후 추가로 훼손이 발견되면 위의 기간 내에 다시 추가로 이의를 제기하여야 한다.148)

　운송인이 이미 훼손사실을 알고 있는 경우에도 별도의 서면이의가 필요한가에 관해서는 견해가 나뉘고 있지만, 이의제기는 운송인에게 훼손사실을 알린다는 의미 외에도 사고의 성질 및 손해의 범위를 조사하여 손해를 배상하라는 적극적인 의미도 갖는 것이고, 또 운송인은 이의제기가 있어야만 그 손해를 배상할 대책을 세우는 것이 보통이므로 이 경우에도 별도의 이의제기가 필요하다.

　화물의 일부멸실은 조약 제26조 제2항의 훼손으로 보아 수령일로부터 7일 이내(몬트리올조약 14일 이내)에 이의를 제기하여야 한다.149)

---

146) New York City Civil Court, Interglobe Imports, Inc. v. Alisped International Forwarding, et. al., 31 Oct 1986: 20 Avi 17,432.

147) Superior Court of the District of Columbia, Civil Division, Kumar v. British Airways, 6 Oct 1978: 15 Avi 17,386.

148) U.S. Court of Appeal for the Ninth Circuit, Stud v. Trane International Airlines, 8 Mar. 1984: 18 Avi 17,684.

물건의 불인도(non－delivery)는 전부멸실(total loss)로 간주된다. 따라서 운송인이 non－delivery의 경우 운송약관에 서면에 의한 이의제기 기간을 120일 이내로 연장하였다면 그 기간 내에 이의를 제기하면 충분하다고 한다.[150] 이에 따라 non－delivery의 경우, 운송약관이 정한 120일이 경과한 후에 이의를 제기한 때에는 소를 제기할 수 없다.[151]

또한 서면에 의한 이의제기는 운송인의 wilful misconduct와는 상관없이 소정의 기간 내에 이루어져야 한다. 운송인의 wilful misconduct는 운송인에게서 조약상의 책임제한규정을 원용할 권리를 박탈할 뿐, 송·수하인의 이의제기와는 무관하기 때문이다.[152]

조약 제26조에 정한 기간은 거래일이 아닌 역일을 말한다. 그러나 기간 계산방법은 국내법에 따른다. 훼손의 경우에는 수령일, 즉 실제로 물건을 수령한 날로부터 기산하도록 되어 있고, 지연의 경우에는 처분할 수 있는 날로부터 기산하도록 되어 있다. 처분할 수 있는 날이란 수하인이 화물도착통지를 받은 날이라고 풀이된다.

따라서 도착통지를 받고 인수를 지체하면 이의제기 기간이 그만큼 짧아진다.

이의는 바르샤바조약에서는 소정의 기간 내에 서면으로 발송하는 것으로 하였으나 (바르샤바조약 제26조 제3항) 몬트리올조약에서는 발송 이외에 교부를 추가하였다 (몬트리올조약 제31조 3항).

제26조 소정의 기간 내에 이의제기가 없으면 운송인에 대한 소는 제기할 수 없다. 다만 운송인에게 사기가 있는 경우에는 그러하지 아니하다(바르샤바조약 제26조 제4항, 몬트리올조약 제31조 제4항). 제26조의 사유는 운송증권에 고지될 필요는 없다.[153]

---

149) United States District Court, Western District of Washinton, Confecces Textesis De Vouzela, et al. v. Space Tech, Inc., et al., 23 Oct 1989: 22 Avi 17,494.

150) United States District Court, Southern District of New York, Mervyn Cunlffe－Fraser v. Pan American Airways, et al., 2 Oct 1985: 21 Avi 18,145.

151) United States District Court, Soutern District of New York, Nebco International Inc., et al. v. Iberia Airlines of Spain and Caribbean Air Cargo Co., Ltd., 24 Aug 1990: 22 Avi 18,341.

152) Onyeanusi v. Pan American World Airways, Inc: 952F. 2d788(3rd Cir. 1992).

153) New York Supreme Court, New York Country, Abdul－Hag v. Pabistan

[관련판례 1: Security Insurance Company of Hartford v. DHL World Express][154]

DHL은 Motorola의 휴대폰을 Illinois로부터 Mexico까지 운송키로 한 운송계약에 따라 Mexico City까지 항공기로 운송한 뒤 최종목적지까지는 트럭으로 운송하던 도중 무장괴한에 의해 탈취되는 사고가 발생하였다. Motorola의 보험사인 Security Insurance는 DHL을 상대로 계약위반을 주장하며 US $ 1.7million의 배상을 요구하는 소송을 제기하였다.

DHL과 Motorola 간의 운송계약에 따르면 Motorola는 화물인수 후 30일 이내에 Claim을 통지하도록 되어 있었으나, DHL은 Motorola가 화물인수 후 30일 이내에 서면에 의한 claim 통지가 없었음을 주장하였고 재판부는 DHL의 주장을 받아들였다.

Security Insurance는 운송계약상의 30일 이내 통지조항을 적용하는 것은 바르샤바조약상의 책임조항을 불법적으로 회피하는 것이라고 주장하였으나, 재판부는 이와 같은 30일 이내 통지조항이 비록 결과적으로는 그러한 면이 없지 않으나 책임을 제한하기 위한 의도에서 나온 것은 아니며 바르샤바조약에 의하여 금지된 내용도 아니라고 판단하였다. 따라서 재판부는 바르샤바조약이 본건에 적용된다고 하더라도 바르샤바조약이 양 당사자 간의 별도의 통지기한 조항을 합의하는 것을 금지하고 있지는 않으므로 Security Insurance의 주장은 이유 없다고 판결하였다.

[관련판례 2: Watkins Syndicate v. Tampa Airlines][155]

본건은 국제선 구간에 수송된 의류의 손상과 관련하여 양 당사자 간에 바르샤바조약상의 14일 이내 통보조항에 따라 서면에 의한 claim 통보가 있었는가 하는 것이 쟁점이었다.

항공사는 정식의, 서면에 의한 claim 통지를 받은 사실이 없으며 그들이 접

International Airlines, 27 Jul. 1979: 15 Avi 17,700.

154) 2002 U.S. Dist. LEXIS 10631(N.D. Ill. 2002).

155) No.CIV.A.03 – 5937(MBM), 2004WL 2290501(S.D.N.Y. Oct 8. 2004).

수한 pick-up form에 표시된 손해 통보는 바르샤바조약이 목적으로 하는 서면통보를 충족시키기에는 불충분하다는 것이었다. 그러나 법원은 이 경우도 적절한 통보가 있었던 것으로 보아 항공사의 summary judgement 신청을 기각하였다.

5. 항공소송에 관한 판례

(1) 손해배상청구권자

손해배상청구권자와 관련하여 판례상 문제가 되는 경우는 주로 화물운송의 경우이다. 여객운송의 경우는 바르샤바조약 제24조 제2항(몬트리올조약 제29조)에서 여객의 사상 또는 기타 신체상해의 경우에 대한 손해배상청구권자의 범위에 대하여 소송절차와 함께 법정지법에 따르는 것으로 맡겨져 있다. 바르샤바조약 제정 당시 원조약의 국제항공법전문가회의(CITEJA) 초안에서 여객사망의 경우 손해배상청구권자의 결정은 사망자의 국적법을, 무국적자인 경우에는 최종주소지를 준거법으로 하도록 하였으나 토의결과 이 문제는 일반 국제사법원칙 및 국내법에 맡기기로 하였던 것이다. 이때 적용될 국내법이 소송법을 포함한 실체법인지 국제사법인지에 대하여 논란이 있으나 이는 소송법을 포함한 실체법이라고 하여야 할 것이다. 따라서 특별법이 있는 경우 외에는 민법과 일반 민사소송법의 일반원칙에 따라 청구권자를 결정하여야 하게 된다고 할 것이다.156)

화물운송의 경우에는 항공화물운송장에 송·수하인으로 기재된 자 또는 그로부

---

156) Rene H. Mankiewicz, "On the application of national law under and in margin of the Warsaw Convention", Air Law 1981, p.79; P.P.C.Hanappel, "The right to sue in death cases under the Convention", Air Law 1981, p.66.

터 권리를 승계한 자가 청구권을 갖는다. 여기서 운송장에 기재가 없는 실수하인 또는 실송하인도 청구권을 갖는가가 문제 되는데 항공운송장은 증거증권에 불과하므로 이들이 자신의 지위를 증명하여 조약상의 소를 제기할 수 있다고 본다.157)

판례에 따르면 운송장에 '통지처(notify parity)'로 기재된 자는 소를 제기할 수 있다고 한다.158) 화물의 실수하인인 수입업자는 항공화물운송장에 수하인으로 표시된 자의 '숨은 본인(undisclosed principal)'이라는 관계, 즉 대리관계가 증명되지 아니하는 한 소송당사자가 될 수 없다고 한다.159) 또한 송하인이 운송주선인에게 운송을 위탁하고, 이를 알지 못한 운송인이 발행한 운송장에는 운송주선인이 송하인 및 수하인으로 기재되어 있는 경우에는 그 실송하인은 운송인에 대하여 소를 제기할 자격이 없다고 한다.160)

(2) 재판관할

1) 관할법원

항공사고에 있어 재판관할의 선택은 당사자의 이해관계에 큰 영향을 미치게 되는 중요한 사안이다. 이는 나라마다 소송절차와 손해배상에 대한 법률의 상이로 국제조약에 대한 해석이 달라질 수 있고 그 결과 운송인의 책임한도액이나 항공사고의 인정여부, wilful misconduct의 개념 등에 큰 차이가 있을 수 있다.

종래 바르샤바조약에서는 동 조약 제28조에서 4개의 재판관할 즉 ① 운송인의 주소지, ② 운송인의 주된 영업소 소재지, ③ 운송계약을 체결한 영업소의 소재지,

---

157) New York Supreme Court, Appellate Division, First Dept, Leon Bernstein Commercial Corp. v. Pan Am: 20 Nov. 1979; 15 Avi 17,954.

158) Court of Appeal of England, Gatewhite Limited and Cultivos de Promor S.A. v. Iberia Lines Aereas de Espana Sociedad, 29 Jul 1988.

159) United States District Court, District of Masachusetts, 27 Dec 1988: 21 Avi 17,017.

160) United States District Court for Nothern District of Illinois, 16 May 1987: 20 Avi 18,325.

④ 도착지를 관할하는 법원을 인정하고 있었는데 몬트리올조약에서는 이러한 4개의 재판관할에 여객의 '주요한 영구적인 거소(principal and permanent residence)'를 제5의 재판관할로 추가하였다. 손해배상의 청구권자는 그의 선택에 따라 상기 재판관할 중 어느 한 곳에서 소송을 제기하여야 한다. 상기 이외의 관할법원에서의 소는 기각된다.

재판관할과 관련하여서는 다음과 같은 몇 가지 문제점이 있거나 예상된다.

첫째, 바르샤바조약 제28조의 규정(몬트리올조약 제33조 제1항)이 재판지(venue)를 규정한 것인지 아니면 관할권(jurisdiction)을 규정한 것인지 다툼이 있었으나 현재는 관할권을 결정하고 있는 것으로 견해가 일치하고 있다. 그런데 관할권을 정한 것이라고 할 때 이것이 국제적 관할권을 지정한 것인지 아니면 국가 내의 특정법원까지 정하고 있는지에 관해서는 미국 판례와 대륙법계 사이에 견해차가 있다. 미국 판례는 전자를 취하고 있다.[161] 그러나 독일에서는 바르샤바조약 제28조는 일정한 토지관할을 정한 것으로 해석되어 민사소송법상의 토지관할에 대한 특칙으로 이해되고 있으며, 프랑스법에서도 전속적인 토지관할에 관한 규정으로 해석되고 있다. 소를 제소한 장소를 확실하게 판단할 수 있게 한다는 점, 프랑스어로 되어 있는 바르샤바조약에 대한 프랑스 판례·학설이 이와 같이 해석하고 있는 점, 과테말라의정서에서 '운송인이 그 체약국의 영역 내에 갖는 영업소를 관할하는 법원'을 관할원인의 하나로 추가하고 있는 점 등에서 제28조의 규정은 토지관할을 정한 것이라고 보아야 할 것이다.

둘째, 동일사건에 대하여 원고가 선택할 수 있는 관할이 5곳까지 인정되고 있다는 점이다. 조약 체결국 간이라 하더라도 외국 판결에 대한 쌍무적 승인 및 집행에 관한 강제적 수단이 없기 때문에 동일한 원고가 여러 법원에 제소할 수 있게 되고 이 경우 법원은 다른 법원의 결정에 관여할 수 없기 때문에 피고(운송인)로서는 상당히 불리하게 된다. 아울러 특정국가의 법원을 선호하는 경향마저 생긴다. 이는 몬트리올조약이 제5관할을 채택함으로써 상당히 심화될 것으로 예상된다. 따라서

---

161) New York Supreme Court, New York Country, Varkonyi v. vanig, 20 Sep. 1972; 12 Avi 17,619.

이런 문제들을 해결하려면 이중제소의 금지, 소의 병합, 외국판결의 집행력 부여 등의 규정이 필요하고 국제적 통일기관의 설치가 요망된다. 이중제소의 문제에 대해서는 이를 인정한 일본의 판례가 있다.

동경지방재판소는 1983년 대한항공기 격추사건 소송에서 원고가 미국에 제기한 소송이 계류 중인 상태에서 일본에 제기한 소송에 대해 바르샤바조약이 이중제소를 금지하지 않는다고 판시하였다.162) 동 판결은 바르샤바조약이 이중제소를 금지하는 규정을 두고 있지 않고 조약 체결국 상호간에 타국에서 내려진 판결의 승인 또는 집행이 보장되지 않는다는 것을 그 이유로 들고 있다. 그러나 이 문제는 바르샤바조약을 포함한 국제적 조약의 큰 목적의 하나가 법 적용의 통일문제이므로 이중제소는 불허된다고 보아야 하며 이를 명문화하여 제도적으로 금지하여야 할 것으로 본다.

셋째, 계약을 체결한 영업소 소재지를 관할원인에 포함시킨 것은 부당하다는 지적이 있다. 이는 그 이유로서 영업소는 불완전한 소송제도를 가진 국가에서도 설치되는 예가 흔하므로 운송인이 응소하기에 곤란한 경우가 생길 수가 있기 때문이라는 것인데 이는 운송인 위주의 입장에서 본 것이고 영업소의 범위를 가능한 한 넓게 보아 소비자를 보호하려는 입장에서 볼 때는 그 이유가 충분치 않다고 할 것이다.

넷째, 제5관할권 인정 관련 "상업상 협정"을 맺은 항공사의 범위가 "사고가 난 여정"과 관련된 항공사만을 의미하는지가 불명확하여 이론적으로는 사고 항공사와 code share agreement를 맺은 모든 항공사가 포함될 가능성이 있어 향후 여객사망, 상해관련 소송에서 이에 대한 많은 논란이 예상되고, 또한 code share를 했다고 하여 그것이 동 조항에서 이야기하는 공동운항(joint service)을 충족시키는 것이 아니기 때문에 code share 자체만으로 동 조항의 상업상의 협정이 이루어졌다고 할 수 있는지 문제이다.

한편 몬트리올조약은 승객의 사망, 상해의 경우에만 제5관할권을 인정하고 수하

---

162) 東京地裁 昭和 62年 6月 13日 中間判決, 判例時報 第1240号, 27頁.

물 손해배상의 경우에는 이를 인정하지 않고 있으나 수하물이 승객과 함께 운송된다는 사실을 감안하면 이를 제외할 하등의 이유가 없다고 할 것이다. 또한 주소지 및 영구거주지에 대한 각국 간의 법률적인 규제가 상이함에 따른 문제발생도 예상된다.

그리고 제5관할권의 인정으로 미국처럼 상대적으로 손해배상의 범위가 넓고 배상액이 높은 국가에서의 소송증가가 예상되는바(이른바 배상금 쇼핑의 문제) 이에 대한 대책마련도 있어야 할 것이다.

2) 불편의 법정이론(Forum Non Convenience)

미국에서는 원고가 소를 제기한 법원이 적법한 관할권을 갖고 있음에도 증거조사 등에 있어 현재의 법원이 현저하게 부적당하거나 피고에게 불합리한 곤란을 주는 경우에는 그 법원을 대체할 수 있는 법원이 있으면 불편의 법정을 이유로 관할권 행사를 거절하고 소를 각하 또는 이송할 수 있는데, 이를 불편의 법정이론(Doctrine of Forum Non Convenience)이라고 한다. '불편한 법원에서 보다 편리한 법원'으로 사건을 이송하는 제도라고 말할 수 있다.

이 이론은 우리에게는 다소 생소한 이론이지만 미국 법원이 자주 원용하는 이론으로 특히 동일한 사고로 인한 피해자가 광범위한 지역에 걸쳐 산재하는 경우가 대부분인 항공기 사고 사건에서 자주 원용되는 이론이다. 이 이론이 확립된 것은 1947년의 Gulf Oil Corporation Gilbert 사건이 계기가 되었다.

이 판결에서 법원은 Forum Non Convenience의 적용기준으로서 사적 이익요소와 공적 이익요소를 고려해야 한다고 하였다.

사적 이익요소로서는 ① 증거확보의 용이, ② 강제적 증인 환문 가능성, ③ 증인을 법정에 초치하기 위한 비용, ④ 현장검증의 현실성, ⑤ 기타 사실심리를 신속하게, 적은 비용으로 용이하게 진행할 수 있는지 여부, ⑥ 판결의 집행가능성 등이다.

공적 이익요소로서는 ① 그 법원과 밀접한 관련이 없는 소송이 오래 계속될 경우 소송관리상의 곤란으로 인한 법원의 과중한 부담, ② 해당소송과는 관련이 없는 지역주민에게 과하여지는 배심의무부담, ③ 그 지역에서 그 분쟁을 해결하는 것이 그 지역으로서도 어떤 이익이 있는지 여부, ④ 주적(州籍)이 다른 당사자 간의 다툼에 관해서는 준거법으로 지정된 주에 존재하는 법원에서 소송을 수행하는 것이 합리적이고 그 외의 주 법원에서 소가 제기될 경우에는 타주의 법에 의거 판단하여야 한다고 하는 바람직하지 못한 사태가 생기는지 여부 등을 고려하여야 한다.

이를 여러 요인을 고려하여 Forum Non Convenience라 판단되면 소는 각하 또는 이송된다. 채증상의 유리점 외 원고의 피고에 대한 부당한 압력을 배려하기 위한 것이다. 우리나라는 민사소송법 제34조 제2, 3항의 재량이송의 요건에 의해 판단된다.

[관련판례 1: Bartolomeu v. China Airlines][163)]

HongKong에서 China Airlines 항공기가 추락하여 3명의 승객이 사망하고 여러 명이 부상당한 사고와 관련하여 원고 등은 China Airlines를 상대로 California주법원에 소송을 제기하였다. 1심 재판부가 본 사건에서 미국은 바르샤바조약 제28조의 재판관할권이 없음을 이유로 소송을 기각하자 원고는 항소를 제기하였다.

항소심 재판부는 미국은 1)China Airline의 주소지, 2)China Airline의 주된 영업소 소재지, 3)운송계약 체결지, 4)최종목적지(해당편은 Portugal 왕복편임) 중 어디에도 해당되지 않기 때문에 바르샤바조약 제28조에 따른 재판관할권이 없다고 판결하여 원심의 결정을 지지하였다.

[관련판례 2: Bobian v. CSA Czech Airlines][164)]

원고들은 Prague/Newark 구간 CSA Flight 기내에서 부상을 당하였다고 주장하며 CSA를 상대로 Southern District of Texas 법원에 소송을 제기하였다. CSA는 소송의 원인이 된 사건이 New Jersey에서 발생하였음을 이유

---

163) 2002 U.S. App. LEXIS 26319(9th Cir. 2002).

164) 222F. Supp. 2d 598(D.N.J. 2002).

로 District Court of New Jersey로 소송을 이송할 것을 요청하였으며, CAS 의 요청이 받아들여져 소송이 이송되자 원고는 항소하였고 Southern District of Texas 법원에로의 재이송을 요청하였다.

원고는 항소심에서 바르샤바조약 제28조에 따른 적절한 관할법원은 Southern District of Texas 법원임을 강력히 주장하였으나 재판부는 바르샤바조약은 관할법원의 적절성 여부의 판단에는 적용되지 않음을 이유로 원고의 주장을 받아들이지 않았다. 재판부는 미국은 원고들의 최종목적지이기 때문에 바르샤바조약 제28조에 따른 재판관할권이 있는 것은 명백하나, 바르샤바조약 제28조가 구체적인 관할법원을 결정해 주거나 관할법원의 적절성을 판단해 주지는 않는다고 판시하면서, New Jersey 법원으로의 이송을 인정하는 한편 원고의 재이송 요구는 기각하였다.

[관련판례 3: Air Crash at Taipei, On October 31, 2000][165)]

피고인 Singapore Airlines는 미국이 바르샤바조약 제28조에서 규정한 4개의 재판관할권 조항 중 어디에도 해당되지 않음을 이유로 motion to dismiss를 California주법원에 file하였다. 원고들의 대부분은 인도네시아, 말레이시아, 싱가포르, 베트남을 최종목적지로 하는 왕복 Ticket으로 여행 중이었다. 원고들은 미국은 원조약 가입국이고 상기 국가들은 개정조약 가입 국가이므로 미국과 이들 국가들은 체약국 관계에 있지 않으며 따라서 바르샤바조약이 적용되지 않는다고 주장하였다.

재판부는 원고들의 주장과는 달리 본건 소송에 바르샤바조약이 적용된다고 판시하고, 미국은 바르샤바조약상의 4개의 재판관할지에 어디에도 해당되지 않으므로 항공사의 motion to dismiss를 받아들인다고 결정하였다. 바르샤바조약이 적용되는 근거로 재판부는 미국이 비록 Hague Protocol에는 가입하지 않았지만 1999년 3월 4일 MAP4에 가입함으로써 Hague Protocol을 채택하였다는 점을 들고 있다(참고: 실제로는 싱가포르만 Hague Protocol only 가입국이고, 말레이시아와 베트남은] 원조약, 개정조약 모두 가입국, 인도네시아는 원조약만 가입한 국가이다).

---

165) Case No. 01－MDL－1394GAF(RCX)(C.D. Cal. 2002)(unpublished opinion dated Dec. 19. 2002).

122

[관련판례 4: Hosaka v. United Airlines][166]

33명의 일본인 원고들이 14건의 승객 부상건에 대하여 Northern District of California 법원에 소송을 제기하였다. 원고들은 도쿄발 하와이행 UA 항공기가 심한 Turbulence를 만나 큰 부상을 입게 되자 UA를 상대로 소송을 제기하게 된 것이다.

재판부는 Forum Non-Convenience를 이유로 일본이 본건에 대하여 더 적합하고 타당한 재판관할지라고 하면서 원고들의 소송을 기각하였다. 원고들은 이에 불복하여 항소하였고 항소심 재판부는 원심과는 달리 '비록 바르샤바조약의 문맥이 다소 모호하지만, 조약의 목적과 제정 취지로 보아 양 당사자가 원고의 재판관할국 선택권이 Forum Non-Convenience 원칙에 의해 훼손되는 것을 의도한 것은 아니다'라고 판시하였다. 따라서 바르샤바조약 제28조 제1항은 연방법원이 Forum Non Convenience를 이유로 소송을 기각하는 것을 금지하고 있으므로 원고들은 미국에서 정당하게 소송을 제기할 수 있다고 판결하였다.

[관련판례 5: Chukwu v. Air France][167]

이 사건에서 원고는 나이지리아의 Lagos에서 캘리포니아의 San Francisco까지 오는 비행 편에서 Air France 직원에 의해 부당한 취급을 받은 것에 대한 소송을 제기하였다. 원고는 영어나 불어를 하지 못하는 본토박이 나이지리아인이었는데 Air France가 휠체어, 음식과 음료수를 제공하지 않았고 통역과 그리고 그녀의 동료와 함께 여행하는 것도 허용하지 않았다고 주장하였다. 이에 대해 Air France는 Forum Non Convenience를 이유로 소 각하를 주장하였는데 그 이유는 원고가 주장하는 사실들은 어느 것도 미국에서 일어나지 않았고 원고는 나이지리아에서 적절한 구제방안을 찾을 수 있다는 것이었다.

이에 대해 법원은 Air France의 요청을 기각하였는데 그 이유는 Forum Non Convenience가 성립하기 위해서는 이를 신청하는 당사자가 1) 적절한

---

166) 305F. 3d 989(9th Cir. 2002).

167) 218F. Supp. 2d 979(N.D.I11. 2002).

그리고 적합한 재판관할지와 2) 공적 이익과 사적 이익 간의 균형이 기각을 하는 쪽으로 선호한다는 것을 보여주어야 하는데 Air France는 나이지리아가 적절하고 적합한 재판관할지라는 것을 충분히 보여주지 못하였다고 판시하였다. 더 나아가 법원은 사적 요소(예컨대 증인소환의 용이성, 증거 및 장소에의 접근성 등)와 공적 요소(예컨대 법원의 혼잡, 공적 이익 등)도 이러한 모든 행위가 항공기의 승강과정 중에 일어났고 Air France가 증인소환과 증거서류 운반 등에 있어 훨씬 조건을 갖추고 있다는 면에서 원고 측에 유리한 쪽으로 비중을 두었다.

[관련판례 6: 서울지방법원판결, 94가합66533]

본 사건은 태국에서 태국항공회사로부터 항공권을 구입한 대한민국 국적의 피해자가 네팔에서 항공기 추락사고로 사망한 사안인데 동 항공회사의 영업소가 대한민국 내에 있음을 이유로 대한민국의 국제재판관할권을 인정한 판결이다. 동 판결의 요지는 다음과 같다.

원래 한 국가의 재판권은 그 주권의 작용 중 하나인 것이고, 재판권이 미치는 범위는 원칙적으로 주권이 미치는 범위와 같은 것이므로 피고가 외국 내에 본점을 두고 있는 외국법인인 경우에는 그 법인이 스스로 응소하는 경우 외에는 원칙적으로 대한민국의 재판권은 피고에게 미치지 아니하는 것이 원칙일 것이다.

그러나 그러한 원칙에 대한 예외로서 대한민국 영토의 일부인 토지에 관한 사건이나 기타 피고가 대한민국과 어떠한 법적 관련을 가지는 경우에는 피고의 국적이나 본점 소재지를 묻지 아니하고 대한민국의 재판권이 피고에 대해서도 미치는 경우가 있다고 할 것인바, 그 예외적 취급의 범위에 관해서는 국제재판관할권에 관하여 직접 규정하는 국내법규가 없고 조약이나 일반적으로 승인된 명확한 국제법상의 원칙도 아직 확립되어 있지 않은 현실에 있어서는, 당사자 간의 공평, 재판의 적정, 신속을 도모한다는 민사소송의 이념에 비추어 조리에 따라서 결정하는 것이 상당하다 할 것이고 우리 민사소송법상의 국내의 토지관할에 관한 규정 역시 당사자 간의 공평, 재판의 적정, 신속을 도모한다는 민사소송의 이념에 따라 규정된 것이라 할 것이므로, 피고의 거소, 법인 기타 단체의 사무소 또는 영업소, 의무이행지, 피고의 재산소재지, 불법행위지, 기타 우리 민사소송법이 규정하는 재판적 중 어느 것이 대한민국 내에 있는 경우에는 피고에 대하여 대한민국의 재판권이 미친다고 함이 위 조리에 부합한다고 할 것이며 다만 구체적인 제반 사정을 고려하여 위와 같은 국내재판적에 관한 규정을 유추 적용하여 국제재판관할권을 인정함에 앞서 본 민사소송의 제 이념에 비추어 보아 심히 부당한 결과에 이르게 되는 특별한 사정이 있는 때에는 그렇지 아니하다고 봄이 상당할 것이다.

그런데 이 사건에 있어서는 당사자 간에 다툼 없는 사실 및 항공권의 기재에 변론의 전취지를 종합하면 원고는 1992년 7월 27일 태국 내에서 피고 소유의 위 항공기에 대한 탑승권을 구입하였고 위 항공기가 1992년 7월 31일 태국을 출발하여 네팔로 향하던 중 네팔 국내에서 추락하여 원고가 즉시 사망한 사실, 피고는 태국법에 의하여 설립된 태국법인으로서 그 주된 사무소를 태국 내에 두고 있으나, 소외 ○○○○ ○○○○○를 대한민국 내에 있어서의 대표자로 정하여 대한민국 서울 중구 소공동 50 동양화학빌딩 16층에 피고의 영업소를 두고 있는 사실을 인정할 수 있고, 우리 민사소송법 제4조는 법인의 보통재판적에 관하여 '법인 기타 사단 또는 재단의 보통재판적은 그 주된 사무소 또는 영업소에 의하고 사무소와 영업소가 없는 때에는 그 주된 업무담당자의 주소에 의한다(제1항). 제1항의 규정은 외국법인 기타 사단 또는 재단의 보통재판적에 관하여 대한민국에 있는 사무소, 영업소 또는 업무담당자의 주소에 적용한다(제2항).'고 규정하고 있는바, 위 규정과 앞서 본 국제재판관할권의 결정원칙에 비추어 보면 피고는 태국법에 준거하여 설립되고 태국 내에 사무소를 두고 있는 회사이기는 하나 대한민국 내에 있어서의 대표자를 정하고 대한민국 내에 영업소를 두고 있어서 위 대한민국 내에 있는 영업소가 피고의 보통재판적이 된다 할 것이므로, 피고는 대한민국 내에 보통재판적이 있으니 이 사건 소에 있어서 대한민국의 재판권은 피고에 대해서도 미친다고 봄이 상당하다 할 것이다.

다만 앞서 본 바와 같이 이 사건 항공기 추락사고의 발생지점이 네팔이고 원고가 피고와 항공운송계약을 체결한 장소가 태국 내여서 사고 경위 및 원인에 관한 증거수집이나 준거법 내용의 지득에 다소의 난점이 예상되기는 하나, 피고는 대한민국 내에도 영업소를 두고 있어 이 사건 소에 응소함에 별다른 어려움이 없을 것으로 보이는 데 대하여 원고들은 개인이어서 태국이나 네팔국 등 외국에서 소송을 수행하기가 사실상 어려운 입장에 있는 점 및 원고들의 배상권 범위를 정함에 있어서 필요할 위 △△△의 수입 정도, 가동연한,

가족관계 등 소송자료는 대한민국 내에서 수집함이 편리한 점 등을 고려하면, 위와 같은 다소의 난점이 예상된다는 사정만으로 이 사건에 대한민국이 재판권을 행사하는 것이 당사자 간의 공평, 재판의 적정, 신속이라는 민사소송의 일반이념에 반하는 특별한 사정이 있다고 보기는 어렵다 할 것이다.

(3) 제소기한

1) 성질

바르샤바조약 제29조 제1항은 「손해에 관한 권리는 소송이 도착지에서의 도착일, 항공기가 도착하였어야 할 날 또는 운송의 중지일로부터 기산하여 2년의 기간 내에 제기되지 아니한 경우에는 소멸된다」고 규정하고 있으며, 동 조 제2항은 이 기간의 계산방법은 소가 계속된 법원의 국가의 법률에 의하도록 정하고 있다(몬트리올조약 제35조 제1항, 2항).

본 조의 문언상 「손해에 관한 권리」라고 하였으므로 2년의 기한의 적용을 받는 것은 손해배상사건에 한정된다. 따라서 운임청구권, 운송인이 유치권을 행사하는 물건에 대한 인도청구권 등은 민·상법에 의한다.

조약 제29조의 기간이 소멸시효인지 아니면 제척기간인가에 관하여서는 논란이 있다.

미국의 판례는 조약 제29조를 출소기한법으로 보고 있으며 이 「출소기한법」이란 소의 제기를 소송의 원인이 발생된 후의 일정기간 내로 제한하는 법률로서 소멸시효로 보고 있다. 출소기한법이 일정기간 내로 제한하는 법률로서 소멸시효로 보고 있다. 출소기한법이 정하고 있는 기간이 출소기한이며 출소기간 내에 소가 제기되지 않으면 약간의 예외(미성년·처·심신박약 등으로 인하여 행위 능력 없는 경우)를 제외하고는 소권이 소멸한다고 한다. 그러나 최근의 미국 판례는 제29조는 출소기한법이 아니라 소송개시의 전제조건이라고 해석하여 이 기간의 중단·정지를 할 수 없다고 한다. 순차운송인의 1인과의 소송을 취한 후 다른 운송인을 상대로 소를 제기한 경우에는 전후 소의 동일성이 인정되지 않으므로 후소도 제29조의 기한 내에 제기되어야 한다. 조약이 정한 2년의 기한 내에 소가 제기되지 않으면 소권은 소멸되고 청구는 기각된다고 본다. 판례는 소송을 제기하였다가 관할권부재로 기각되어 다시 정당한 관할권이 있는 법원에 소송을 제기한 경우와[168] 구상권에 관한 소송도 상기 기한 내에 제기하여야 한다고 하고 있다.[169]

대륙법계 판례는 제29조의 기간은 중단이나 정지가 인정되지 않는 제척기간이라고 보는 것이 대부분이다. 독일의 판례도 몇 건의 예를 제외하면 이 기간의 중단 또는 정지를 허용하지 않고 있다. 또 프랑스 판례 및 오스트리아 대법원 판례의 입장도 마찬가지로 운송인이 화의를 위해 피해자의 제소를 방해한 때에는 제29조를 원용할 수 없다고 하였으며, 벨기에, 스위스, 이탈리아 판례도 대체로 이 기간을 제척기간으로 보고 있다. 우리나라에서는 제척기간이라는 설이 통설로 되어 있다.[170]

그러나 오늘날의 대세는 소비자 보호의 경지에서 이를 시효로 해석하고 그 중단 및 정지에 관해서는 법정지법에 맡겨져 있다고 보는 것이 통설이다.[171]

제29조의 2년의 기간은 소의 원인이 무엇이든 불문하고 적용된다. 또 운송인에게 고의가 있는 경우에도 적용되며 사기가 있는 경우에도 적용된다. 이 기간은 운송증권에 고지할 필요가 없다. 운송인의 독립된 이행보조자도 제29조를 원용할 수 있다고 본다.

2) 제소기한의 기산일

제소기한의 기산일은 ①「도착지에의 도착일」로부터 기산한다. 「도착지에의 도착일」이란 항공기가 도착한 일자를 말한다. 연착의 경우에는 항공기가 도착은 한 것이므로 도착하여야 할 일자가 아니라 「도착일」을 기준으로 한다. ②다만 항공기가

---

168) Redl v. Northwest Airlines, Inc., 2001 U.S App. Lexis 23702(8th Cir., 2001).

169) Motorola Inc,. v. Future Packaging Inc., 28 Avi. Cas.(CCH) 16,312(L.O.S.C. 2002).

170) 손주찬, "국제항공운송인의 손해배상 책임의 소멸시기", 「중재」, 1981.7. 5면, 김두환, "항공운송인의 책임과 그 입법하에 관한 연구"(박사학위논문, 경희대학교 대학원, 1983.12), 35면, 최준선 교수는 제척기간이라고 보면서 이 기간에 대한 연장합의는 가능한 것으로 해석하고 있다. 전게서, 271면.

171) 坂本昭熊, 三好 晋, 前揭書, 236頁.

전혀 도착하지 아니한 경우에는 「항공기가 도착하여야 할 일자」가 기준이 된다. ③「운송의 중지일」의 의미는 송하인이 처분권을 행사한 경우를 예상한 것이라는 설도 있으나 이에 한정할 필요 없이 널리 운송이 정지된 경우에는 이 일자를 기준으로 할 수 있다. 예컨대, 현재 항공기가 목적지에 도착하지 않았더라도 또 도착하여야 할 일자가 아직 도래하지 아니하였더라도 중지일을 기준으로 소를 제기할 수 있다고 본다. 운송이 중지되고 항공기가 도착하지 아니한 경우에는 「도착하여야 할 일자」를 기준으로 한다고 봄이 타당하다.

수하물의 내용물 분실의 경우에 제소기한의 기산일은 여객의 최종목적지에 도착한 때가 아니라 중간기착지에서 수하물을 인수하고 내용물 분실을 확인한 때라고 한다. 그러나 제소기한의 기산일을 이상과 같이 정한다 하더라도 그 기간의 산정방법은 법정지법에 따른다.

[관련판례 1: Egan v. Kollsman Instrument Corp][172)]

원고는 사안의 항공운송에서 사망한 승객의 유가족으로서 동 사망승객은 피고 항공운송인과 캐나다 Vancouver를 출발하여 미국 Washington주의 Seattle을 경유하여 New York으로 도착하는 왕복구간의 항공운송을 체결하였다. 그러나 출발지인 Vancouver지역의 기상악화로 인하여 동 승객은 경유지인 Seattle까지 bus를 이용하여 이동하게 되었고 그 후 승객은 피고 항공운송인과 Vancouver와 Seattle 구간에 대한 환불약정을 체결한 후 Seattle을 출발하여 New York까지 가는 국내선 공항에 착륙하던 중 추락하게 되었다.

당초 원고는 바르샤바조약에서 규정한 2년의 기간 내에 미 연방법원(Federal Court)에 소송을 제기하였으나 그 후 연방법원의 이송결정에 따라 2년이 경과된 시점에 주법원(State Court)에 다시 소송을 제기하게 되었다. 당시 New York주 법률에 따르면 원소송이 1) 자발적으로 철회되었거나, 2) 불기소결정이 내려졌거나, 3)최종판결을 받았을 것 이외의 방법으로 종료되었을 경우에는 6개월 내에 동일한 원인을 이유로 다시 소송을 제기할 수 있도록 되어 있었다.

---

172) 44 Mise 2d 348, 253 NYS 2d 679(1964).

피고는 원고가 주법원에 다시 소송을 제기한 시점은 바르샤바조약 제29조에 규정된 2년의 제소기한이 지난 시점이므로 원고의 손해배상청구권은 이미 소멸되었다고 주장하였다.

이에 대해 법원은 바르샤바조약 제29조는 손해발생시점으로부터 2년의 기간이 지남에 따라 손해배상을 청구할 수 있는 권리가 완전히 소멸되는 소송제기의 전제조건(Condition precedent to the right to bring suit)이 아니고 출소기한규정(Statute of Limitation)이므로 New York 주법의 규정에 따라 연방법원의 소송이 종료된 지 6개월 내에 동일한 소송원인을 이유로 주법원에 소송을 제기한 원고의 행위는 적법한 절차에 따른 것으로 볼 수 있다고 하였다. 그 결과 원고가 제기한 두 번째 소송은 바르샤바조약 제29조에서 규정한 2년의 기간을 도과한 부적법한 소송이 아니라는 판결이 내려졌다.

[관련판례 2: Kahn v. Trans World Airlines, Inc][173]

1970년 9월 6일 원고와 그녀의 2명의 갓난아기들은 Israel의 Tel Aviv를 출발하여 미국 New York으로 향하는 피고 항공운송인의 항공기에 탑승하여 여행하던 중 예정된 중간 경유지인 독일 Frankfurt에 도착하였다가, Liberation of Palestine이라는 무장테러범들에 의해 동 항공기가 납치를 당하게 되어 강제로 Jordan의 Amman 인근 사막으로 향하게 되었고 다른 승객들과 마찬가지로 9월 12일까지 기내에서 억류를 당하게 되었다.

1972년 12월 5일(항공기 납치가 있는지 2년이 경과한 시점에) 원고는 피고 항공운송인의 적절하지 못한 보안조치로 인하여 항공기가 납치되었고 그로 인해 자신과 자신의 아기들이 막대한 정신적인 손해를 입었다고 주장하면서 항공운송인을 상대로 손해배상청구소송을 제기하였다. 피고 항공운송인은 원고의 청구는 바르샤바조약 제29조에 규정된 2년의 기간이 경과하여 제기되었으므로 이미 원고의 손해배상청구권은 소멸되었다고 주장하였다.

이러한 피고의 주장에 대해 원고는 자신의 갓난아기들이 피고에 대해 가지는 손해배상청구권에는 미국 Civil Practice Law and Rule상의 행위무능력을 이유로 한 기간연장규정이 적용될 수 있다고 주장하면서 바르샤바조약 제29조에 규정된 2년의 기간은 연장이 가능한 출소기한규정(Statue of Limitation)으로

---

173) 82 App Div 2nd 696,443 NYS 2d 79(2nd Dept, 1981).

해석되어야 한다고 주장하였다.

하지만 법원은 바르샤바조약 제정 당시의 의사록에 기록된 각 대표들의 견해를 검토한 뒤, 손해발생일로부터 2년이 경과되어 제기된 소송에 대해서는 각국마다 상이한 기간연장규정의 적용을 회피하기 위하여 각국의 국내법 적용을 완전히 금지시키도록 하려는 것이 제29조의 규정을 마련한 취지라고 해석하면서, 제29조 제2항의 규정은 단지 소송이 제기된 곳의 법률에 따라 원고가 2년의 기간 내에 소송을 제기하는 데 있어서 적법한 절차를 밟았는지 여부만을 판단하기 위한 것이라고 하였다.

이와 같은 입장에서 법원은 바르샤바조약 제29조에 규정된 2년의 기간은 행위무능력과 같은 이유로 연장이 허용되지 아니하는 소송제기의 전제조건(condition precedent to the right to bring suit)으로 보아야 하고, 그렇게 해석하는 것이 국제항공운송에서 발생한 손해배상에 대한 전세계적인 통일법 규범체제의 확립이라는 바르샤바조약의 존재의의와 일치한다고 판결하였다.

[관련판례 3: Redl v. Northwest Air Lines][174]

본건의 원고는 기내에서 부상을 당한 지 약 11개월이 경과한 1996년에 Northwest를 상대로 미네소타주 법원(State Court)에 소송을 제기하였으나 관할권 부재를 이유로 기각하였다. 그 후 부상시점으로부터 약 4년이 경과한 1999년에 원고는 Federal District Court에 유사한 personal injury 소송을 제기하였고, 원고는 소송이 State Court에 계류 중이었던 기간은 제소기간의 경과가 중지되었어야 한다고 주장하였다. 재판부는 제소기간은 소송의 전제조건이며 중지되지 않는 것이라고 판결하였으며, 항소심 재판부도 이를 지지하였다.

[관련판례 4: Motorola Inc. v. Future Packaging Inc.][175]

MSAS Cargo Int'l은 Motorola와 Chicago에서 Prestwick, Scotland까지의 제품운송계약을 체결하였으며 MSAS는 다시 Lufthansa와 항공운송계약을 체

---

174) 2001 U.S. App. LEXIS 23702(8th Cir. 2001).

175) 28 Avi. Cas.(CCH) 16,312(L.A.S.C. 2002).

결하였다. 동 제품은 Lufthansa의 관리하에 있을 때 damage가 발생되었다. Motorola사는 MSAS만을 상대로 2000년 11월 14일 소송을 제기하였으며, 2001년 2월 MSAS는 Lufthansa를 상대로 구상소송을 제기하였다. LH는 바르샤바조약에서 규정한 제소기한 2년 내에 소송이 제기되지 않았으므로 기각되어야 한다고 주장하였다. LH는 California주법에서 규정하고 있는 구상소송에 있어서의 지연된 소권발생의 원칙(delayed accrual principles for indemnity)이 본 소송에는 적용되지 않는다고 주장하였다. California주법에 따르면, 구상소송을 제기할 당사자가 원소송에서 패소판결을 받을 때까지는 구상소송권이 발생되지 않고 따라서 limitation period의 진행도 시작되지 않는다. MSAS는 California주법에 따른 이러한 원칙이 적용되어야 하며, Motorola가 제기한 소송에서 MSAS가 패소판결을 받은 이후부터 제소기한 2년을 기산하여야 한다고 주장하였다.

재판부는 LH의 주장을 받아들여 Warsaw Convention의 우선적용 효력을 인정하고, 구상소송도 사고일로부터 2년 이내에 제기되어야 한다고 판결하였다. 재판부는 MSAS와 같은 indirect carrier들이 항공사에 대한 제소기한이 도과된 이후에 원고로부터 소송을 제기당하여 실제로 과실이 있는 항공사에 대한 구상소송 제기의 기회를 박탈당하는 위험성을 인정하기는 하였지만 이를 판결에 반영하지는 않았다.

[관련판례 5: Korba v. Trans World Airlines][176)]

원고는 자신과 가족들을 위해 피고 항공운송인이 마련한 특별가격의 여행상품(super saver)을 구입하였는데, 그 여행상품은 미국의 New York을 출발하여 Egypt의 Cairo까지 피고 항공운송인의 항공편을 이용한 뒤 Cairo에서 Israel의 Tel Aviv까지, 그리고 Tel Aviv에서 New York으로 돌아오는 구간은 피고와 사전에 계약이 체결된 El Al항공사의 항공편을 이용하기로 되어 있었다. 피고는 원고 일행을 위해 New York과 Cairo 구간의 자사 항공편을 예약한 후 계약자인 El Al 항공사에 나머지 구간의 항공편 예약을 의뢰하였고 El Al 항공사가 운항하는 구간의 예약은 실제로는 이루어지지 않았다. 1983년 7월 17일 예정대로 New York을 출발한 원고 일행은 Cairo에 도착한 후에야

---

176) 508 NE 2d 48(Ind App. 1987).

비로소 나머지 여행구간에 대한 항공편이 예약되지 않았음을 알게 되었고 다행히 Cairo에서 Tel Aviv까지는 여유좌석이 있었던 관계로 여행을 계속하여 1983년 7월 21일에 Tel Aviv에 도착하였지만, 예정된 여행을 다 마치고 Tel Aviv에서 New York으로 가려면 최소한 2주일을 기다려야 한다는 El Al사의 설명을 듣게 되었고, 이에 예정된 여행기간을 2일 단축하고 게다가 당초 지불한 여행상품가격 외에 1인당 1,409달러를 추가로 지불하는 조건으로 New Yok행 항공권을 구입한 뒤 1983년 7월 30일에 New York으로 돌아올 수 있었다. 이는 예정된 귀국일보다 이틀이나 빠른 일정이었다. 이러한 사실관계에 기초하여 원고 측은 손해배상을 청구하는 소송을 피고 항공운송인을 상대로 제기하였는데, 그때는 1985년 8월 1일로 이미 원고 측이 New York으로 돌아온 날로부터 2년이 경과한 시점이어서, 바르샤바조약 제29조의 규정에 따라 원고가 제기한 소송이 부적법한 것인지 여부가 쟁점이 되었다.

원고는 바르샤바조약 제29조에서 규정하고 있는 2년의 기간을 산정하기 위한 기준시점 중에는 그 두 번째 기준으로 '항공기가 도착하여야 할 날'이 엄연히 규정되어 있는바, 당초 자신이 피고와 계약을 체결한 항공여행상품의 종료일 즉, 처음 예약을 요청한 El Al 항공편을 이용하였다면 New York에 도착하였어야 할 날짜는 1983년 8월 1일이었고, 자신은 피고 측의 과실에 의해 부득이 여행일정을 조정하여 이틀 빠른 7월 30일에 도착한 것이라고 하면서 자신의 손해배상청구소송은 바르샤바조약 제29조에 규정된 기간 내(1983년 8월 1일로부터 2년 내)에 제기된 것이므로 적법한 것이라고 주장하였다. 그리고 All Transport. Inc. v. Seaboard World Airlines 판례를 인용하면서 바르샤바조약 제29조 제1항에 규정된 기준시점들은 모두 '또는(or)'으로 연결되어 있으므로 세 가지 기준시점 중 어느 한 가지의 기준으로부터 기산하여 2년 이내에 소송이 제기되었다면 그 소송은 적법한 것이라고 주장하였다.

그러나 법원은 동 판례의 입장을 따르지 않고 '바르샤바조약 제29조 제1항에 열거된 기준시점은 그중 어느 한 가지를 원고가 자의적으로 선택할 수 있는 것이 아니고 가장 늦은 기간(at the latest limitations period)의 산정은 자신의 항공운송에 이상이 생겼다는 사실을 알았거나 알 수 있었을 때(a party with enforceable right under a carriage contract knows or has reason to know something has gone wrong with the shipment)를 기준으로 하여야 한다는 Magnus Eletronics. Inc. v. Royal Bank of Canada의 판례를 인용하여 원고의 주장을 받아들이지 않았다.

또한 원고는 바르샤바조약 제29조 제1항에서 규정하고 있는 세 가지 기준시점 중 첫 번째 기준시점(도착지에의 도착일)과 세 번째 기준시점(운송의 중지일)은 국제항공운송에서 발생하는 승객의 사망 또는 신체상해의 경우 혹은 실제 운항 중이던 항공기 자체에 문제가 발생한 경우(actual problems on a certain flight or carriage, 예컨대 항공기 추락사고)에만 적용되어야 한다고 주장하면서, 자신이 제기한 손해배상청구소송은 사망, 신체상해를 원인으로 하는 것이 아니고 더욱이 본 사안에서는 항공기 추락사고가 일어나지도 않았으므로 자신의 손해배상청구소송의 기간산정 기준시점은 제29조에서 규정하고 있는 두 번째 기준, 즉 '항공기가 도착하여야 할 날'이라고 주장하였다.

이에 대해서 법원은 Magnus Eletronics. Inc. v. Royal Bank of Canada의 판례를 언급하면서 바르샤바조약 제29조에서 규정하고 있는 첫 번째와 세 번째 기준시점을 반드시 신체손해에 국한시킬 이유는 없으며, 동 경우가 오직 항공기 자체에 문제가 발생한 경우에만 해당된다고 해석되지 않는다고 판결하였다.

결국 원고의 손해배상청구소송의 제기는 바르샤바조약에서 규정한 2년의 기간을 넘겨서 제기된 부적법한 것으로 판단되었다.

[관련판례 6: 방현모 외 v. (주)대한항공][177)

본 소송은 1978년 소련 군용기의 공격으로 인해 소련 영토인 무르만스크에 강제 착륙되었던 대한항공기에 탑승한 승객 중 사망한 승객의 유족이 (주)대한항공을 상대로 동 승객의 사망에 대한 손해배상을 청구한 것으로, 동 소송에서 원고 측은 한국 민법상의 불법행위 책임뿐 아니라 계약불이행 책임을 묻는 손해배상도 함께 청구하였다.

동 소송은 바르샤바조약 제29조 제1항에 규정된 제소기한 2년을 도과하여 제기되었으나, 한국 민법상 불법행위에 기한 손해배상청구권의 소멸시효기간인 3년 내에 제기된 것으로서, 당시 동 소송에 있어서의 초점은 바르샤바조약상의 제소기한의 규정이 계약불이행에 근거한 소송뿐 아니라, 불법행위 책임에 근거한 소송에도 적용되는지 여부였다. 1981년 9월 24일 본건의 법원은

---

177) 서울민사지법 1981.9.24 판결, 81가합1960; 서울민사지법 제5부 1981.12.10 판결, 81가합67.

한국에서는 헤이그의정서가 1967년 10월 11일 조약 제259호로서 공포되어 동 의정서에 의해 개정된 조약, 즉 개정조약이 국내법으로서의 효력이 있다고 하면서 바르샤바조약은 단지 항공운송계약상의 운송인의 채무 불이행책임에만 적용될 뿐이며, 사망승객과 피고 항공사 간에 불법행위 책임에 있어 조약에 규정된 제소기한을 적용한다는 특약이 없는 한, 항공운송 중에 발생한 불법행위 책임에는 본질적으로 적용되지 않는다고 판결하였다.

그러나 1983년 8월 20일 본건의 항소법원은 조약 제24조 제1항상의 'however founded'의 의미는 청구원인이 불법행위를 원인으로 하든지 채무불이행을 원인으로 하든지 관계없이 조약이 적용되는 것으로 해석되므로 원고 측의 손해배상청구권은 조약 제29조 제1항에 규정된 제소기한의 도과로 소멸되었다고 판결하였다.[178]

원고 측은 상기 항소심에 불복하여 상고허가신청을 하였으나, 대법원은 이를 기각하였다.[179]

---

178) 서울고등법원 제9민사부 1983.3.29 판결, 81 나 3430.
179) 대법원 1983.11.8 결정, 83 다카 1229.

6. 항공기제조물책임에 관한 판례

(1) 항공기제조물책임의 필요성

항공기 사고가 발생하였을 경우 항공운송인의 책임문제와 함께 중요한 문제의 하나가 항공기제조업자의 책임의 문제이다. 항공기 사고가 항공기의 설계나 제조상의 하자 또는 부품의 결함에 기인했다면 제조업자가 책임을 지는 것은 당연하지만 항공기는 수많은 부품의 조립에 의해서 완성되는 고도의 기술이 집약된 제조물이라는 점과 항공기 사고의 대부분이 순간성·전손성이라는 점에서 피해자가 사고의 원인을 규명하고 고의·과실을 입증한다는 것은 현실적으로 지극히 어려운 문제이다. 이에 항공기제조업자에 대해서도 항공기의 설계 또는 제조에 관하여 의무위반이 있다면 일반의 제조업자와 동일한 제조물책임을 지울 필요성이 있게 된다. 항공기 사고의 피해자로서는 항공운송인에게 책임을 묻는 것도 중요하지만 다른 한편 항공기제조업자에게 책임을 묻는 것도 중요한 문제이다.

또한 종래까지 항공기 사고 피해자의 입장에서는 항공운송인에게 사고의 책임을 추급하는 것이 비교적 용이하다는 점에서 항공운송인의 책임추궁에 중점을 두었지만 충분한 배상을 받기 위해서는 항공기제조업자의 책임을 추궁하는 것이 필요하다. 항공기제조업자의 책임에는 조약상의 책임제한 문제라든가 재판관할권의 제한 문제 등이 없다.

항공운송인의 입장에서도 항공기제조업자에게 제조물책임을 물어야 할 경우가 있을 수 있다. 항공기 자체의 멸실·취소의 경우는 직접 책임을 묻겠지만 항공운송인이 승객 등에게 손해배상을 해준 경우는 항공기제조업자에게 구상권을 행사할 수 있다.

항공기제조물책임에 대해서는 국제적인 통일조약이 존재하지 않고 각국의 국내법에 맡겨져 있는 상태이다. 그 대표적인 나라가 미국인데 항공기에 대한 제조물책임 소송의 대부분이 미국에서 이루어지고 있다고 해도 과언이 아닐 정도이다. 미국에서는 항공기제조업자에게 일반 제조물책임에 있어서와 같은 엄격책임을 지우고 있다.

우리나라도 2000년 1월 12일부로 「제조물책임법」을 제정하여 시행하고 있고, 항공기 생산에 공동 참여하거나 부품을 제작 생산하여 공급하고 있으며 나아가 독자적인 대량생산도 계획하고 있으므로 항공기제조물책임의 필요성이 커지고 있다고 할 것이다.

(2) 항공기제조물책임

1) 과실책임

① 책임의 원인

항공기 사고가 발생한 경우 항공기제조업자는 ⅰ) 항공기에 결함이 있는 경우 및 그리고 그 결함에 관하여 필요한 주의의무를 다하지 않았을 때 책임을 진다.[180] 이 결함에는 제조상의 과실(Faulty Manufacture)과 설계상의 과실(Faulty Design)이 포함된다. 또한 특정항공기의 위험한 특성에 관하여 알았거나 알아야 할 사항을 적절히 경고하지 않거나(Failure to Warn) 잘못된 지시를 한 경우에도

---

180) 미국의 제2차 불법행위법 리스테이먼트 제98조에 의하면 동산의 제조업자가 동산을 사용하는 자에 대하여 설계나 안전장치를 제조함에 있어 필요한 합리적인 주의를 해태함으로 인하여 발생된 신체상의 손해에 대하여 책임을 진다고 규정하고 있다.

책임을 진다.[181]

② 사실의 추정

항공기 사고는 사고원인의 규명이 쉽지 않을 뿐 아니라 원인규명을 위하여 소요되는 시간도 만만치 않다. 따라서 항공기제조물책임에서는 피해자의 입증곤란 구제 및 신속한 보상을 도모하기 위하여, 항공기 사고가 발생한 경우 항공기제조업자나 항공기운송업자가 보통의 주의의무를 다하였다면 사고가 일어나지 않았을 것이라는 판단하에 피고가 납득할 만한 증거를 제시하지 못하는 한, 피고의 과실책임이 있는 것으로 추정하는 소위 사실추정법리(les ipsa loquitur)를 적용토록 하였다. 단, 동 법리가 적용되기 위해서는 ii) 사고가 제조업자의 배타적 지배 내에 있는 물건 내지 도구 등에 의하여 발생할 것, iii) 사고가 피해자의 자발적 기여행위에 의하여 발생한 것이 아닐 것 등의 요건을 갖출 것을 요한다.[182]

③ 제조업자의 항변

일정한 경우 제조업자는 본인의 과실책임에 관하여 피해자에게 항변할 수 있는 권리를 가진다. 이에는 i) 항공기 사고가 항공기제조업자의 과실과 제3자인 조종사의 과실이 경합하는 공동불법행위의 경우,[183] ii) 항공기 사고의 원인에 피해자의 과실이 기여한 경우[184](contributory negligence) 또는 피해자가 위험의 인수(assumption of risk)를 승낙한 경우, iii) 항공기제조업자의 책임소송에서 제조업자의 과실이 다른 독립된 책임 있는 당사자의 행위에 의하여 중단된 인과관계 중단의 경우, iv) 항공기에 대한 감항증명이 제조업자에 있어 면책적 효력을 가지는 경우, v) 정부계약자 항변(government contractor defence)의 경우, 즉 항공기의 제작에 있어 정부에서 요구한 특별한 사양에 맞추어 제작한 경우로서 제조업자의 책임이 면제되는 경우 등이다.

---

181) 이러한 적절한 경고의무는 항공기를 매각한 후에도 계속된다. 통상 항공기에 대하여 발생되는 새로운 기술정보는 Service Bulletins 형식으로 발행하여 송부한다.

182) J.A.L.C. Vol.23, p.110~114.

183) 6 Avi 17,352, 265F. 2d(3rd Cir. 1959), p.482.

184) Prasker v. Beech Aircraft.

2) 보증위반에 대한 책임(Liability for Breach of Warranty)

항공기제조업자는 명시적 보증(Expressed Warranty) 위반 및 묵시적 보증(Implied Warranty) 위반으로 인하여 발생된 손해에 대하여 민사상의 책임을 진다. 명시적 보증책임은 매매계약서상 규정하는 것이 전형적이긴 하지만 확언, 약속, 설명서 또는 견본에 의한 보증도 가능하다.[185] 항공기 제작회사가 항공기 판매를 위하여 광고를 한다든지 특별히 항공기 또는 부품을 구매하도록 소개한 안내서도 명시적 보증책임이 있다. 전통적으로 명시적 보증위반 책임을 묻기 위해서는 계약관계가 필요한 것으로 생각되어 왔지만 일반적인 선전광고를 통해서 판매된 상품에 대해서는 피해자와 판매자 간에 계약관계가 없어도 좋다는 견해가 확산되고 있다.

실제에 있어서 미국의 많은 법원들은 보증한 사람을 계약관계(Contract relation) 또는 계약당사자 관계(Privity)가 있는 사람에 대해서만 책임을 진다고 판결하고 있지만, 일부 주에서는 항공기 소송사건에 있어서 광고 등의 이유를 들어 계약당사자 관계를 그리 중요하지 않게 여기고 있다.

또한 항공기제조업자는 묵시적 보증위반에 대한 책임을 지는데, 이는 제품의 제조자는 그의 소비자, 이용자에게 명시적인 품질보증을 하지 않을 경우에도 그의 제품을 판매하는 것에 의하여 그 제품의 품질, 성능에 대하여 일반적인 묵시의 보증을 하고 있다는 것이다.[186] 1960년 Henninpen 사건 판결[187] 이후 동 이론은 항공소송사건에도 적용되고 있다.[188]

3) 불법행위에서의 엄격책임(Strict liability in tort)

"엄격책임"의 법리는 불법행위의 책임이론과 관련하여 등장한 것으로서, 1960년대 중엽부터 정립된 이론으로 1963년 Greenman 사건[189]에서 제조물책임과 관련

---

185) 미국통일상법전(UCC) 제2장 제313조.

186) 미국통일상법전(UCC) 제2장 제314조.

187) Hennipen v. Bloomfield Motors, Inc, 32 N.J. 358, 161A, 2d 69(1960).

188) Cochran v. Rockwell International Corp. 564F. Supp. 237(N.D. Misc.1983), Held v. Mitsubishi Aircraft International, 20 Avi, 18,479(D. Minn, 1987).

하여 처음 등장하였으며, 1963년의 Goldberg v. Kollsman International Corp. 사건에서[190] 항공기 사고에 최초로 적용되었다.

"엄격책임의 법리"란 그 책임에 있어 과실 대신 결함을 요건으로 하는 것으로, 제조물의 결함존재만 입증하면 제조업자의 주관적 요소, 즉 주의의무의 존부에 대한 입증은 요하지 않고 그 책임이 인정되는 일종의 무과실책임을 말한다. 여기서 결함이란(다수의 견해에 따르면), 제품의 위험성과 손해발생의 위험성에 관한 개념이라는 점에서 목적물의 가치나 통상의 신용 또는 계약상 약정된 사용에 대한 개념인 "하자"와 구별되고, 제조물이 가지고 있는 객관적인 위험성을 의미한다는 점에서 제조업자의 행위를 평가하는 주관적 요소인 "과실"과는 구별되는 개념이다. 이러한 엄격책임은 1960년대 말부터 1970년대에 걸쳐 항공기공급자들에게 제기되었던 많은 항공기제조물책임에 대한 사건에서 적절한 것으로 인정되고 적용되어 왔다.

그러나 이러한 불법행위상의 엄격책임의 적용에 있어서 예컨대 제조업자와 비견될 정도로 제품에 대한 전문적인 지식을 갖고 있는 항공사와 같은 대기업에 대해서는 엄격책임을 적용하지 않은 사례가 있고,[191] 항공기 수리업자, 중고기 판매자에 대해서는 일률적으로 적용되지 않고 있다.[192]

---

189) 이 사건은 원고가 소매상으로부터 구입한 목공선반으로 사용되는 조립동력기계를 사용하던 중 기계의 결함으로 인하여 나무 파편이 튀어나와 눈을 다쳐 중상을 입은 사건이다. 이 사건에서 원고는 소매상 및 제조회사를 상대로 과실 및 보증위반에 근거한 소송을 제기하였고 또한 기계의 부품을 고정시키는 나사못이 부적합한 것임을 보여주는 실체적 증거를 제출하였다. 한편 제조회사는 원고가 보증위반통지를 법정기간 내에 하지 않아 소송의 청구원인이 없다고 항변하였다. 판결은 소매상에 대한 책임은 부정하여 청구를 기각하였고, 제조회사에 대해서는 책임을 인정하여 원고의 청구를 인용하였다. 당시 판결한 트라이너(Traynor) 판사는 "제조업자가 아무런 검사 없이 사용되리라는 것을 알면서 시장에 물건을 유통시키고, 그 후에 그 물건에 인신사고의 원인이 된 결함이 존재하는 것이 밝혀지면 제조업자는 불법행위법상의 엄격책임(strict liability in tort)을 진다"고 판시함으로써 제조물책임에 있어서 엄격책임론 도입의 시발을 열었다.

190) 8 Avi 17,629, 12NY 240 432, NYS 2d 592, 191 N.E. 2d 81(1963).

191) Scandinavian v. United Aircraft, 15 Avi 17,729(9th Cir, 1979).

192) Winans v. Rockwell International Corp., 705F.2d. 1449(5th Cir, 1983), Johnson v. William C,Ellis & Sons Iron Works, 604F. 2d. 950(5th Cir, 1979).

(3) 관련문제

1) GARA

항공기제조물책임과 관련하여 주목할 법률로는 1994년에 제정된 미국의 General Aviation Revitalization Act("GARA")가 있다. 동법에서는 항공기 및 부품(교체된 부품 포함)에 대해서 statute of repose로 18년의 기간을 두어 동 기간이 지나면 제조물책임을 물을 수 없도록 법정하고 있다. 항공기가 비록 내구성이 긴 제조물이긴 하나 무한정의 기간 동안 제조물책임을 묻는 것은 무리라고 보아 이를 제한하기 위한 취지이다. 그러나 동 statute of repose는 제조업자에 의해 제조물에 대한 misrepresentation, concealment, withholding의 경우에는 적용되지 않는다.

2) 항공기제조물책임과 국제재판관할

국제적으로 유통되는 상품은 제조물책임도 국제적이라 할 수 있는데 국제항공운송에 이용되는 항공기는 그 대표적인 것이라 할 것이다. 이 경우 국제성의 문제와 관련하여 항공기 사고가 발생하면 재판관할과 준거법이 문제가 있게 된다. 그런데 항공기제조물책임 소송은 미국 이외에서 발생된 항공기 사고라도 미국에서 제기하는 경우가 많다. 이는 대부분의 항공기가 미국에서 제작되고 있다는 이유 이외에 미국은 제조물책임법이 발전되어 있고, 배심원제도에 의한 피해자에게 유리한 재정을 기대할 수 있는데다가 징벌적 손해배상까지 인정되고 있어 비교적 고액의 배상을 받을 수 있다는 점에서 그 이유를 찾을 수 있다. 문제는 이 경우 미국에서의 재판관할이 인정되더라도 Forum Non-Convenience(불편의 법정의 법리)를 이유로 소가 각하되는 경우가 많다는 것이다. 이는 해당 법원이 재판관할권을 가지고 있더라고 다른 곳에 재판관할권이 있는 경우 당사자의 편의 또는 법정정의의 실현차원에서 다른 곳에서 재판을 하는 것이 타당하다고 생각되는 경우 재량에 의해 소를 각하하는 것으로 항공기 사고가 미국 이외의 지역에서 발생한 경우 증거수집의 편의성, 현장검증의 현실성 및 기타 사실심리의 신속성과 집행의 가능성 등을 고려하는 것이다.

이에 대한 리딩케이스로는 1981년의 Pipen Aircraft v. Reyno 사건이 있고 우리나라의 경우도 1994년 3월, 용인 인근에서 공군참모총장을 태운 시코르스키 UH-60 헬기 추락사고로 전원 사망한 사건을 유족들이 미국 텍사스주 댈러스 지방법원에 소송을 제기하였으나 Forum Non-Convenience를 이유로 소가 각하된 바있다.[193]

3) 항공기제조물책임보험제도

항공기 사고가 발생한 경우 이에 대한 책임이 있는 항공기제조업자가 책임을 면탈하려 하거나 배상의 자력을 확보하지 못할 때에는 법적인 전보가 어려워진다. 이와 같은 경우 배상 이행의 확보방법의 하나가 항공기제조물책임보험제도이다. 그러나 항공기제조물책임보험은 항공보험 중에서도 그 인수가 가장 어려운 보험 중의 하나이다. 그 이유는 보통 항공기는 제조 후 10-20년간의 장기간에 걸쳐서 운항에 사용되기 때문에 항공기제조 시부터 사고발생 시까지 오랜 기간 동안 보험사의 배상책임이 발생할 가능성이 높은데다가 항공기의 특성상 제조 이후에도 수리·정비 등 제3자의 행위가 개입될 소지가 있으며 또 사고가 발생한 경우 사고원인의 규명 등 입증상의 어려움 등이 있기 때문이다. 특히 문제가 되는 것은 항공기 사고의 전손성·손해의 거액성 때문에 항공기제조업자에 대한 엄격책임을 적용할 경우 보험사가 보험의 인수를 기피할 가능성이 있다는 점이다. 따라서 항공기 제작산업을 보호하고 예측할 수 없는 항공기 사고의 위험으로부터 책임을 분산시키기 위해서는 항공기제조물책임보험제도의 확립이 필요하다고 보며 임의보험의 형태가 아니라 항공기제조업자에게 의무적으로 가입토록 하는 강제보험 형태가 되어야 할 것으로 본다.

---

193) Wan Hee Cho, et al. v. United Technologis Corp, Sikorskey Aircraft, Korean Air Lines co, Ltd, Civil Action No.3: 96-cv-0502-9.

[관련판례 1: Goldberg v. Kollsman][194)

1. 원심판결

원심판결의 요지는 다음과 같다.

1) 원고(Goldberg의 유산관리인)는 사고가 발생한 뉴욕주의 법이 아닌 캘리포니아주의 법을 적용해야 한다고 주장했다. 그것이 원고가 쟁점으로 삼은 보증의 위반(breach of warranty)과 관련하여 더 적합한 뜻을 내포하고 있는 법으로서 원고에게 이익이 된다는 이유에서였다.

2) 이에 대하여 법원은 소송에서 당사자가 일정지역의 법을 적용하려고 의도하는 경우, 그를 일정지역의 법이 적용될 수 있는 근거와 그 법이 어떤 일정지역의 관할권에 의존하게 되는지를 설명하여야 한다고 하며, 캘리포니아주의 법을 적용해야 한다는 원고의 주장은 논쟁거리를 만들려는 의도일 뿐 너무 포괄적이고 사실적인 언급에 불과하므로 받아들일 수 없다고 판시하였다.

3) 또한 보증의 위반과 관련한 손해배상지에 관한 이론 및 다른 판례들을 살펴보아도 판매장소보다는 사고가 발생한 곳이 적용법의 근거로서 더 적합하다고 하였다.

4) 따라서 보증의 위반(breach of warranty)과 관련된 소송의 쟁점에서 적용될 수 있는 법은 사고가 발생한 관할지인 뉴욕주의 법이며, 부품들이 판매된 캘리포니아주의 법이 아니다. 이에 따라 뉴욕주법하에서는 보증의 위반에 관한 주장이 받아들여질 여지가 없다.

5) 제조물책임(product liability)과 관련하여서도, 본 사건에서 Goldberg는 다른 당사자들(운송인, 항공기제조업자, 고도계제조업자)이 계약을 체결한 장소(캘리포니아주)에서 피고들과 직접 계약을 체결한 것은 아니므로 캘리포니아주의 법은 적용될 여지가 없다.

2. 항소심판결

항소심에서는 원심판결 중 항공기제조업자에 대한 각하판결을 수정하였다.

---

194) 12NY 240 432, NYS 2d 592, 191 NE. 2d 81(1963).

그 요지는 다음과 같다.

1) 보증의 위반과 관련하여, 판매계약서상 보증의 위반뿐 아니라(명시적 보증) 계약에 참가하지 않은 당사자라 할지라도 상인 또는 제조업자가 합리적으로 예상할 수 있는 범위 내에 있다면 보증의 위반을 주장하여 이를 불법행위 소송의 대상으로 삼을 수 있다.

2) 몇몇의 혹은 수많은 사람들에게 위험을 초래할 수 있는 제품을 만들거나 판매하는 사람들은 만약 그들이 부적절한 설계 또는 방법으로 제품을 만들거나 판매했을 경우 그것을 사용할 것이라고 예견할 수 있는 사람들에게 법적으로 추정되는 보증의 위반에 관한 책임을 질 필요가 있다.

3) 항공기제조업자에게는 결함이 있는 항공기를 구매한 운송인에 의하여 그러한 항공기에 탑승하게 된 승객에 대해 당사자 관계가 없음에도 불구하고 보증의 위반이 추정된다. 그러나 이러한 추정은 항공기의 고도계 제조업자와 같은 부품제조업자에게까지 확장될 필요는 없다고 여겨진다.

[관련판례 2: Re Paris Air Crash][195]

본 사건은 1974년 파리 근교에서 발생한 터키항공사의 DC-10기 추락사고이다. 이 사고로 터키인을 포함한 10개국 이상의 탑승객 346명이 사망하였다. 사고는 이륙 직후 항공기의 출입문이 부셔져 열렸고 그 결과 급격한 압력 감소가 항공기의 추락을 가져왔다. 이것은 제조사인 맥도날 더글라스사가 비난받기에 충분했다. 비록 맥도날 더글라스사가 추천한 구조변경을 터키항공사가 수용하지 않은 점은 있지만 제조자는 엄격책임으로 제소되었으며 그 결과로 엄청난 액수의 보상금을 유족들에게 지불하였다.

[관련판례 3: Miller v. Honeywell International, Inc.][196]

이 사건은 결함 있는 부품에 의한 엔진고장으로 헬리콥터가 추락한 사건

---

195) US District Court, 1975.08.01. Avi, Vol. Ⅴ, p.17,207; US District Court, 1977.02.10. Avi, Vol. Ⅴ, p.17,737.

196) No. IP98-1742 c-M/S, 2002 WL 31399793*1(S.D.lnd. Oct 15, 2002).

(1997년)으로 부품에 대한 statute of repose와 판매 후 경고의무가 법적 쟁점
이 되었다.

당시 인디아나주는 10년의 statute of repose를 인정하고 있었는데(lnd.
Code 34−20−3−1) 헬리콥터의 엔진(1971년 인도), carrier assembly(1977
년 인도)가 여기에 해당되었다. 남은 문제는 carrier assembly의 결함에 대한
제조업자로서의 사후경고의무와 planetary gear(1991년 인도)의 디자인 결함
문제였다.

이들 문제에 대해 법원은 인디아나주법에 의할 때 사후경고의무는 제품의
결함과 동일하게 취급되는데, 제품의 결함은 claim을 처음 인도한 날로부터
기산하는바 이 사건의 경우 제품의 인도가 1977년에 이루어졌으므로 사후경
고의무 위반에 대한 책임을 물을 수 없다고 하였다. 더구나 제2차 불법행위법
리스테이트먼트 제324조에 따른 과실책임도 인정할 수 없다고 하였다. 왜냐
하면 피고가 원고에게 경고를 하여야 할 의무가 있는 것이 입증되지 못하였고
피고로서는 제품의 사용자인 육군에 경고하였고 육군은 이 문제점을 이미 잘
알고 있었기 때문이라고 하였다.

planetary gear의 결함문제에 대해서는 동 제품의 생산 당시 이 제품이 당
시 기술수준에 맞추어서 디자인되었기 때문에 결함이 아니라고 하였다. 당시
동 결함 문제에 대하여 피고가 알았거나 알고 있었어야 한다는 것이 입증되지
않는 한 피고의 과실을 물을 수 없다는 것이다. 이 사건에 있어서는 군 당국
은 피고가 결함을 알려주기 이전에 이미 그 결함을 알고 있었기 때문에 제조
업자에게 책임을 물을 수 없다고 하여 피고 측의 summary judgement 신청
전부를 받아들였다.

[관련판례 4: Helog v. kaman Aerospace Corp.][197]

이 사건은 독일에서 일어난 헬리콥터 추락사고와 관련하여 미국 Connection
주에 있는 헬리콥터 제작회사를 상대로 소송을 제기하였으나 법원이 Forum
Non Convenience를 이유로 기각한 사건이다.

이 소송에서 피고는 사고가 독일에서 일어났고 증인과 증거서류들이 독일
에 있고 배상문제 등도 독일에서 즉시 이루어질 수 있다는 이유로 이 소송이

197) 228F. Supp. 2d 91(D.Conn. 2002).

독일에서 진행되어야 한다고 하면서 Forum Non Convenience에 기해 이 소
송의 기각을 신청하였다. 이에 대해 법원은 독일이 적절한 재판지라는 결정을
내렸는바 그 사적 이유로서 동 헬리콥터의 정비나 수리가 독일에 있는 제3자
에 의해 이루어졌고, 사고에 조종사의 기여과실이 있다는 피고 측의 신뢰와
공적 요소로서 배심재판을 하기 위해서는 사고현장이 너무 떨어져 있고 대부
분의 또는 모든 주요사안이 독일법에 의해 판단되어야 할지도 모른다는 점에
서 독일이 보다 적절한 재판지라는 것이다.

이에 따라 피고 측의 Forum Non Convenience에 기한 소송기각 신청을
받아들였다.

[관련판례 5: Mason v. Schweizer Aircraft Corp.][198)

이 사건은 1994년의 GARA(General Aviation Revitalization Act)에서 정하
고 있는 18년의 statue of repose의 적용과 관련이 있는 사건이다. 이 사건에
서 원고는 그 자신이 조종한 1968년 제작 모델의 헬리콥터가 추락하여 부상을
입어 피고 회사를 상대로 소송을 제기하였다. 피고 회사는 동 헬리콥터의 제작
라인과 형식증명을 인수한 회사로서 사고가 난 헬리콥터의 제작을 하지는 않
았지만 원고의 고용주에게 매뉴얼과 정비지침교본 등을 제공해 왔다.

원고는 본 소송에서 피고에 대해 제조물책임을 물은 것이 아니라 제2차 불
법행위법 리스테이트먼트 제324조에 따라 동 헬리콥터의 engine air filter
housing의 균열에 따른 위험성을 정비 매뉴얼상 빠뜨린 과실에 대한 불법행위
책임을 물었다.

이에 대해 법원은 피고 회사는 동 헬리콥터의 형식 증명과 생산라인을 인수하
여 동 헬리콥터의 제작에 들어갔으므로 GARA상에서 '제조업자(manufacturer)'
의 지위에 있다고 하였다. 나아가 매뉴얼과 정비지침의 규정을 제조업자로서의
피고 회사의 의무의 범주에 들어간다고 하였다. 따라서 피고 회사가 행하였다고
주장되는 과실은 제조업자로서의 범위에 들어가는 행위로서 statue of repose로
서 보호된다고 판시하였다.

rolling provision 적용문제(나중에 추가된 새 부품에 대한 statue of
repose 적용문제)에 대해서는 rolling provision은 그 개정이 우연히 사고와

---

198) 653 N.W. 2d 543,552(lwoa. 2002).

관련되었을 때만 문제가 되는 것이라고 하면서 이 사건에 있어서는 원고는 매뉴얼의 개정이나 수정을 문제 삼은 것이 아니라 경고의무 위반을 문제 삼았기 때문에 statue of repose의 rolling provision은 적용되지 않는다고 하였다.

[관련판례 6: Tokio Marine & Fire Insurance Co. v. McDonnell Douglas Corp.][199]

본 사건은 1972년 11월 28일 맥도날 더글라스사가 제작하고 일본 항공사가 소유하여 운항한 DC-8기가 모스크바에서 이륙하면서 추락하여 52명이 사망하고 10명이 중상을 입은 사고이다. 동경해상화재보험은 일본항공사의 보험자로 대위권을 행사하여 맥도날 더글라스에 대하여 엄격책임을 물어 항공기 손해에 대한 배상을 청구하였다. 그러나 항소법원은 엄격책임이론은 매매계약이 상대적으로 비슷한 경제력을 가진 두 회사 사이에 맺어질 경우에 California에서는 적용하지 않는다고 판결하였다.

---

199) Tokio Marine & Fire Insurance Co., Ltd et al. v. McDonnell Douglas Corp. v. Japan Air Lines Co., Ltd.(Third-Party Defendant-Cross-Appellee), 1980.03.06; [1980] USAvR89; Avi, Vol. XV, p.18,050.

7. 항공범죄에 관한 판례

(1) 항공범죄에 관한 국제조약

항공범죄행위는 항공기 내에서 승객의 안전과 재산에 위해를 가하는 행위로부터 항공기에 대한 하이재킹, 테러행위까지 그 태양이 다양하고 항공기의 안전운항에 중대한 위협요인인 점 및 항공운송이 지역적 인적 사항에 있어 국제성이 강하기 때문에 항공범죄에 관한 규제 및 처벌도 국제적 협조나 합의를 필요로 하여 국제민간항공기구(ICAO)가 중심이 되어 항공범죄에 관한 국제조약이 만들어졌는데 현재까지 채택된 주요 조약은 다음의 3조약이다.[200]

---

200) 이들 조약 이외에 항공범죄에 관한 국제조약으로는 다음의 2조약이 중요하다.
① 1988년 2월 24일에 체결된 「국제민간항공의 공항에서의 불법적 행위 방지에 관한 의정서(Protocol for the Suppression of Unlawful Acts of Violence at Airports Serving International Civil Aviation): 몬트리올조약 보충의정서」.
② 1991년 3월 1일 몬트리올에서 체결된 「탐색목적의 플라스틱 폭발물의 표지에 관한 조약 (Convention on the Marking of Plastic Explosives for the purpose of Detection): 플라스틱 폭발물 표지조약」.

1) 동경조약(Tokyo Convention 1963)

국제항공법에서는 항공기 내에서 발생한 범죄에 대하여 어느 나라가 관할권을 가지는가를 결정하는 것이 필요하게 되었다. 이 문제는 1902년부터 국제항공법 학자들의 주된 관심사였다. 1919년 체결된 파리조약이나 1944년에 체결된 시카고조약(국제민간항공조약)에서는 영공에 관한 주권원칙이 인정되어 왔다.

그러나 실제로 항공기 등록국 이외의 타 국가가 관할권을 행사하고자 할 때 복잡한 문제가 발생한다. 더구나 공해 상공을 비행하는 항공기의 경우에는 관할권의 공백이 생기며 경우에 따라서는 범죄가 발생했을 순간에 어느 나라 영공을 비행하고 있는지 분명치 않은 경우도 있기 때문이다.

국제법학회와 형법학회에서는 형사관할권의 입법화[201]의 필요성을 널리 호소하였으며 1950년대에 들어와서 ICAO의 법률위원회가 이 문제를 기장의 법적 지위와 관련하여 의제로 삼게 되었다. 이와 같은 배경하에 1956년 카라카스에서 개최된 ICAO 총회에서 항공기 내에 있어서의 범죄에 관한 재판관할권과 기장의 법적 지위의 문제를 조약화하는 방향으로 결의를 하였다. 이 결의를 받아들여 ICAO의 법률소위원회가 이에 관한 조약 초안을 작성하였는데 1958년에는 몬트리올초안이 그리고 1959년에는 그 수정안인 뮌헨초안이 작성되었다. 법률위원회는 1962년 8월부터 로마에서 최종초안을 작성하기 위한 회의를 개최하였고 그 결과를 기초로 하여 조약 채택을 위한 외교회의가 1963년 8월 20일부터 9월 14일까지 61개국의 대표가 참가하여 동경에서 열렸다. 이 외교회의에서 「항공기 내에서 행하여진 범죄 및 기타 행위에 관한 조약(Convention on Offences and Certain Other Acts Committed on Board Aircraft)이 채택되었는데 동경에서 체결되었기 때문에 일반

---

201) 토의과정에서 대두된 5가지 이론과 주장을 소개하면 다음과 같다.
ⓐ 영토이론: 범죄가 발생한 영공관할권의 법률이 적용되고 그 법원에서 처리되어야 한다.
ⓑ 국적이론: 항공기가 등록된 국가의 법에 적용되어야 한다.
ⓒ 혼합이론: 항공기가 등록된 국가의 법과 더불어 범죄가 발생한 영공관할국이 보안과 공공질서가 위협을 받을 때 그 국가의 법도 적용된다.
ⓓ 항공기 출발국가의 법이 적용되어야 한다는 이론.
ⓔ 항공기 착륙국가의 법이 적용되어야 한다는 이론(이 경우 기장의 기착지 변경에 따라 관할권도 변경될 수 있다.).

적으로 「동경조약」이라고 불리며 또한 「기내범죄방지조약」으로도 호칭되고 있다. 동경조약은 7장, 26개 조문으로 구성되어 있고 항공기 내 범죄의 정의, 항공기 내 범죄에 대한 재판관할권, 기장의 권한, 체약국의 권리와 의무, 범죄인의 인도 등을 주된 내용으로 하고 있다.

2) 헤이그조약(Hague Convention 1970)

1963년 동경조약이 체결된 후에도 하이재킹 행위는 빈번히 발생하였으며 특히 중동지역이나 캐러비안 지역에 집중되어 있다. 그리고 그 숫자도 1968년도에 30건을 넘어섰고 1969년에도 81건에 달하는 등 방치할 수 없을 정도에 도달하였다. 이에 ICAO는 1968년 9월 3일부터 26일까지 부에노스아이레스에서 개최된 총회에서 민간항공기의 불법탈취에 관한 결의를 채택하였고 이사회가 이 문제에 대처하기 위한 조치를 검토할 것을 결정하였다. 이 결의의 결과로 ICAO법률소위원회가 동경조약에서 충분히 대처할 수 없었던 여러 가지 문제점을 보완하는 새로운 조약의 초안을 기초하였고 1970년 12월에 새로운 조약을 채택하기 위한 외교회의가 헤이그에서 개최되어 「항공기의 불법한 납치의 방지에 관한 조약(Convention for the Suppression of Unlawful Seizure of Aircraft)」을 채택하였다. 이것이 소위 말하는 「헤이그조약」이며 「항공기 불법납치 방지조약」이라고 불리고 있다.

헤이그조약은 동경조약과 내용적으로 중복되는 규정도 있지만 하이재킹 방지라는 관점에서 볼 때 독립의 조약으로서 동경조약을 보완하고 있다는 점에 그 의의가 있다.

3) 몬트리올조약(Montreal Convention 1971)

몬트리올조약은 헤이그조약에 의해 규제되지 않는 새로운 형태의 사건의 발생으로 헤이그조약을 보완하는 조약으로 탄생된 조약이라고 할 수 있다. 즉, 1969년 2월 18일 스위스 Zürich공항에 주기하고 있던 이스라엘 항공의 항공기가 아랍 게릴라에 의해 습격을 받는 사건을 비롯하여 수 건의 항공기에 대한 폭파사건이 발생하여 이들 사건을 계기로 하여 민간항공에 대한 새로운 유형의 범죄행위가 만

연될 징조가 보여 민간항공을 새로운 범죄행위로부터 보호하여야 한다는 의견들이 국제사회에 강하게 제기되었다.

이에 1970년 6월 ICAO는 몬트리올에서 긴급총회를 개최하여 국제민간항공에 대한 불법한 방해 행위에 관한 조약 초안의 준비를 법률위원회에 지시하였고 법률위원회는 1970년 10월 22일 조약의 최종 초안을 작성하였다. 이 조약 초안을 기초로 하여 새로운 조약 작성 및 채택을 위한 외교회의가 1971년 9월 8일부터 23일까지 몬트리올에서 개최되어 「민간항공의 안전에 대한 불법한 행위의 방지에 관한 조약(Convention for the Suppression of Unlawful Acts against the Safety of Civil Aviation)」이 채택되었다. 이 조약이 소위 말하는 「몬트리올조약」이며 「항공기 등 파괴방지조약」이라고도 불린다.

이상의 각 조약에 대해 국제항공법상 항공범죄에 관한 판례는 주로 각 조약이 규율하는 범죄행위에 대한 재판관할권 문제를 중심으로 다루어지고 있다.

(2) 항공범죄

1) 동경조약상의 범죄

동경조약 제1조 제1항에 따르면 동 조약의 적용은 다음과 같다.

가) 형법상의 범죄와

나) 범죄의 구성여부를 불문하고 항공기와 기내의 인명 및 재산의 안전을 위태롭게 할 수 있거나 하는 행위 또는 기내의 질서 및 규율을 위협하는 행위에 적용된다. 그러나 제1조 제4항에 따라 군용, 세관 또는 경찰용 업무에 사용되는 항공기에는 적용되지 않는다.

위의 적용범위 중 가)의 형법상의 범죄(Offences against penal law)의 개념은 반드시 분명하지는 않다. 예컨대 세관, 위생, 기타 행정상의 범죄, 즉 모든 법정범을 포함하는 것인지 그 여부는 분명치 않다. 이러한 것들도 형법상의 범죄에 포함된다는 설[202]이 있지만 항공기의 비행 중이라는 한정된 상황에서의 범죄라는 점

을 고려하여 소극적으로 해석하는 것이 타당하다고 본다.203)

나)와 관련하여서는 항공기 등의 안전의 침해거나 침해의 위험성 유무, 또는 항공기 내 질서 및 규율의 침해의 유무가 기준이 되어 판단되기 때문에 이것이 형법상의 범죄이냐 그 여부는 판정하기 어렵다. 역으로 밀수 또는 스파이 활동 등의 위법행위가 있더라도 이것들이 항공기 내의 질서 등에 직접 관계가 없는 것은 제외된다. 가) 및 나)에 해당되는 행위인가 아닌가는 종국적으로 관할법원에 의하여 판단된다. 이와 같은 행위에 관하여 조약이 적용되는 것은 기장의 권한에 관한 경우를 제외하고는 이러한 것들이 체약국에 등록된 항공기의 비행 중이거나 공해상 또는 어느 국가의 영역에도 속하지 않는 지상에 있는 동안 기내에서 행하여진 것에 국한되기 때문에(동 조약 제1조 제2항) 일차적으로 관할권은 등록국의 법원이 갖게 되고(동 조약 제3조 제1항) 부차적으로는 그 밖의 나라들의 법원이 갖게 된다.

여기서 비행 중(In Flight)이라 함은 항공기가 이륙의 목적을 위하여 동력에 시동을 건 때로부터 착륙을 위한 활주가 끝난 때까지의 기간을 의미한다(동 조약 제1조 제3항).204)

정치적, 인종적, 종교적 성격을 가지고 있는 범죄에 관해서는 동경조약의 목적에 비추어 볼 때 이러한 것들에 대한 조치를 승인하거나 요구할 수 없다고 볼 것이다.205)

또한 동 조약은 항공기 및 항공기 내의 인명과 재산의 안전의 보호를 목적으로 하는바 이를 위해

가) 공해 상공에서 범죄가 발생했거나 어느 나라 영공인지 구분이 안 되는 곳에서 발생한 범죄에 대하여 적용 형법을 결정하고,

나) 항공기의 안전을 저해하는 기상에서의 범죄와 행위에 대한 기장의 권리와 의무를 명확히 하고,

---

202) Nicolao M. Matte, Treaties on Air‒Aeronautical Law, 1981, p.337, footnote(28).

203) 板本昭雄, 三好 晋, 前揭書, 172頁.

204) 그러나 기장의 권한과 관련해서는 "항공기는 승객의 탑승 이후 외부의 문이 폐쇄된 순간부터 승객이 내리기 위하여 상기 문들이 개방된 어떠한 시간도 비행 중인 것으로 간주한다"고 '비행 중'에 관한 별도의 규정을 두고 있다(동 조약 제5조 제2항).

205) 板本昭雄, 三好 晋, 前揭書, 173頁.

다) 항공기의 안전을 저해하는 범죄와 행위가 발생한 후 항공기가 착륙하는 지역 당국의 권리와 의무를 명확히 하는 것을 내용으로 하고 있다.

2) 헤이그조약상의 범죄

헤이그조약은 제1조에서 비행 중의 항공기 내에서 행하여진

가) 폭력(force) 또는 위협(threat)에 의하여 또는 그 밖의 어떠한 다른 형태의 협박(any other form of intimidation)에 의하여 불법적(unlawfully)으로 항공기의 납치(seizure) 또는 그와 같은 행위를 시도(attempt)하고자 하는 경우 또는
나) 그와 같은 행위를 하거나, 하고자 시도하는 자의 공범자(accomplice)의 경우

이를 분석·요약하면 동 조약의 범죄는 다음과 같다.

첫째, 비행 중인 항공기 상에서 행해져야 한다. 헤이그조약은 「비행 중(In Flight)」의 개념에 대해 동경조약과는 달리 1개의 정의만 내리고 있는데 동경조약에 있어서 기장의 권한의 경우와 똑같이 항공기의 모든 출입문이 승객들이 항공기에 탄 후 문이 닫힐 때로부터 이들 출입문 가운데 어느 하나의 문이 승객들이 내리기 위하여 열릴 때까지를 의미하며 불시착의 경우는 권한이 있는 당국이 이 항공기와 더불어 기내에 있는 승객 및 재산에 관한 책임을 인수할 때까지를 의미한다(동 조약 제3조 제1항). 여기에 대해서는 하이재킹 행위가 다수인에 의한 조직적 범죄로서의 성격을 지니고 있는 것이 통상적인 실정이기 때문에 단순히 비행 중의 항공기 내에서 발생된 범죄행위만을 처벌하는 것만으로는 불충분하다는 견해가 있지만 이들 범죄행위자에 대한 처벌을 체약국의 국내법에 맡기는 수밖에 없다고 본다.
둘째, 동 행위가 불법이어야 하며
셋째, 폭력의 사용이나 위협 또는 협박이 있어야 한다. 여기서 폭력의 개념에는 과거에는 물리적인 힘 즉 유형력이라고 해석되어 왔지만 오늘날에는 과학의 발달로 인하여 가시적인 살상력을 가지고 있는 기기들이 개발되고 있기 때문에 폭력

을 살상의 원인으로 하는 에너지의 모든 것으로 해석할 수 있으며 에너지의 행사를 폭력이라고 정의를 내리는 견해가 있다.[206]

넷째, 동 행위는 항공기를 납치 또는 그와 같은 행위를 시도하는 것을 포함하고 있다. 시도하는 것은 미수를 말하며, 미수가 되기 위해서는 범죄행위의 착수가 필요하다.

다섯째, 이상의 행위에 가담하는 행위인데 이는 공범으로서의 범죄행위가 된다. 가담이라는 것은 범죄행위에 참가하는 것으로서 조약상의 영문이 accomplice로 사용하고 있기 때문에 단순한 방조행위뿐만 아니라 교사행위도 이에 해당한다. 그러나 범죄행위가 구성되기 위해서는 비행 중의 항공기 내에서의 행위여야 되므로 지상에 있어서의 이와 같은 행위는 이 조약에서 말하는 범죄행위가 되지 않는다. 또한 동 조약 제2조에서 각 체약국은 범죄를 엄중한 형벌로 처벌할 수 있도록 의무를 진다고 하여 동경조약보다 진일보했다고 볼 수 있다.

3) 몬트리올조약상의 범죄

몬트리올조약 제1조 제1항은 불법적으로 그리고 고의적으로 행하는 다음의 행위는 범죄가 된다고 그 정의를 규정하고 있다.

가) 비행 중인 항공기 내에 탑승한 자에 대하여 폭력행위를 행하고 그 행위가 항공기의 안전에 위해를 가할 가능성이 있는 경우

나) 업무 중인 항공기를 파괴하는 경우 또는 그러한 항공기를 훼손하여 비행을 불가능하게 하거나 또는 비행의 안전에 위해를 줄 가능성이 있는 경우

다) 여하한 방법에 의하여서라도, 운항 중인 항공기 상에 그 항공기를 파괴할 가능성이 있는 장치나 물질을 설치하거나 또는 설치되도록 하는 경우

라) 항공시설의 파괴 혹은 손상하거나 그 운용을 방해하고 그러한 행위가 비행 중인 항공기의 안전에 위해를 줄 가능성이 있는 경우

마) 허위정보를 교신, 그로 인하여 비행 중인 항공기의 안전에 위해를 주는 경우

이에 대하여 이러한 행위를 시도하거나 가담하는 행위도 범죄를 범한 것으로 본다(동 조약 제1조 제2항).

---

206) 板本昭雄, 三好 晋, 前揭書, 184頁.

동 조약에서 규정하는 범죄의 공통요건은 그것들이 불법(unlawfully)하게 더욱이 고의적(intentionally)으로 행하여지는 고의범이다. 비행 중의 개념은 헤이그조약과 동일하다. 다만 몬트리올조약에서는 「업무 중(in service)」이라는 개념을 추가하고 있는데 업무 중이라 함은 비행 중의 개념보다 넓게 지상종업원 또는 승무원에 의하여 항공기의 비행 전의 준비(preflight preparation)가 개시된 때로부터 착륙 후(after any landing) 24시간을 경과한 때까지를 말한다. 이는 항공보안을 고려한 것이다. 허위정보 교신은 몬트리올 외교회의에서 추가된 규정으로 허위로 알고 있는 정보를 통보함에 의하여 비행 중의 항공기의 안전을 해하는 행위는 모두가 여기에서 규정하는 범죄행위가 된다. 항공기의 운항에 관한 통보된 잘못된 정보가 항공기의 안전을 해하게 되는 경우는 종종 있지만 여기서는 허위임을 알면서 그 정보를 통보하여 그것에 의하여 비행 중의 안전을 해하는 행위만을 범죄행위로 본다는 취지이다. 예컨대 폭약이 탑재되어 있다고 거짓통보를 하여 그 항공기를 긴급히 착륙하게 하는 행위가 이에 해당한다. 이상의 행위에 대한 미수 및 공범도 범죄행위로 되는데 공범에는 지상에서의 교사 및 방조도 포함된다.

(3) 재판관할권

1) 동경조약상의 재판관할권

동경조약은 항공기의 등록국은 동 항공기에서 행하여진 범죄나 행위에 대하여 재판관할권을 갖는다고 규정하고 있는바(동 조약 제3조 제1항) 재판관할권에 관하여 등록국주의를 원칙으로 채택하고 있다.

이와 같은 등록국주의를 채택한 결과로 동 조약은 체약국인 등록국에 기내범죄를 재판하기 위한 국내법상의 재판관할권을 설정할 의무를 지우고 있다(동 조약 제3조 제2항).

한편 동 조약 제3조 제3항은 이 조약은 「국내법에 따라 행사하는 어떠한 형사재판관할권도 배제하지 아니한다.」고 규정하고 있는바 이는 어떠한 나라도 그의 국내법에 따라 형사재판관할권을 행사할 수 있다는 것을 규정한 것이다. 이를 형

사재판관할권의 경합을 인정한 것으로 보는 학설이 있다.[207]

동 조약 제4조는 등록국이 아닌 체약국이 기내범죄에 관한 형사재판권의 행사를 목적으로 비행 중의 항공기에 대하여 간섭할 수 있는 경우를 다음과 같이 규정하고 있다.

가) 그 범죄가 그의 체약국에 대하여 영향을 미칠 경우

나) 그 범죄가 그의 체약국의 국민이나 또는 그의 체약국에 항구적인 거소를 가진 자에 의하여 또는 이들에 대하여 행해진 경우

다) 그 범죄가 체약국의 안전에 해를 주는 경우

라) 그 범죄가 그의 체약국에서 시행되고 있는 비행 또는 항공기의 조종에 관한 규칙이나 법규에 위반된 경우

마) 그의 형사재판관할권의 행사가 다수국 간의 협정에 기초하여 체약국의 의무의 준수를 필요로 하는 경우

비행 중의 항공기에 대해 간섭한다(interfere with an aircraft in flight)는 것은 항공기를 착륙시키든지 지연시키게 할 수 있다는 것이다. 이와 같은 생각은 영공주권과의 관계에서 항공기의 비행하는 하위국의 권리로서 논의되었던 것이며 뮌헨 초안에서도 이것은 하위국의 권리로서 수정되었다. 그러나 동경조약에서는 이것은 조건부 권리로서 단순히 하위국뿐만 아니라 등록국 이외의 체약국 일반의 권리로 수정되었다. 그렇지만 비행 중의 항공기에 대한 간섭이라고 하더라도 하위국 이외의 나라가 행할 수 있는 대응이라는 것은 극히 제한되어 있기 때문에 사실상 불가능에 가깝다. 또한 하위국의 간섭도 실제상의 방법에 있어서는 극히 한정적이다.[208]

2) 헤이그조약상의 재판관할권

동 조약 제4조에 의하면 관할권은 다음의 체약국들에 부여된다.

첫째, 항공기의 등록된 국가, 즉 범죄가 그 나라에 등록된 항공기의 기상에서 발생했을 경우 둘째, 착륙지 국가, 기내에서 범죄가 행하여진 항공기가 아직 기내

---

207) Matte, op. cit, p.338~339.

208) 板本昭雄, 三好 晋, 前揭書, 174頁.

에 있는 범죄혐의자를 싣고 그 영토 내에 착륙한 경우 셋째, 항공기(승무원 없이) 임차인의 주된 영업사무소 소재국이나 주거지 국가 넷째, 범죄혐의자가 발견된 영토의 국가로서 범죄인을 위 어느 국가에도 인도하지 않은 경우, 사정이 정당하다고 인정된 경우 범인 및 범죄혐의자가 그 영토 내에 있는 체약국은 그를 구금하거나 그의 신병보호를 위한 기타 조치를 취하여야 한다. 그 국가의 국내법에 규정된 바에 따라야 하나, 형사 또는 인도절차를 위함에 필요한 시간 동안만 계속될 수 있다(동 조약 제6조 제1항).

이러한 헤이그조약은 해당 관할국가가 범죄자에 대한 기소나 조사를 의무화하고 관할권의 일반원칙을 도입하여 범죄자가 세계 어느 곳에 있든지 처벌될 수 있게 하였다. 재판관할권과 관련하여서 항공기의 등록국, 착륙국 및 임차국 가운데 어느 나라의 관할권을 우선적으로 취급하느냐에 관해서 조약은 어떠한 규정도 두고 있지 않다. 즉 조약은 이들 나라의 관할권을 경합적으로 인정하고 있다. 이를 경합재판관할권(concurrent jurisdiction)이라고 부른다. 이 경합재판관할권의 채택은 범죄인 인도와 관련하여 체약국 간 분쟁의 가능성이 있다. 공동 또는 국제등록에 따라 항공기를 운항하는 공동 항공운송운영기구 또는 국제운영기관을 설립한 체약국들은 적절한 방법에 따라 각 항공기에 대하여 관할권을 행사하고 본 조약의 목적을 위하여 등록국가의 자격을 가지는 국가를 당해국 중에서 지명하여야 하며, 또한 국제민간항공기구(ICAO)에 대하여 그에 관한 통고를 하여야 하며, 동 기구는 동 조약의 전 체약국에 이 통고를 전달하여야 한다(동 조약 제5조).

3) 몬트리올조약상의 재판관할권

각 체약국은 다음과 같은 경우에 있어서, 범죄에 관한 관할권을 확립하기 위하여 필요한 제반조치를 취하도록 되어 있다(동 조약 제5조 제1항).

첫째, 범죄가 그 국가 영토 내에서 범하여진 경우
둘째, 범죄가 그 국가에 등록된 항공기에 대하여 또는 그 항공기의 지상에서 범하여진 경우
셋째, 범죄가 기상에서 범하여진 항공기가 아직 지상에 있는 범죄혐의자와 함께

그 영토 내에서 착륙한 경우

넷째, 범죄가 승무원 없이 임차된 항공기에 대하여 또는 그 기상에서 범하여진 경우 또한 범죄행위의 행위지, 범죄행위가 행하여졌거나 또는 그 대상이 되었던 항공기의 등록, 임차국 및 기내에서 범죄행위의 혐의자를 탑승한 채 착륙하는 항공기의 착륙국은 조약상의 범죄행위에 관하여 재판관할권을 설정하지 않으면 아니 된다(동 조약 제5조 제2항).

더욱이 영토 내에서 범죄혐의자가 발견된 체약국은 만약 동인을 인도하지 않을 경우 그 영토 내에서 범죄가 범하여진 것인지 여부를 불문하고 소추를 하기 위하여 권한 있는 당국에 동 사건을 회부하여야 한다(동 조약 제7조). 본 조약이 규정하는 범죄행위를 행하였던 자에 대한 처벌에 관하여 체약국은 헤이그조약에 있어서와 똑같이 무거운 형벌(severe penalties)을 과하는 의무를 진다(동 조약 제3조).

(4) 범죄인 인도

1) 동경조약상의 범죄인 인도

범죄인 인도에 관한 사항은 동 조약 제15조 및 제16조에서 언급되고 있으며, 특히 제16조에서 중요한 내용을 규정하고 있다.

즉 제16조 제1항에 의하면 체약국에서 등록된 항공기 내에서 행하여진 범행은 범죄인 인도 목적을 위해 그 범죄가 실제로 발생한 장소에서뿐만 아니라 항공기 등록국의 영토에서 발생한 것과 같이 취급되어야 한다. 그러나 제2항에서 전항의 규정에도 불구하고 본 조약의 어떠한 규정도 범죄인 인도를 허용하는 의무를 창설하는 것으로 간주되지 않는다고 하여 분쟁의 소지를 마련하고 있는데 이는 조약으로서는 항공기 내에서의 범죄를 범한 범죄인 인도조약으로부터 탈락을 방지함과 동시에 그 취급에 관하여 그것들을 범죄인 인도조약에 맡겼다고 보아야 할 것이다.

2) 헤이그조약상의 범죄인 인도

범죄인의 인도문제와 관련하여 헤이그조약은 동경조약 제15조 및 제16조의 내용과 반대내용을 내포하고 있는 인상을 준다.

즉, 동 조약 제7조에서, "그 영토 내에서 범죄혐의자가 발견된 체약국은 만약 동인을 인도하지 않을 경우에는 예외 없이 또한 그 영토 내에서 범죄가 행하여진 것인지의 여부를 불문하고 소추를 하기 위하여 권한 있는 당국에 동 사건을 회부하여야 한다. 그러한 당국은 그 국가의 법률상 중대한 성질의 일반범죄의 경우에 있어서와 같은 방법으로 그 결정을 내려야 한다."라고 명시하여 소추의무와 더불어 중벌을 의무화하였다.

그러나 제8조에서 인도를 요구하는 국가가 인도조약의 당사국일 경우 이 조약 내용을 반영한 요청국의 국내법에 따라 인도가 가능토록 허용되었다.

또한 헤이그조약은 정치적 망명을 주장하는 범죄자에 대해서는 언급을 하지 않고 있다. 따라서 헤이그조약 체약국이 납치범들에게 정치적 망명을 허용하고자 한다면 이를 방지할 수 있는 방안이 없다. 더 나아가서 체약국들이 범인을 인도하거나 기소하는 의무를 포기하려 할 때에도 이를 방지할 수 없으므로, 문제의 소지가 있다.

3) 몬트리올조약상의 범죄인 인도

몬트리올조약상의 범죄인 인도에 관한 사항은 헤이그조약과 대체로 같다. 이 이외에 범인 및 용의자의 억류, 승객 및 승무원에 대한 편의 제공, ICAO에 대한 통보사항도 대부분 같은데 이것은 몬트리올조약이 헤이그조약을 보완하는 조약으로 탄생되어 당시 긴급한 필요성에 따라 단기간 내에 작성되지 않으면 안 되었던 역사적 사정에 연유한다.

[관련판례 1: U.S.A v. Cordova and Santano][209]

본 사건은 미국적항공기가 공해 상을 비행하고 있을 때 기내에서 일어난 폭력행위에 대해 재판관할권을 행사하여 처벌할 수 있는가가 쟁점이 된 사건이다.

사건의 내용은 1948년 8월 2일 미국항공기가 Puerto Rico의 San Juan에서 New York을 향하여 비행하고 있었는데 동 편에는 문제의 Mr. Cordova와 Mr. Santano를 포함하여 60명의 승객과 승무원이 탑승하고 있었다. 상기 양인은 이륙하기 전 친구와 친척들로부터 전송을 받았는데 상당한 양의 푸에르토리코산 럼(Rum)주를 받았다. 그들은 항공기 안으로 럼주를 가져와 비행 중 계속 마셔댔다. 이륙한 지 1시간 30분 후 항공기가 공해 상에 도착했을 때 이들은 잃어버린 술병 때문에 논쟁이 붙었다. 여승무원이 조용히 할 것을 요구했으나 그들은 항공기 뒤쪽에서 계속 싸웠고 다른 승객들이 싸움구경을 하느라고 뒤로 몰려들었다. 이러한 이동은 항공기 후방 무게의 증가로 자동항법으로 비행하고 있는 항공기의 급격한 상승을 가져왔다. 기장은 항공기를 재통제하기 위한 적절한 조치를 취하고 기내에서 일어난 사태에 대해 여승무원으로부터 보고를 받았다. 그는 부조종사에게 조종간을 넘기고 싸움을 멈추게 하기 위해 승객실로 갔다.

Santano는 조용해졌지만 Cordova는 기장에게 대항하여 그의 어깨를 물어뜯고 여승무원을 발로 찼다. 그는 다른 사람들에 의해 제압당하여 나머지 비행 동안 감금당하였다. 둘은 기소되었으나 Santano에 대한 기소는 취하되었다. 또한 뉴욕지방법원은 Cordova의 폭력행위를 입증하였지만 그의 행위를 공해 상에서 선박에 가해진 범죄조항을 규정하고 있는 미국의 해사법상의 재판관할권(admiralty and maritime jurisdiction)에 의하여 처벌할 수는 없었다. 법원은 항공기가 이들 법률이 규정하는 선박은 아니라고 판결하였다. 더욱이 '공해 상(upon the high seas)'이란 용어는 공해 상을 비행하는 항공기를 포함한다고 확장(extend)하고 있지 않다고 보았다. 결국 법원은 Cordova의 유죄를 확인했지만, 그의 행위를 처벌할 연방사법권이 없으므로 구속할 수가 없었다. Cordova는 감금에서 석방되었다. 공해 상에서 미국항공기 내에서 일어난 범법행위는 처벌될 수 없다는 판례를 남긴 것이다.[210]

---

209) US District Court, Eastern District of New York, Mar. 7, 1950; (1950) U.S.AvR1; Avi, Vol.3, p.17,306.

[관련판례 2: The Lockerbie Case]

1. 사건개요

이 사건은 1988년 12월 21일 스코틀랜드 Lockerbie 마을 상공에서 Pan Am 항공기가 폭파되어 마을에 충돌한 사고로서 미국 시민을 포함한 259명의 승객과 승무원, 그리고 11명의 마을 주민이 희생된 사건이다. 항공기의 폭발은 2명의 리비아 국적을 가진 자들이 항공기에 탑재한 것으로 추정되는 폭탄에 의해 야기된 것으로 조사되었다. 이에 따라 미국과 영국은 스코틀랜드 법정이나 미국 법원에 법정을 구성하기 위해 그들의 송환을 리비아 당국에 요청하였고 리비아는 스스로 그들을 재판하겠다고 제안하였다. 중간에 리비아 정부에 의해 중재제안도 있었지만 받아들여지지 않고 결국 이 사건은 1992년 1월 미국, 영국과 프랑스에 의해 유엔 안보리에 회부되어 리비아 정부에 대한 경제적 제재조치로 이어졌다. 1992년 3월 리비아 정부 당국은 몬트리올조약 1971년에 따라 범죄인들에 대한 재판관할권과 소추권한이 있다고 주장하면서 이 사건을 국제사법재판소(ICJ)에 제소하였다. 그러나 이러한 리비아 당국의 요청은 받아들여지지 않았다.

2. 쟁점

1) 재판관할권의 충돌

이 사건의 복잡성은 재판관할권이 충돌되는 데서부터 발생한다. 몬트리올조약 1971에 의할 때 본 사건에 관계된 영국, 미국, 리비아 모두가 재판관할권을 가진다. 영국은 동 조약 제5조 제1항(a)에 의해 '범죄가 그 국가의 영토 내에서 범하여진 경우'에 해당되고 미국은 동 조 제1항 (b)에 의해 '범죄가 그 국가에 등록된 항공기의 등록국'에 해당되기 때문이다. 리비아는 동 조 제2항에 의해 범죄혐의자가 그 영토 내에 소재하고 있어 다른 어떠한 국가에도 인

---

210) 동 판결에 대하여 국내외의 비판이 일자 의회에서는 연방법을 수정하여 공해 상의 항공기에서 범해지는 위반에 해사법을 적용하게 되었다. **Public Law 514, 82nd Congress; [1952] USAvR 437–439.**

도하지 않는 경우에 있어 관할권 확립을 위해 필요한 조치, 즉 소추 조치를 취할 수 있는 국가에 해당되기 때문이다.

이렇게 재판관할권이 충돌할 때 우선순위 문제나 관할권의 배타적 적용에 관해 조약은 침묵하고 있어 실제에 있어서는 복잡한 문제가 발생하는 것이다.

2) 범죄인 인도에 관한 문제

범죄인 인도에 관해서는 몬트리올조약 1971의 제8조에 규정되어 있는데 동 조의 어느 조항에 의하여서도 범죄혐의자의 신병을 확보하고 있는 국가가 재판관할권을 주장할 때는 효과적이지 못하다. 동 조약 제8조 제1항에 의할 때 '범죄는 체약국 간 현존하는 인도조약상의 인도범죄에 포함되는 것으로 간주된다. 체약국은 범죄를 그들 사이에 체결될 모든 인도조약에 포함할 의무를 진다'고 하고 있으나 당사국들 사이에 범죄에 관한 인도조약이 없거나 할 의향이 없는 경우에는 적용할 수 없다는 약점이 있다. 이에 따라 당사국들 간 범죄에 관한 조약이 없는 경우를 가정하여 제2항에서 '인도에 관하여 조약의 존재를 조건으로 하는 체약국이 상호 인도조약을 체결하지 않은 타 체약국으로부터 인도요청을 받은 경우에는 그 선택에 따라 본 조약을 범죄에 관한 인도를 위한 법적인 근거로 간주할 수 있다. 인도는 피요청국의 법률에 규정된 제반조건에 따라야 한다'라고 규정하고 있다.

그러나 이 또한 인도를 위한 법적인 근거를 피요청국의 선택(option)에 맡겨 둠으로써 너무나 광범위한 선택권을 주고 있다는 점과 인도도 피요청국의 법률에 따르도록 함으로써 조약이 관계당사국의 법률보다 하위에 위치하는 결과를 가져온다. 동 조 제3항에서는 2항과 달리 강제적인 용어(mandatory language)를 사용하고 있지만 리비아가 인도조약의 존재를 전제로서 주장할 때는 역시 문제 된다.

요컨대, 리비아가 자국 국민을 이유로 이들에 대한 재판관할권을 주장할 시 범죄인 인도에 관한 규정은 효과를 발휘할 수 없게 되는 것이다.

본 사건은 몬트리올조약(1971)의 'aut dedere, aut judicare (주는 것이 없으면 권리도 없다)'는 원칙에 입각해서 볼 필요가 있다.

3. 결과

리비아에 대한 유엔의 제재조치가 있은 지 7년 후 영국, 미국, 리비아는 네 덜란드와 같은 중립국에 법정을 구성하고 스코틀랜드 법률에 따르되 공정한 재판을 보증하는 것으로 해결점에 도달하였다.

2001년 1월 31일 내려진 판결은 피고 가운데 1인은 유죄로 스코틀랜드 감옥에서 최소 20년간 복역하고 나머지 1명은 석방되었다.

본 사건은 몬트리올조약과 같은 조약규정이 실행에 있어서는 입법자들의 예상을 넘어 보다 중요한 문제를 일으킬 수 있음을 보여준다.

부 록

1. 바르샤바조약 (Warsaw Convention 1929)
2. 헤이그의정서 (Hague Protocol 1955)
3. 과달라하라조약 (Guadalajara Convention 1961)
4. 몬트리올조약 1999 (Montreal Convention 1999)
5. 동경조약 (Tokyo Convention 1963)
6. 헤이그조약 (Hague Convention 1970)
7. 몬트리올조약 1971 (Montreal Convention 1971)

CONVENTION FOR THE UNIFICATION OF CERTAIN RULES RELATING TO INTERNATIONAL TRANSPORTATION BY AIR

Warsaw Convention(1929)

CHAPTER I. Scope – Definition

Article 1

1. This convention shall apply to all international transportation of persons, baggage or goods performed by aircraft for hire. It shall apply equally to gratuitous transportation by aircraft performed by an air transportation enterprise.

2. For the purposes of this convention the expression "International transportation" shall mean any transportation in which, according to the contract made by the parties, the place of departure and the place of destination. Whether or not there be a break in the transportation or a transshipment, are situated either within the territories of two High Contracting Parties, or within the territories of a single High Contracting Party, if there is an agreed stopping place within a territory subject to the sovereignty, suzerainty, mandate or authority of another power, even though that power is not a party to this convention. Transportation without such an agreed stopping place between territories subject to the sovereignty, suzerainty, mandate of authority of the same High Contracting Party shall not be deemed to be international for the purposes of this convention.

3. Transportation to be performed by several successive air carriers shall be deemed, for the purposes of this convention, to be one undivided transportation, if it has been regarded by the parties as a single operation, whether it has been agreed upon under the form of a single contract or of a series of contracts, and it shall not lose its international character merely because one contract or a series of contracts is to be performed entirely within a territory subject to the sovereignty, suzerainty, mandate, or authority of the same High Contracting Party.

Article 2

1. This convention shall apply to transportation performed by the state or by legal entities constituted under public law provided it falls within the conditions laid down in Article 1.

2. This convention hall not apply to transportation performed under the terms of any international postal convention.

Chapter Ⅱ. SECTION Ⅰ – Passenger Ticket

Article 3

1. For the transportation of passengers the carrier must deliver a passenger ticket which shall contain the following particulars.

 a) The place and date of issue;

 b) The place of departure and of destination;

 c) The agreed stopping places, provided that the carrier may reserve the right to after the stopping places in the alteration shall not have the effect of depriving the transportation of its international character;

d) The name and address of the carrier or carriers;

e) A statement that the transportation is subject to the rules relating to liability established by this convention.

2. The absence, irregularity or loss of the passenger ticket shall not affect the existence or the validity of the contract of transportation, which shall none the less be subject to the a passenger without a passenger ticket having been delivered he shall not be entitled to avail himself of those provisions of this convention which exclude or limit his liability.

SECTION II – Baggage Check

Article 4

1. For the transportation of baggage, other than small personal objects of which the passenger takes charge himself, the carrier must deliver a baggage check.

2. The baggage check shall be made out in duplicate one part for the passenger and the other part for the carrier.

3. The baggage check shall contain the following particulars;

a) The place and date of issue;

b) The place of departure and of destination;

c) The name and address of the carrier of carriers;

d) The number of the passenger ticket;

e) A statement that delivery of the baggage will be made to bearer of the baggage check.

f) The number and weight of the packages;

g) The amount of the value declared in accordance with article 22(2);

h) A statement that the transportation is subject to the rules relating to liability established by this convention.

4. The absence, irregularity or loss of the baggage check shall not affect the existence or the validity of the contract of transportation which shall none the less be subject to the baggage without a baggage check having been delivered or if the baggage check dose not contain the particulars set out at d), f) and h) above, the carrier shall not be entitled to avail himself of those provisions of the convention which exclude of limit his liability.

SECTION Ⅲ - Air Waybill

Article 5

1. Every carrier of goods has the right to require the consignor to make out and hand over to him a document called an "Air Waybill", every consigner has the right to require the carrier to accept this document.

2. The absence, irregularity, or loss of this document shall not affect the existence or the validity of the contract of transportation which shall, subject to the provisions of Article 9, be none the less governed by the rules of this convention.

Article 6

1. The air waybill shall be made out by the consignor in three original parts and be handed over with the goods.

2. The first part shall be marked "For the carrier", and shall be signed by the consignor. The second part shall be marked "For the consignee",

it shall be signed by the consignor and by the carrier and shall accompany the goods. The third part shall be signed be the carrier and handed be him to the consignor after the goods have been accepted.

3. The carrier shall sign on acceptance of the goods.

4. The signature of the carrier may be stamped;that of the consignor may be printed or stamped.

5. If, at the request of the consignor, the carrier makes out the air waybill, he shall be deemed, subject to proof to the contrary, to have done so on beheld of the consignor.

Article 7

The carrier of goods has the right to require the consignor to make out separate waybills when there is more than one package.

Article 8

The air waybill shall contain the following particulars;

a) The place and date of its execution;

b) The place of departure and of destination;

c) The agreed stopping places, provided that the carrier may reserve the right to alter the stopping places in case of necessity, and that if he exercises that right the alteration shall not have the effect of depriving the transportation of its international character;

d) The name and address of the consignor;

e) The name address of the first carrier;

f) The name and address of he consignee, if the case so requires;

g) The nature of the goods;

h) The number of packages, the method of packing, and the particular makes or numbers upon them;

i) The weight, the quantity, the volume or dimensions of the goods;

j) The apparent condition of the goods and of the packing;

k) The freight, if it has been agreed upon, the date and place of payment, and the person who is to pay it;

l) If the goods are sent for payment on delivery, the price of the goods, and, if the case so requires, the amount of the expenses incurred;

m) The amount of the value declared in accordance with article 22(2);

n) The number of parts of the air waybill;

o) The documents handed to the carrier to accompany the air waybill;

p) The time fixed for the completion of the transportation and a brief note of the route to be followed , if these matters have been agreed upon;

q) A statement that the transportation is subject to the rules relating to liability established by this convention.

Article 9

If the carrier accepts goods without an air waybill having been made out, or if the air waybill does not contain all the particulars set out in Article 8 a) to i), inclusive, and q), the carrier shall not be entitled to avail himself of the provisions of this convention which exclude or limit his liability.

Article 10

1. The consignor shall be responsible for the correctness of the particulars and statements relating to the goods which he inserts in the air waybill

2. The consignor shall be liable for all damages suffered by the carrier or any other person by reason of the irregularity, incorrectness or incompleteness of the said statements.

Article 11

1. The air waybill shall be prima facie evidence of the conclusion of the contract, of the receipt of the goods and of the conditions of transportation.

2. The statements in the air waybill relating to the weight, dimensions and packing of the goods, as well as those relating to the number of packages, shall be prima facie evidence of the facts stated; those relating to the quantity, volume, and condition of the goods shall not constitute evidence against the carrier except so far as they both have been, and are stated in the air waybill to have been, checked by him in the presence of the consignor of related to the by him in the presence of the consignor or relate to the apparent condition of the goods.

Article 12

1. Subject to his liability to carry out all his obligations under the contract of transportation, the consignor shall have the right to dispose of the goods by withdrawing them at the airport of departure or destination or by stopping them in the course of the journey on nay landing, or by stopping them in the course of the journey on any landing, or by calling for them to be delivered at the place of destination, or in the course of the journey on any landing, or by requiring them to be returned to the airport of departure, He must not exercise this right of disposition in such a way as to prejudice the carrier or other consignors, and he must repay any expenses occasioned by the exercise of this right.

2. If it is impossible to carry out the orders of the consignor the carrier must so inform him forthwith.

3. If the carrier obeys the orders of the consignor for the disposition of the goods without requiring the production of the part of the air waybill delivered to the latter, he will be liable without prejudice to his right of

recovery from the consignor, for any damage which may be caused there by to any person who is lawfully in possession of that part of the air waybill.

4. The right conferred on the consignor shall cease at the moment when that of the consignee begins in accordance with Article 13, below. Nevertheless, if the consignee declines to accept the waybill or the goods of if he cannot be communicated with, the consignor shall resume his right of disposition.

Article 13

1. Except in the circumstances set out in the preceding Article, the consignee shall be entitled, on arrival of the goods at the place of destination, to require the carrier to hand over to him the air waybill and to deliver the goods to him, on payment of the charges due and on complying with the conditions of transportation set out in the air waybill.

2, Unless it is otherwise agreed, it shall be the duty of the carrier to give notice to the consignee as soon as the goods arrive.

3. If the carrier admits the loss of the goods, or if the goods have not arrived at the expiration of seven days after the date on which they ought to have arrived, the consignee shall be entitled to put into force against the carrier the rights which flow from the contract of transportation.

Article 14

The consignor and the consignee can respectively enforce all the rights given them by Articles 12 and 13, each in his own name, whether he is acting in his own interest or in the interest of another, provided that he carriers out the obligations imposed by the contract.

Article 15

1. Article 12, 13 and 14 shall not affect either the relations of the consignor and the consignee with each other or the relations of third parties whose rights are derived either from the consignor or from the consignee.

2. The provisions of Articles 12, 13 and 14 can only be varied by express provision in the air waybill.

Article 16

1. The consignor must furnish such information and attach to the air waybill such documents as are necessary to meet the formalities of customs, octrol. or police before the goods can be delivered to the consignee. The consignor shall be liable to the carrier for any damage occasioned by the absence, insufficiency, or irregularity of any such information of documents, unless the damage is due to the fault of the carrier of his agents.

2. The carrier is under no obligation to inquire into the correctness or sufficiency of such information or documents.

CHAPTER Ⅲ. Liability of the Carrier

Article 17

The carrier shall be liable for damage sustained in the event of the death or wounding of a passenger or any other bodily injury suffered by a passenger, if the accident which caused the damage so sustained took place on board the aircraft or in the course of any of the operations of embarking or disembarking.

Article 18

1. The carrier shall be liable for damage sustained in the event of the destruction or loss of, or of damage to, any checked baggage or any goods. if the occurrence which caused the damage so sustained took place during the transportation by air.

2. The transportation by air within the meaning of the preceding paragraph shall comprise the period during which the baggage or goods are in charge of the carrier. whether in an airport or on board an aircraft, or in the case of a landing outside an airport, in any place whatsoever.

3. The period of the transportation by air shall not extend to any transportation by land, by sea or by river performed outside an airport. If, however, such transportation takes place in the performance of a contract for transportation by air for the purpose of loading, delivery or transshipment, any damage is presumed, subject to proof to the contrary, to have been the result of an event which took place during the transportation by air.

Article 19

The carrier shall be liable for damage occasioned by delay in the transportation by air of passengers, baggage, or goods

Article 20

1. The carrier shall not be liable if he proves that he and his agents have taken all necessary measures to avoid the damage or that it was

impossible for him or them to take such measures.

2. In the transportation of goods and baggage the carrier shall not be liable if he proves that the damage was occasioned by an error in piloting, in the handing of the aircraft, or in navigation and that, in all other respects, he and his agents have taken all necessary measures to avoid the damage.

Article 21

If the carrier proves that the damage was caused by or contributed to by the negligence of the injured person the court may, in accordance with the provisions of its own law, exonerate the carrier wholly or partly form his liability.

Article 22

1. In the transportation of passengers the liability of the carrier for each passenger shall be limited to the sum of 125,000 francs (8300 Special Drawing Rights). Where, in accordance with the law of the court to which the case is submitted, damages may be awarded in the form of periodical payments the equivalent capital value of the said payments shall not exceed 125,000 francs, Nevertheless, by special contract, the carrier and the passenger amy agree to a higher limit of liability.

2. In the transportation of checked baggage and of goods, the liability of the carrier shall be limited to a sum of 250 francs(17 Special Drawing Rights) per Kilogram, unless the consignor has made at the time when the package was handed over to the carrier, a special declaration of the value at delivery and has paid a supplementary sum if the case so requires. In that case the carrier will be liable to pay a sum not exceeding the declared sum, unless he proves that sum is greater than the actual value to the consignor at delivery.

3. As regards objects of which the passenger takes charge himself the liability of the carrier shall be limited to 5,000 francs(332 Special Drawing Rights) per passenger.

4. The sums mentioned above shall be deemed to refer to the French franc consisting of 65−1/2 milligrams of gold at the standard of fineness of nine hundred thousandths. These sums may be converted into any national currency in round figures.

Article 23

Any provision tending to relieve the carrier of liability or to fix a lower limit than that which is laid down in this convention shall be null and void, but the nullity of any such provision shall not involve the nullity of the whole contract, which shall remain subject to the provisions of this convention.

Article 24

1. In the cases covered by Article 18 and 19 any action for damages, however founded, can only be brought subject to the conditions and limits set out in this convention.

2. In the cases covered by Article 17 the provisions of the preceding paragraph shall also apply, without prejudice to the questions as to who are the persons who have the right to bring suit and what are their respective rights.

Article 25

1. The carrier shall not be entitled to avail himself of the provisions of this convention which exclude or limit his liability, if the damage is caused by his wilful misconduct or by such default on his part as, in

accordance with the law of the court to which the case is submitted, is considered to be equivalent to wilful misconduct.

2. Similarly the carrier shall not be entitled to avail himself of the said provisions, if the damage is caused under the same circumstances by any agent of the carrier acting within the scope of his employment.

Article 26

1. Receipt by the person entitled to the delivery of baggage of goods without complaint shall be prima facie evidence that the same have been delivered in good condition and in accordance with the document of transportation.

2. In case of damage, the person entitled to delivery must complain to the carrier forthwith after the discovery of the damage, and, at the latest within 3 days from the date of receipt in the case of baggage and 7days from the date of receipt in the case goods. In case of delay the complaint must be made at the latest within 14 days from the date on which the baggage or goods have been placed at his disposal.

3. Every complaint must be made in writing upon the document of transportation or by separate notice in writing dispatched within the times aforesaid.

4. Falling complaint within the times aforesaid, no action shall lie against the carrier, save in the case of try on his part.

Article 27

In the case of the death of the person liable, an action for damages lies in accordance with the terms of this convention against those legally representing his estate.

Article 28

1. An action for damages must be brought, at the option of the plaintiff, in the territory of one of the High Contracting parties, either before the court of the domicile of the carrier or of his principal place of business, or where he has a place of business through which the contract has been made, or before the court as the place of destination.

2. Questions of procedure shall be governed by the law of the court to which the case is submitted.

Article 29

1. The right to damages shall be extinguished if an action is not brought within w years, reckoned from the date of arrival at the destination, or from the date on which the aircraft ought to have arrived, or from the date on which the transportation stopped.

2. The method of calculating the period of limitation shall be determined by the law of the court to which the case is submitted.

Article 30

1. In the case of transportation to be performed by various successive carriers and falling within the definition set out in the third paragraph of Article 1, each carrier who accepts passengers, baggage or goods shall be subjects to the rules set out in this convention, and shall be deemed to be one of the contracting parties to the contract of transportation insofar as the contract seals with that part of the transportation which is performed under his supervision.

2. In the case of transportation of his natures, the passenger or his representative can take action only against the carrier who performed the transportation during which the accident or the delay occurred, save in

the case where, by express agreement, the first carrier has assumed liability for the whole journey.

3. As regards baggage or goods, the passenger or consignor shall have a right of action against the first carrier, and the passenger or consignee who is entitled to delivery shall have a right of action against the last carrier, and further, each may take action against the carrier who performed the transportation during which the destruction, loss, damage, or delay took place. These carriers shall be jointly and severally liable to the passenger or to the consignor or consignee.

CHAPTER Ⅳ. Provisions Relating to Combined Transportation

Article 31

1. In the case of combined transportation performed partly by air and partly by any other mode of transportation , the provisions of this convention shall apply to the transportation by air, provided that the transportation by air falls within the terms of Article 1.

2. Nothing in this convention shall prevent the parties in the case of combined transportation from inserting in the document of air transportation conditions relating to other modes of transportation, provided that the provisions of this convention are observed as regards the transportation by air.

CHAPTER Ⅴ. General and Final Provisions

Article 32

Any clause contained in the contract and all special agreements entered into before the damage occurred by which the parties purport to infringe the rules laid down by this convention, whether by deciding the law to be applied, or by altering the rules as to jurisdiction, shall be null and clauses shall be allowed, subject to this convention, if the arbitration is to take place within one of the jurisdictions referred to in the first paragraph of Article 28.

Article 33

Nothing contained in this convention shall prevent the carrier either from refusing to enter into any contract of transportation or from making regulations which do not conflict with the provisions of this convention.

Article 34

This convention shall not apply to international transportation by air performed by way of experimental trial by air navigation enterprises with the view to the establishment of regular lines of air navigation, nor shall it apply to transportation performed in extraordinary circumstances outside the normal scope of an air carrier's business.

Article 35

The expression "days" when used in this convention means current days, not working days.

Article 36

This convention is drawn up in French in a single copy which shall remain deposited in the archives of the Ministry for Foreign Affairs of Poland and of which one duly certified copy shall be sent by the Polish Government to the Government of each of High Contracting Parties.

Article 37

1. This convention shall be ratified. The instruments of ratification shall be deposited in the archives of the Ministry for Foreign Affairs of Poland, which shall give notice of the deposit to the Government of each of the High Contracting Parties.

2. As soon as this convention shall have been ratified by five of the High Contracting Parties it shall come into force as between them on the ninetieth day after the deposit of the fifth ratification. Thereafter it shall come into force between the High Contracting Parties which shall have ratified and the High Contracting Party which deposits its instrument of ratification on the ninetieth day after the deposit.

3. It shall be the duty of the Government of the Republic of Poland to notify the Government of each of the High Contracting Parties of the date on which this convention comes into force as well as the date of the deposit of each ratification.

Article 38

1. This convention shall, after it has come into force, remain open for adherence by any state.

2. The adherence shall be effected by a notification address to the Government of the Republic of Poland, which shall inform the Government of each of the High Contracting Parties thereof.

3. The adherence shall take effect as from the ninetieth day after the notification made to the Government of the Republic of Poland.

Article 39

1. Any one of the High Contracting Parties may denounce this convention by a notification addressed to the Government of the Republic of Poland, which shall at once inform the Government of each of the High Contracting Parties.

2. Denunciation shall take effect six months after the notification of denunciation, and shall operate only as regards the party which shall have proceeded to denunciation.

Article 40

1. Any High Contracting Party may, at the time of signature or of deposit of ratification or of adherence, declare that the acceptance which it gives to his convention dose not apply to all or any of its colonies, protectorates, territories under mandate or any other territory subject to its sovereignty or its authority, or any other territory under its suzerainty.

2. Accordingly any High Contracting Party may subsequently adhere separately in the name of all or any of its colonies, protectorates, territories under mandate, or any other territory subject to its sovereignty or to its authority or any other territory under its suzerainty which have been thus excluded by its original declaration.

3. Any High Contracting Party may denounce this convention, in accordance with its provisions, separately or for all or any of its colonies, protectorates, territories under mandate or any other territory subject to its sovereignty or to its authority, or any other territory under its suzerainty.

Article 41

Any High Contracting Party shall be entitled not earlier than two years after the coming into force of this convention to call for the assembling of a new international conference in order to consider any improvements which may be made in this convention. To this end it will communicate with the Government of the French Republic which will take the necessary measures to make preparations for such conference.

This convention, done at Warsaw on October 12, 1929, shall remain open for signature until January 31, 1930.

Additional Protocol

With Reference to Article 2

The High Contracting Parties reserve to themselves the right to declare at the time of ratification or of adherence that the first paragraph of Article 2 of this convention shall not apply to international transportation by air performed directly by the state, its colonies, protectorates, or mandated territories, by any other territory under its sovereignty, suzerainty, or authority.

바르샤바조약(Warsaw Convention 1929)

제 1 장 범위 – 정의

제 1 조

1. 본 조약은 항공기에 의하여 유상으로 행하는 승객, 수하물 또는 화물의 모든 국제운송에 적용한다. 본 조약은 또한 항공운송기업이 항공기에 의하여 무상으로 행하는 운송에도 적용한다.

2. 본 조약에 있어서 「국제운송」이란, 당사자 간의 약정에 의하면 운송의 중단 또는 환적의 유무에 불문하고, 출발지 및 도착지가 2개의 체약국의 영역에 있는 운송 또는 출발지 및 도착지가 단일 체약국의 영역에 있고 또한 예정 기항지가 타국(본 조약의 체약국의 여부를 불문한다)의 주권, 종주권, 위임통치 또는 권력하에 있는 지역에서의 운송을 말한다. 동일 체약국의 주권, 종주권, 위임통치 또는 권력하에 있는 지역 간의 운송으로서 전기의 예정 기항지가 없는 것은 본 조약의 적용에 있어서 국제운송이라고 인정하지 아니한다.

3. 2 이상의 운송인이 계속하여 행하는 항공운송은, 당사자가 단일의 취급을 한 때에는 단일의 계약형식에 의하거나 일련의 계약형식에 의하거나를 불문하고 본 조의 적용상 불가분의 운송을 구성하는 것으로 보며, 또한 이러한 운송은 단일의 계약이거나 일련의 계약이 동일 체약국의 주권, 종주권, 위임통치 또는 권력하에 있는 지역에서 모두 이행되는 것이라는 사실만으로써 그의 국제적 성질을 잃는 것은 아니다.

제 2 조

1. 본 조약은 운송이 제1조에 규정된 조건에 합치하는 한, 국가나 기타 공법인이 행하는 운송에 적용된다.

2. 본 조약은 우편에 관한 국제조약에 따라 행하는 운송에는 적용되지 아니한다.

제 2 장 운송증권

제 1 절 승객항공권

제 3 조

1. 운송인은 승객운송에 있어서 다음의 사항을 기재한 승객항공권을 교부하여야 한다.
  (a) 발행의 장소 및 일자
  (b) 출발지 및 도착지
  (c) 예정 기항지. 다만, 운송인은 필요한 경우에 당해 예정 기항지를 변경할 권리를 유보할 수 있고 또한 그가 이러한 권리를 행사한다면 그 변경이 당해 운송의 국제적 성질을 잃는 것은 아니다.
  (d) 운송인의 성명 및 주소
  (e) 운송이 본 조약에 정하여진 책임에 관한 규칙에 따른다는 표시
2. 승객항공권의 부존재·불비 또는 망실은 운송계약의 존재 또는 효력에 영향을 미치는 것이 아니고, 운송계약은 이 경우에도 본 조약의 규정의 적용을 받는다. 다만 운송인은 승객항공권을 교부하지 아니하고 승객을 인수할 때에는 운송인의 책임을 배제하거나 또는 제한하는 본 조약의 규정을 원용할 권리를 가지지 아니한다.

제 2 절 수하물표

제 4 조

1. 운송인은 승객이 보관하는 휴대품 이외의 수하물의 운송에 있어서는, 수하물표를 교부하여야 한다.

2. 수하물표는 2통 작성하여야 한다. 그중의 1통은 승객용으로 하고, 다른 1통은 운송인용으로 한다.

3. 수하물표에는 다음의 사항을 기재하여야 한다.

　(a) 발행의 장소 및 일자

　(b) 출발지 및 도착지

　(c) 운송인의 성명 및 주소

　(d) 승객항공권의 번호

　(e) 수하물표의 소지인에게 수하물을 인도한다는 뜻의 표시

　(f) 소포의 개수 및 중량

　(g) 제22조 2.에 따라 신고된 가액

　(h) 운송이 본 조약에서 정하는 책임에 관한 규정에 따른다는 뜻의 표시

4. 수하물표의 부존재, 불비 또는 망실은 운송계약의 존재 또는 효력에 영향을 미치는 것이 아니고 운송계약은 이 경우에도 본 조약의 규정의 적용을 받는다. 다만, 운송인이 수하물표를 교부하지 아니하고 수하물을 인수한 때 또는 수하물표에 3. (d), (f) 및 (h)에 정하여진 사항의 기재가 없는 때에는 운송인은 그의 책임을 배제하거나 또는 제한하는 본 조약의 규정을 원용할 권리를 가지지 아니한다.

제 3 절 항공운송장

제 5 조

1. 모든 화물의 운송인은 송하인에 대하여 「항공운송장」이라는 증권을 작성하여 교부할 것을 청구할 권리를 가진다. 모든 송하인은 운송인에 대하여 그 증권을 수취할 것을 청구할 권리를 가진다.

2. 전기의 증권의 부존재, 불비 또는 망실은 운송계약의 존재 또는 효력에 영향을 미치는 것이 아니고 운송계약은 이 경우에도 제9조의 규정에 따르는 것을 조건으로 본 조약의 규정의 적용을 받는다.

제 6 조

1. 항공운송장은 송하인이 원본 3통을 작성하여 화물과 함께 교부하여야 한다.
2. 제1의 원본에는, 「운송인용」이라고 기재하고 송하인이 서명한다. 제2의 원본에는 「수하인용」이라고 기재하고 송하인 및 운송인이 서명하고 이 원본은 화물과 함께 이를 송부한다. 제3의 원본에는 운송인이 서명하고 이 원본은 화물을 인수한 후에 송하인에게 교부하여야 한다.
3. 운송인은 화물을 인수한 때에 서명하여야 한다.
4. 운송인의 서명은 스탬프로써 이에 대체할 수 있다. 송하인의 서명은 인쇄 또는 스탬프로써 대치할 수 있다.
5. 운송인은 송하인의 청구에 의하여 항공운송장을 작성한 경우에는, 반증이 없는 한 송하인에 대신하여 작성한 것으로 인정된다.

제 7 조

화물의 운송인은 2개 이상의 소포가 있는 때에는 송하인에 대하여 각각 항공운송장을 작성할 것을 청구할 권리를 가진다.

제 8 조

항공운송장에는 다음의 사항을 기재하여야 한다.
  (a) 작성의 장소 및 일자
  (b) 출발지 및 도착지
  (c) 예정 기항지. 다만, 운송인은 필요한 경우에 당해 예정 기항지를 변경할 권리를 유보할 수 있고, 또한 그가 이러한 권리를 행사한다면 그 변경이 당해 운송의 국제적 성질을 잃는 것은 아니다.
  (d) 송하인의 성명 및 주소
  (e) 최초 운송인의 성명 및 주소
  (f) 필요한 때에는 수하인의 성명 및 주소
  (g) 화물의 종류
  (h) 소포의 개수, 하송 방법 및 특별한 기호 또는 번호

(i) 화물의 중량, 수량 및 용적 또는 크기

(g) 화물의 종류

(h) 소포의 개수, 하송 방법 및 특별한 기호 또는 번호

(i) 화물의 중량, 수량 및 용적 또는 크기

(j) 화물 및 하조(荷造)의 외양

(k) 운송료를 특약한 때에는 그 운송료, 지급의 기일, 그의 장소 및 지급인

(l) 대금인환에 의하여 발송하는 경우에는 화물의 대금 및 필요한 때에는 비용액

(m) 제22조 2.에 따라 신고된 가액

(n) 항공운송장의 통 수

(o) 항공운송장에 첨부하기 위하여 운송인에게 교부된 서류

(p) 특약이 있는 때에는 운송의 기한 및 경로의 개요(경유지)

(q) 운송이 본 조약에 정하여진 책임에 관한 규정에 따른다는 뜻의 표시

제 9 조

운송인이 항공운송장 없이 화물을 인수할 때에 또는 항공운송장에 제8조 (a) 내지 (i) 및 (q)에 규정된 모든 명세를 기재하지 아니한 때에는 운송인은 그의 책임을 배제하거나 또는 제한하는 본 조약의 규정을 원용할 권리를 가지지 아니한다.

제 10 조

1. 송하인은 화물에 관하여 항공운송장에 기재된 명세 및 신고가 정확하다는 것에 대하여 책임을 진다.

2. 송하인은 전기의 명시 및 신고의 불비, 부정확 또는 불완전한 것에 의하여 운송인 또는 기타의 자가 입은 모든 손해에 대하여 책임을 진다.

제 11 조

1. 항공운송장은 반증이 없는 한 계약의 체결, 화물의 수취 및 운송의 조건에 관한 증거가 된다.

2. 화물의 중량, 크기와 하조 및 소포의 개수에 관한 항공운송장의 기재는 반증이 없

는 한 기재된 사실에 대한 증거가 된다. 화물의 수량, 용적 및 상태에 관한 기재는 운송인이 송하인의 입회하에 화물을 점검하고 그 뜻을 항공운송장에 기재한 경우 또는 화물의 외양에 관한 기재의 경우를 제외하고는 운송인에 대하여 불리한 증거를 구성하는 것은 아니다.

제 12 조

1. 송하인은 운송계약으로부터 발생하는 모든 의무를 이행할 것을 조건으로 출발 비행장 또는 도착 비행장에서 화물을 회수하거나 운송 도중 착륙할 때에 화물을 유치하거나 항공운송장에 기재한 착수인 이외의 자에 대하여 도착지 또는 운송 도중에 화물을 인도하거나 또는 출발 비행장에 화물의 반송을 청구하는 것에 의하여 화물을 처분할 권리를 가진다. 다만, 그 권리의 행사에 의하여 운송인 또는 기타의 송하인을 해하여서는 아니 되며 또한 그 행사에 의하여 생긴 비용을 부담하여야 한다.

2. 운송인은 송하인의 지시에 따를 수 없을 때에는, 즉시 그 뜻을 송하인에게 통지하여야 한다.

3. 운송인은 송하인에게 교부한 항공운송장의 제시를 구하지 아니하고 화물의 처분에 관한 송하인의 지시에 따른 때에는 이로 인하여 당해 항공운송장의 정당한 소지인에게 입힐 수 있는 손해에 대하여 책임을 진다. 다만, 송하인에 대한 운송인의 구상권을 침해하는 것은 아니다.

4. 송하인의 권리는, 수하인의 권리가 제13조에 따라 생길 때에 소멸한다. 다만, 수하인이 항공운송장 또는 화물의 수령을 거부한 때 또는 수하인을 알 수 없을 때에는 송하인은 처분의 권리를 회복한다.

제 13 조

1. 수하인은 전조에 규정된 경우를 제외하고 화물이 도착지에 도착한 때에는 운송인에 대하여 채무액을 지급하고 또한 항공운송장에 기재된 운송의 조건을 충족하였으면 항공운송장의 교부 및 화물의 인도를 청구할 권리를 가진다.

2. 운송인은 반대의 특약이 있는 경우를 제외하고 화물이 도착한 때에는 그 뜻을 수하인에게 통지하여야 한다.

3. 운송인이 화물의 망실을 인정한 때 또는 화물이 도착될 날로부터 7일의 기간이 경

과하여도 도착하지 아니한 때에는 수하인은 운송인에 대하여 운송계약으로부터 생기는 권리를 행사할 수 있다.

제 14 조

송하인 및 수하인은 계약에 의하여 부담하는 의무를 이행하는 것을 조건으로 하고 자기를 위하거나 또는 타인을 위하거나를 불문하고, 각자의 이름으로 제12조 및 제13조에 의하여 상호 송하인 및 수하인에게 부여된 모든 권리를 행사할 수 있다.

제 15 조

1. 제12조, 제13조 및 제14조는 송하인과 수하인 간의 관계 또는 송하인이나 수하인으로부터 권리를 취득한 제3자 상호간의 관계에 영향을 미치지 아니한다.
2. 제12조, 제13조 및 제14조의 규정은 항공운송장의 명시적인 규정에 의하여서만 변경될 수 있다.

제 16 조

1. 송하인은 화물이 수하인에게 인도되기 전에 세관, 단속 또는 경찰의 절차를 이행하기 위하여 필요한 정보를 제공하고 또한 필요한 서류를 항공운송장에 첨부하여야 한다. 송하인은 운송인에 대하여 그 정보 및 서류의 부존재, 부족 또는 불비로부터 생기는 손해에 대하여 책임을 진다. 다만, 그 손해가 운송인 또는 그 사용인의 과실에 의한 경우에는 그러하지 않다.
2. 운송인은 전기의 정보 및 서류가 정확한지의 여부 또는 충분한지의 여부를 검사할 필요가 없다.

제 3 장 운송인의 책임

제 17 조

운송인은 승객의 사망 또는 부상 기타 신체상해의 경우에 있어서의 손해에 대하여서는 그 손해의 원인이 된 사고가 항공기 상에서 발생하거나 또는 승강을 위한 작업 중에 발생하였을 때에는 책임을 진다.

제 18 조

1. 운송인은 위탁 수하물 또는 화물의 파괴, 망실 또는 손괴된 경우에 있어서의 손해에 대하여서는 그 손해의 원인이 된 사고가 항공운송 중에 발생한 것인 때에는 책임을 진다.

2. 전항에 있어서 항공운송 중이란 수하물 또는 화물이 비행장 또는 항공기 상에서 또는 비행장 외에 착륙한 경우에는 장소의 여하를 불문하고 운송인의 관리하에 있는 기간을 말한다.

3. 항공운송의 기간에는 비행장 외에서 행하는 육상운송, 해상운송 또는 하천운송의 기간을 포함하지 아니한다. 다만, 이러한 운송이 항공운송계약의 이행에 있어서 적하, 인도 또는 환적을 위하여 행하여진 때에는 손해는 반증이 없는 한 모든 항공운송 중의 사고로부터 발생하는 것으로 추정된다.

제 19 조

운송인은 승객, 수하물 또는 화물의 항공운송에 있어서의 연착으로부터 발생하는 손해에 대하여 책임을 진다.

제 20 조

1. 운송인은 운송인 및 그의 사용인이 손해를 방지하기에 필요한 모든 조치를 취하였다는 사실 또는 그 조치를 취할 수 없었다는 사실을 증명한 때에는 책임을 지지 아니한다.

2. 화물 및 수하물의 운송에 있어서 운송인은 손해가 조종, 항공기의 취급 또는 항행에 관한 과실로부터 발생하였다는 사실 및 운송인 및 그의 사용인이 기타의 모든 점에서 손해를 방지하기 위하여 필요한 모든 조치를 취하였다는 사실을 증명한 때에는 책임을 지지 아니한다.

제 21 조

피해자의 과실이 손해의 원인이 되었거나 원인의 일부가 되었다는 사실을 운송인이 증명한 때에는 법원은 자국의 법률의 규정에 따라 운송인의 책임을 면제하거나 또는 경감할 수 있다.

제 22 조

1. 승객운송에 있어서는 각 승객에 대한 운송인의 책임은 12만 5천 프랑을 한도로 한다. 소 계속된 병원에 속하는 국가의 법률에 따라 손해배상을 정기지급의 방법으로 할 것을 정할 수 있을 때에는 정기지급금의 원본은 12만 5천 프랑을 초과하여서는 아니 된다. 다만, 승객은 운송인과의 특약에 의하여 보다 고액의 책임한도를 정할 수 있다.

2. 위탁 수하물 및 화물의 운송에 있어서는 운송인의 책임은 1kg당 250프랑을 한도로 한다. 다만, 송하인이 소화물을 운송인에게 교부함에 있어서 인도 시의 가액을 특히 신고하고 또한 필요로 하는 증료금(增料金)을 지급한 경우에는 그러하지 아니하다. 이 경우에는 운송인은 신고된 가액이 인도 시 송하인에 있어서의 실제 가치를 초과하는 것을 증명하지 아니하는 한, 신고된 가액을 한도로 하는 액을 지급하여야 한다.

3. 승객이 보관하는 물품에 관하여 운송인의 책임은, 승객 1인에 대하여 5,000프랑을 한도로 한다.

4. 전기한 액은 순금 1,000분의 900의 금의 65.5mg으로 이루어지는 프랑스 프랑에 의하는 것으로 한다. 그 액은 각국의 통화의 단수가 없는 액으로 환산할 수 있다.

제 23 조

운송인의 책임을 면제하거나 또는 본 조약에 정하여진 책임한도보다 넘는 한도를 정하는 규정은 무효로 한다. 그러나 계약은 이러한 조항의 무효에 의하여 무효로 되지 아니하고 계속 본 조약의 규정의 적용을 받는다.

제 24 조

1. 제18조 및 제19조에 정하여진 경우에는 책임에 관한 소는 명의의 여하를 불문하고 본 조약에 정하여진 조건 및 제한하에서만 제기할 수 있다.

2. 전항의 규정은 제17조에 정하여진 경우에도 적용된다. 다만, 소를 제기하는 권리를 가지는 자의 결정 및 이러한 자가 각자 가지는 권리의 결정에 영향을 미치지 아니한다.

제 25 조

1. 운송인은 손해가 운송인의 고의에 의하여 발생한 때 또는 소가 계속된 법원이 속하는 국가의 법률에 의하면 고의에 상당하다고 인정하는 과실에 의하여 발생한 때에는, 운송인의 책임을 배제하거나 제한하는 본 조약의 규정을 원용하는 권리를 가지지 아니한다.

2. 운송인은 또한 그의 사용인이 그의 직무를 행함에 있어서 전기한 동일한 조건에서 손괴를 발생시킨 때에는 전기의 권리를 가지지 아니한다.

제 26 조

1. 수하인이 이의 없이 수하물 및 화물을 수취한 때에는 수하물 및 화물은 반증이 없는 한, 양호한 상태로 또한 운송 증권에 따라 인도되는 것으로 추정된다.

2. 손괴 있는 경우에는 수하인은 손괴를 발견한 후 즉시 늦어도 수하물에 있어서는 그 수취일로부터 3일 이내에, 화물에 있어서는 그 수취일로부터 7일 이내에, 운송인에 대하여 이의를 진술하여야 한다. 연착의 경우에는 이의는 수하인이 수하물이나 화물을 처분할 수 있는 날로부터 14일 이내에 진술하여야 한다.

3. 모든 이의는 운송증권에 유보를 기재함으로써 또는 전기 기간 내에 별개의 서면을 발송함으로써 진술되어야 한다.

4. 소정의 기간 내에 이의를 진술하지 아니하였을 때에는 운송인에 대한 소는 운송인에게 사기가 있는 경우를 제외하고는 수리되지 아니한다.

제 27 조

채무자가 사망한 경우에는 손해에 관한 소는 본 조약에 정하여진 제한 내에 채무자의 승계인에 대하여 제기할 수 있다.

제 28 조

1. 손해에 관한 소는 원고의 선택에 의하여 어느 1개의 체약국의 영역에 있어서 운송인의 주소지, 운송인의 주된 영업소의 소재지 또는 운송인이 계약을 체결한 영업소 소재지의 법원 또는 도착지의 법원의 어느 면에 제기하여야 한다.

2. 소송절차는 소가 계속된 법원이 속하는 국가의 법률에 의한다.

제 29 조

1. 손해에 관한 권리는 도착지에의 도착일, 항공기가 도착하여야 할 일자 또는 운송의 종지일로부터 기산하여 2년의 기한 내에 제기되지 아니한 경우에는 소멸된다.

2. 전기 기간의 계산방법은 소가 계속된 법원이 속하는 국가의 법률에 의하여 결정된다.

제 30 조

1. 2인 이상의 운송인이 계속하여 행하는 운송으로서 제1조 3.의 정의에 해당하는 경우에는, 승객 수하물 또는 화물을 인도한 각 운송인은 본 조약의 규정에 적용을 받는 것이며, 또한 그의 운송인의 권리하에 행하여지는 부분의 운송에 운송계약이 관련되는 한도에서 운송계약의 당사자의 1인으로 본다.

2. 이와 같은 운송의 경우에는 승객 또는 그의 권리의 승계인은 사고 또는 연착을 일으키게 한 운송을 행한 운송인에 대하여서만 청구할 수 있다. 다만, 명시의 특약에 의하여 최초의 운송인이 전 항정에 대하여 책임을 진 때에는, 그러하지 아니하다.

3. 수하물 또는 화물에 있어서 송하인은 최초의 운송인에 대하여, 인도받을 수 있는 권리를 가지는 수하인은 최후의 운송인에 대하여 청구할 수 있다. 또한 당해 송하인 및 수하인은 파괴, 망실, 손괴 또는 연착토록 운송을 한 운송인에 대하여 청구할 수 있다. 이러한 운송인은 당해 송하인 및 수하인에 대하여 연대책임을 진다.

제 4 장 연락운송에 관한 규정

제 31 조

1. 일부는 항공에 의하여 행하여지고 또한 일부는 기타의 운송수단에 의하여 행하여지는 연락운송의 경우에는 본 조약의 규정은 항공운송에 대해서만 적용된다. 다만, 그 항공운송이 제1조의 조건에 합치하는 것인 경우에 한한다.

2, 본 조약의 규정은 연락운송의 경우에는 당사자가 항공운송 증권에 타의 운송 절차에 관한 조건을 기재하는 것을 막는 것은 아니다. 다만, 항공운송에 관하여서는 본 조약의 규정을 준수하여야 한다.

제 5 장 총칙 및 최종규정

제 32 조

운송계약의 규정 및 손해 발생 전의 특약은 당사자가 그 규정 또는 특약으로써 적용할 법률을 결정하거나 또는 재판관할에 관한 규칙을 변경하는 것에 의하여 본 조약의 규정에 위반한 때에는 무효로 한다. 다만, 화물운송에 있어서 중재 규정은, 중재가 제28조 1.에 정하여진 법원의 관할 구역에서 행하여지는 때에는 본 조약의 제한 내에서 허용된다.

제 33 조

본 조약의 규정은 운송인이 운송계약의 체결을 거부하거나 또는 본 조약의 규정에 저촉되지 아니하는 조항을 정하는 것을 막는 것은 아니다.

제 34 조

본 조약은 항공기업이 정기 항공노선의 개설을 위하여 최초의 시험으로서 행하는 국제항공운송 및 항공사업의 통상업무의 범위 외에 예외적인 사정하에서 행하여지는 운송에는 적용되지 아니한다.

제 35 조

본 조약에 있어서의 일수는 거래일에 의하지 아니하고 역일에 의한다.

제 36 조

본 조약은 프랑스어로 본문 1통을 작성하고 그 본문은 폴란드 외무부의 기록에 이를 기탁한다. 그의 인증 등본은 폴란드 정부가 각 체약국의 정부에 이를 송부한다.

제 37 조

1. 본 조약은 비준되어야 한다. 비준서는 폴란드 외무부의 기록에 기탁되고 폴란드 외무부는 그 기탁을 각 체약국의 정보에 통고한다.
2. 본 조약은 5개의 체약국이 비준한 때에는 다섯 번째의 비준서를 기탁한 날로부터 90일째에 이들 체약국 간에 효력을 발생한다. 그 후에는 본 조약은 비준하였던 체약국과 새로운 비준서를 기탁하는 체약국 간에 그 기탁이 있었던 날로부터 90일째에 효력을 발생한다.
3. 폴란드공화국 정부는 각 체약국에 본 조약의 효력 발생일 및 각 비준서의 기탁일을 통고할 의무를 가진다.

제 38 조

1. 본 조약은 그의 효력 발생 후에는 모든 국가의 가입을 위하여 개방한다.
2. 가입은 폴란드공화국 정부에 대한 통고에 의하여 행하여지고 동 정부는 그 가입을 각 체약국의 정부에 통고한다.

3. 가입은 폴란드공화국 정부에 대한 통고가 있었던 날로부터 90일째에 효력을 발생한다.

제 39 조

1. 각 체약국은 폴란드공화국 정부에 대한 통고에 의하여 본 조약을 폐기할 수 있다. 동 정부는 즉시 그 폐기를 각 체약국 정부에 통지하여야 한다.
2. 폐기는 폐기의 통고 후 6개월에 폐기 절차를 한 국가에 대하여서만 효력을 발생한다.

제 40 조

1. 체약국은 서명·비준서를 기탁하거나 또는 가입함에 있어서 자국에 의한 본 조약의 수락이 자국의 식민지, 보호령, 위임통치 지역, 기타 주권에나 권력하에 있는 지역의 전부나 일부 또는 자국의 종주권하에 있는 기타 지역에 미치는 것이 아니라고 선언할 수 있다.
2. 따라서 체약국은 그 후에는 1.에 의한 최초의 선언에서 제외된 자국의 식민지, 보호령, 위임통치지역, 기타 주권이나 권력하에 있는 지역의 전부나 일부 또는 자국의 종주권하에 있는 기타 지역의 이름으로 각기 가입할 수 있다.
3. 체약국은 또한 본 조약의 규정에 따라 자국의 식민지, 보호령, 위임통치지역의 전부나 일부 또는 자국의 종주권하에 있는 기타의 지역에 대하여 각기 본 조약을 폐기할 수 있다.

제 41 조

각 체약국은 본 조약을 개선하는 것에 관하여 심의하기 위하여 본 조약의 효력 발생 후 빨라도 2년 후에 새로운 국제회의 개최를 요청할 권리를 가진다.
각 체약국은 프랑스공화국 정부에 신청하고 동 정부는 그 회의의 준비를 위하여 필요한 조치를 취한다.
본 조약은 1929년 10월 12일에 바르샤바에서 작성되고 1930년 1월 31일까지 서명을 위하여 개방한다.

(서명란 생략)

추가 의정서(제2조에 관하여)

체약국은 국가 또는 그의 식민지, 보호령, 위임통치지역 기타 주권, 종주권이나 권력 하에 있는 지역이 직접 행하는 국제항공운송에 대해서는 본 조약 제2조 1.을 적용하지 아니할 것을 비준이나 가입함에 있어서 선언할 권리를 유보한다.

PROTOCOL TO AMEND THE CONVENTION FOR THE UNIFICATION OF CERTAIN RULES RELATING TO INTERNATIONAL CARRIAGE BY AIR, SIGNED AT ARSAW ON 12 OCTOBER 1929, DONE AT THE HAGUE ON 28 SEPTEMBER 1955

THE HAGUE PROTOCOL(1955)

THE GOVERNMENTS UNDERSIGNED

CONSIDERING that it is desirable to amend the Convention for the Unification of Certain Rules Relating to International Carriage by Air signed at Warsaw on 12 October 1929, HAVE AGREED as follows:

CHAPTER I. AMENDMENTS TO THE CONVENTION

Article I

In Article 1 of the Convention —

(a) paragraph 2 shall be deleted and replaced by the following: —

"2. For the purposes of this Convention, the expression international carriage means any carriage in which, according to the agreement between the parties, the place of departure and the place of destination, whether or not there be a break in the carriage or a transhipment, are situated either within the territories of two High Contracting Parties or within the territory of a single High Contracting Party if there is an agreed stopping place within the territory of another State, even if that State is not a High Contracting Party. Carriage between two points within the territory of a single High Contracting Party without an agreed stopping place within the territory of another State is not international carriage for the purposes of this Convention."

(b) paragraph 3 shall be deleted and replaced by the following: —

"3. Carriage to be performed by several successive air carriers is deemed, for the purposes of this Convention, to be one undivided carriage if it has been regarded by the parties as a single operation, whether it had been agreed upon under the form of a single contract or of a series of contracts, and it does not lose its international character merely because one contract or a series of contracts is to be performed entirely within the territory of the same State."

Article Ⅱ

In Article 2 of the Convention —
paragraph 2 shall be deleted and replaced by the following: —
"2. This Convention shall not apply to carriage of mail and postal packages."

Article Ⅲ

In Article 3 of the Convention —
(a) paragraph 1 shall be deleted and replaced by the following: —
"1. In respect of the carriage of passengers a ticket shall be delivered containing:
(a) an indication of the places of departure and destination;
(b) if the places of departure and destination are within the territory of a single High Contracting Party, one or more agreed stopping places

being within the territory of another State, an indication of at least one such stopping place;

(c) a notice to the effect that, if the passenger's journey involves an ultimate destination or stop in a country other than the country of departure, the Warsaw Convention may be applicable and that the Convention governs and in most cases limits the liability of carriers for death or personal injury and in respect of loss of or damage to baggage."

(b) paragraph 2 shall be deleted and replaced by the following: —

"2. The passenger ticket shall constitute prima facie evidence of the conclusion and conditions of the contract of carriage. The absence, irregularity or loss of the passenger ticket does not affect the existence or the validity of the contract of carriage which shall, none the less, be subject to the rules of this Convention. Nevertheless, if, with the consent of the carrier, the passenger embarks without a passenger ticket having been delivered, or if the ticket does not include the notice required by paragraph 1 (c) of this Article, the carrier shall not be entitled to avail himself of the provisions of Article 22."

Article Ⅳ

In Article 4 of the Convention —

(a) paragraphs 1, 2 and 3 shall be deleted and replaced by the following: —

"1. In respect of the carriage of registered baggage, a baggage check shall be delivered, which, unless combined with or incorporated in a passenger ticket which complies with the provisions of Article 3, paragraph 1, shall contain:

(a) an indication of the places of departure and destination;

(b) if the places of departure and destination are within the territory of a single High Contracting Party, one or more agreed stopping places being within the territory of another State, an indication of at least one such stopping place;

(c) a notice to the effect that, if the carriage involves an ultimate destination or stop in a country other than the country of departure, the Warsaw Convention may be applicable and that the Convention governs and in most cases limits the liability of carriers in respect of loss of or damage to baggage."

(b) paragraph 4 shall be deleted and replaced by the following: −

"2. The baggage check shall constitute prima facie evidence of the registration of the baggage and of the conditions of the contract of carriage. The absence, irregularity or loss of the baggage check does not affect the existence or the validity of the contract of carriage which shall, none the less, be subject to the rules of this Convention. Nevertheless, if the carrier takes charge of the baggage without a baggage check having been delivered or if the baggage check (unless combined with or incorporated in the passenger ticket which complies with the provisions of Article 3, paragraph 1 (c)) does not include the notice required by paragraph 1 (c) of this Article, he shall not be entitled to avail himself of the provisions of Article 22, paragraph 2."

Article V

In Article 6 of the Convention −
paragraph 3 shall be deleted and replaced by the following: −
"3. The carrier shall sign prior to the loading of the cargo on board the aircraft."

Article VI

Article 8 of the Convention shall be deleted and replaced by the following: −
"The air waybill shall contain:

(a) an indication of the places of departure and destination;

(b) if the places of departure and destination are within the territory of a single High Contracting Party, one or more agreed stopping places being within the territory of another State, an indication of at least one such stopping place;

(c) a notice to the consignor to the effect that, if the carriage involves an ultimate destination or stop in a country other than the country of departure, the Warsaw Convention may be applicable and that the Convention governs and in most cases limits the liability of carriers in respect of loss of or damage to cargo."

Article VII

Article 9 of the Convention shall be deleted and replaced by the following:−

"If, with the consent of the carrier, cargo is loaded on board the aircraft without an air waybill having been made out, or if the air waybill does not include the notice required by Article 8, paragraph (c), the carrier shall not be entitled to avail himself of the provisions of Article 22, paragraph 2."

Article VIII

In Article 10 of the Convention−

paragraph 2 shall be deleted and replaced by the following:−

"2. The consignor shall indemnify the carrier against all damage suffered by him, or by any other person to whom the carrier is liable, by reason of the irregularity, incorrectness or incompleteness of the particulars and statements furnished by the consignor."

Article Ⅸ

To Article 15 of the Convention −
the following paragraph shall be added: −
"3. Nothing in this Convention prevents the issue of a negotiable air waybill."

Article Ⅹ

Paragraph 2 of Article 20 of the Convention shall be deleted.

Article Ⅺ

Article 22 of the Convention shall be deleted and replaced by the following: −

"Article 22

1. In the carriage of persons the liability of the carrier for each passenger is limited to the sum of two hundred and fifty thousand francs. Where, in accordance with the law of the court seised of the case, damages may be awarded in the form of periodical payments, the equivalent capital value of the said payments shall not exceed two hundred and fifty thousand francs. Nevertheless, by special contract, the carrier and the passenger may agree to a higher limit of liability.

2. (a) In the carriage of registered baggage and of cargo, the liability of the carrier is limited to a sum of two hundred and fifty francs per kilogramme, unless the passenger or consignor has made, at the time when the package was handed over to the carrier, a special declaration of interest in delivery at destination and has paid a supplementary sum if the case so requires. In that case the carrier will be liable to pay a sum not exceeding the declared sum, unless he proves that that sum is greater than the passenger's or consignor's actual interest in delivery at

destination.

(b) In the case of loss, damage or delay of part of registered baggage or cargo, or of any object contained therein, the weight to be taken into consideration in determining the amount to which the carrier's liability is limited shall be only the total weight of the package or packages concerned. Nevertheless, when the loss, damage or delay of a part of the registered baggage or cargo, or of an object contained therein, affects the value of other packages covered by the same baggage check or the same air waybill, the total weight of such package or packages shall also be taken into consideration in determining the limit of liability.

3. As regards objects of which the passenger takes charge himself the liability of the carrier is limited to five thousand francs per passenger.

4. The limits prescribed in this article shall not prevent the court from awarding, in accordance with its own law, in addition, the whole or part of the court costs and of the other expenses of the litigation incurred by the plaintiff. The foregoing provision shall not apply if the amount of the damages awarded, excluding court costs and other expenses of the litigation, does not exceed the sum which the carrier has offered in writing to the plaintiff within a period of six months from the date of the occurrence causing the damage, or before the commencement of the action, if that is later.

5. The sums mentioned in francs in this Article shall be deemed to refer to a currency unit consisting of sixty−five and a half milligrammes of gold of millesimal fineness nine hundred. These sums may be converted into national currencies in round figures. Conversion of the sums into national currencies other than gold shall, in case of judicial proceedings, be made according to the gold value of such currencies at the date of the judgment."

Article XII

In Article 23 of the Convention, the existing provision shall be renumbered as paragraph 1 and another paragraph shall be added as follows: −

"2. Paragraph 1 of this Article shall not apply to provisions governing loss or damage resulting from the inherent defect, quality or vice of the cargo carried."

Article XIII

In Article 25 of the Convention −
paragraphs 1 and 2 shall be deleted and replaced by the following: −

"The limits of liability specified in Article 22 shall not apply if it is proved that the damage resulted from an act or omission of the carrier, his servants or agents, done with intent to cause damage or recklessly and with knowledge that damage would probably result; provided that, in the case of such act or omission of a servant or agent, it is also proved that he was acting within the scope of his employment."

Article XIV

After Article 25 of the Convention, the following article shall be inserted: −

"Article 25 A

1. If an action is brought against a servant or agent of the carrier arising out of damage to which this Convention relates, such servant or agent, if he proves that he acted within the scope of his employment, shall be entitled to avail himself of the limits of liability which that carrier himself is entitled to invoke under Article 22.

2. The aggregate of the amounts recoverable from the carrier, his

servants and agents, in that case, shall not exceed the said limits.

3. The provisions of paragraphs 1 and 2 of this article shall not apply if it is proved that the damage resulted from an act or omission of the servant or agent done with intent to cause damage or recklessly and with knowledge that damage would probably result."

Article XV

In Article 26 of the Convention —

paragraph 2 shall be deleted and replaced by the following: —

"2. In the case of damage, the person entitled to delivery must complain to the carrier forthwith after the discovery of the damage, and, at the latest, within seven days from the date of receipt in the case of baggage and fourteen days from the date of receipt in the case of cargo. In the case of delay the complaint must be made at the latest within twenty — one days from the date on which the baggage or cargo have been placed at his disposal."

Article XVI

Article 34 of the Convention shall be deleted and replaced by the following: —

"The provisions of Articles 3 to 9 inclusive relating to documents of carriage shall not apply in the case of carriage performed in extraordinary circumstances outside the normal scope of an air carrier's business."

Article XVII

After Article 40 of the Convention, the following Article shall be inserted: —

"Article 40 A

1. In Article 37, paragraph 2 and Article 40, paragraph 1, the expression High Contracting Party shall mean State. In all other cases, the expression High Contracting Party shall mean a State whose ratification of or adherence to the Convention has become effective and whose denunciation thereof has not become effective.

2. For the purposes of the Convention the word territory means not only the metropolitan territory of a State but also all other territories for the foreign relations of which that State is responsible."

CHAPTER Ⅱ. SCOPE OF APPLICATION OF THE CONVENTION AS AMENDED

Article XVⅢ

The Convention as amended by this Protocol shall apply to international carriage as defined in Article 1 of the Convention, provided that the places of departure and destination referred to in that Article are situated either in the territories of two parties to this Protocol or within the territory of a single party to this Protocol with an agreed stopping place within the territory of another State.

CHAPTER Ⅲ. FINAL CLAUSES

Article XIX

As between the Parties to this Protocol, the Convention and the Protocol shall be read and interpreted together as one single instrument and shall be known as the Warsaw Convention as amended at The Hague, 1955.

Article XX

Until the date on which this Protocol comes into force in accordance with the provisions of Article XXII, paragraph 1, it shall remain open for signature on behalf of any State which up to that date has ratified or adhered to the Convention or which has participated in the Conference at which this Protocol was adopted.

Article XXI

1. This Protocol shall be subject to ratification by the signatory States.

2. Ratification of this Protocol by any State which is not a Party to the Convention shall have the effect of adherence to the Convention as amended by this Protocol.

3. The instruments of ratification shall be deposited with the Government of the People's Republic of Poland.

Article XXII

1. As soon as thirty signatory States have deposited their instruments

of ratification of this Protocol, it shall come into force between them on the ninetieth day after the deposit of the thirtieth instrument of ratification. It shall come into force for each State ratifying thereafter on the ninetieth day after the deposit of its instrument of ratification.

2. As soon as this Protocol comes into force it shall be registered with the United Nations by the Government of the People's Republic of Poland.

Article XXⅢ

1. This Protocol shall, after it has come into force, be open for adherence by any non-signatory State.

2. Adherence to this Protocol by any State which is not a Party to the Convention shall have the effect of adherence to the Convention as amended by this Protocol.

3. Adherence shall be effected by the deposit of an instrument of adherence with the Government of the People's Republic of Poland and shall take effect on the ninetieth day after the deposit.

Article XXⅣ

1. Any Party to this Protocol may denounce the Protocol by notification addressed to the Government of the People's Republic of Poland.

2. Denunciation shall take effect six months after the date of receipt by the Government of the People's Republic of Poland of the notification of denunication.

3. As between the Parties to this Protocol, denunciation by any of them of the Convention in accordance with Article 39 thereof shall not be construed in any way as a denunciation of the Convention as amended by this Protocol.

Article XXV

1. This Protocol shall apply to all territories for the foreign relations of which a State Party to this Protocol is responsible, with the exception of territories in respect of which a declaration has been made in accordance with paragraph 2 of this Article.

2. Any State may, at the time of deposit of its instrument of ratification or adherence, declare that its acceptance of this Protocol does not apply to any one or more of the territories for the foreign relations of which such State is responsible.

3. Any State may subsequently, by notification to the Government of the People's Republic of Poland, extend the application of this Protocol to any or all of the territories regarding which it has made a declaration in accordance with paragraph 2 of this Article. The notification shall take effect on the ninetieth day after its receipt by that Government.

4. Any State Party to this Protocol may denounce it, in accordance with the provisions of Article XXIV, paragraph 1, separately for any or all of the territories for the foreign relations of which such State is responsible.

Article XXVI

No reservation may be made to this Protocol except that a State may at any time declare by a notification addressed to the Government of the People's Republic of Poland that the Convention as amended by this Protocol shall not apply to the carriage of persons, cargo and baggage for its military authorities on aircraft, registered in that State, the whole capacity of which has been reserved by or on behalf of such authorities.

Article XXVII

The Government of the People's Republic of Poland shall give immediate notice to the Governments of all States signatories to the Convention or this Protocol, all States Parties to the Convention or this Protocol, and all States Members of the International Civil Aviation Organization or of the United Nations and to the International Civil Aviation Organization:

(a) of any signature of this Protocol and the date thereof;

(b) of the deposit of any instrument of ratification or adherence in respect of this Protocol and the date thereof;

(c) of the date on which this Protocol comes into force in accordance with Article XⅫ, paragraph 1;

(d) of the receipt of any notification of denunciation and the date thereof;

(e) of the receipt of any declaration or notification made under Article XXV and the date thereof; and

(f) of the receipt of any notification made under Article

XXⅥ and the date thereof.

IN WITNESS WHEREOF the undersigned Plenipotentiaries, having been duly authorized, have signed this Protocol.

DONE at The Hague on the twenty－eighth day of the month of September of the year One Thousand Nine Hundred and Fifty－five, in three authentic texts in the English, French and Spanish languages. In the case of any inconsistency, the text in the French language, in which language the Convention was drawn up, shall prevail.

This Protocol shall be deposited with the Government of the People's Republic of Poland with which, in accordance with Article XX, it shall remain open for signature, and that Government shall send certified copies thereof to the Governments of all States signatories to the Convention or this Protocol, all States Parties to the Convention or this Protocol, and all States Members of the International Civil Aviation

Organization or of the United Nations, and to the International Civil Aviation Organization.

1929년10월12일바르샤바에서서명된국제항공운송에있어서의 일부규칙의통일에관한조약을개정하기위한의정서

헤이그의정서(1955)

아래의 서명 정부는, 1929년 10월 12일 바르샤바에서 서명된, 국제항공운송에 있어서의 일부 규칙의 통일에 관한 조약을 개정함이 희망되는 바라고 고려하여, 다음과 같이 합의하였다.

제 1 장 – 조약의 개정

제 1 조

조약 제1조에서,

　(a) 제2항은 이를 삭제하고 다음 구절로써 이에 대치한다.

"2. 본 조약에 있어서 국제운송이란, 당사자 간의 협정에 의하며 운송의 중단 또는 환적(換積)의 유무에 불문하고, 출발지 및 도착지가 2개의 체약국의 영역 내에 있거나 또는 본 조약 체약국의 여부를 불문하고 타국의 영역 내에서 예정 기항지가 있는 경우의 출발지 및 도착지가 단일 체약국의 영역 내에 있는 운송을 말한다. 단일 체약국의 영역 내의 2개 지점 간의 운송으로서 타 국가의 영역 내에 예정 이항지가 없는 것은, 본 조약의 적용에 있어서 국제운송이 아니다."

　(b) 제3항은 이를 삭제하고 다음 구절로써 이에 대치한다.

"3. 2인 이상의 운송인이 계속하여 행하는 항공운송은, 당사자가 단일의 취급을 한 때에는, 단일의 계약형식에 의하거나 일련의 계약형식에 의하거나를 불문하고, 본 조의 적용상 불가분의 운송을 구성하는 것으로 보며, 또한 이러한 운송은 단일의 계약이거나 일련의 계약이 동일 체약국의 영역에서 모두 이행되는 것이라는 사실만으로써 그의 국제적 성질을 잃는 것은 아니다."

제 2 조

조약 제2조에서,
제2항은 이를 삭제하고 다음 구절로써 이에 대치한다.
"2. 본 조약은 우편 및 우편 소화물의 운송에는 적용하지 아니한다."

제 3 조

조약 제3조에서,
　(a) 제1항은 이를 삭제하고 다음 구절로써 이에 대치한다.
"1. 승객의 운송에 있어서는, 다음 사항을 기재한 항공표를 교부하여야 한다."
　(a) 출발지 및 도착지의 표시.
　(b) 출발지 및 도착지가 단일 체약국의 영역 내에 있는 경우에 1 또는 2 이상의 예정 기항지가 타국의 영역 내에 있으면, 적어도 이러한 1개의 기항지의 표시.
　(c) 승객의 항정(航程)이 출발국 이외의 국가에 최종 도착지 또는 기항지를 포함한다면, 바르샤바조약이 적용되고 또한 동 조약이 사망이나 상해 및 수하물의 멸실이나 손괴에 관한 운송인의 책임을 규율하며 대부분의 경우에 이를 제한한다는 뜻의 고지.
　(b) 제2항은 이를 삭제하고 다음 구절로써 이에 대치한다.
"2. 승객의 항공표는 운송계약의 체결과 조건의 증명력을 이룬다. 승객항공권의 부존재, 불비 또는 멸실이 운송계약의 존재 또는 효력에 영향을 미치는 것이 아니고, 운송계약은 이 경우에도 본 조약의 규정의 적용을 받는다. 다만, 승객이 승객항공권을 교부받지 아니하고 운송인의 동의를 얻어 항공기에 탑승한 경우 또는 항공표에 본 조 제1항 (c)에서 요구된 고지를 포함하지 아니한 경우에는, 운송인은 제22조의 규정을 원용할 권리를 가지지 아니한다."

제 4 조

조약 제4조에서

(a) 제1항, 제2항 및 제3항은 이를 삭제하고 다음 구절로써 이에 대치한다.

"1. 위탁 화물의 운송에 있어서 다음 사항을 기재한 수하물표가 교부되어야 한다. 다만, 제3조 제1항에 따른 승객항공권에 병합되거나 통합된 경우에는 그러하지 아니하다.

(a) 출발지 및 도착지의 표시,

(b) 출발지 및 도착지가 단일 체약국의 영역 내에 있는 경우에 1 또는 그 이상의 예정 기항지가 타국의 체약국 내에 있으면, 적어도 1개의 이러한 예정 기항지의 표시,

(c) 운송이 출발국 이외의 국가에 최종 도착지 또는 기항지를 포함한다면 바르샤바 조약이 적용되고 또한 동 조약이 수하물의 멸실이나 손괴에 관한 운송인의 책임을 규율하며 대부분의 경우에 이를 제한한다는 뜻의 고지."

(b) 제4항은 이를 삭제하고 다음 구절로써 이에 대치한다.

"2. 수하물 표는 수하물의 등기 또는 운송계약조건의 증명력을 이룬다. 수하물표의 부존재, 불비 또는 멸실은 운송계약의 존재 또는 효력에 영향을 미치는 것이 아니고 운송계약은 이 경우에도 본 조약의 규정의 적용을 받는다. 다만, 운송인이 수하물표를 교부하지 아니하고 수하물의 책임을 진 때 또는 수하물표(제3조 제1항 (c)의 규정에 따른 승객항공권에 병합되거나 통합된 때에는 그러하지 아니하다)가 동 조 제1항 (c)에서 요구된 고지를 기재하지 아니한 때에는, 그는 제22조 제2항의 규정을 원용할 권리를 가지지 아니한다."

제 5 조

본 조약 제6조에서
제3항은 이를 삭제하고 다음 구절로써 이에 대치한다.
"3. 운송인은 기상에 하물을 적재하기에 앞서 서명하여야 한다."

제 6 조

조약 제8조는 이를 삭제하고 다음 구절로써 이에 대치한다.
"항공운송장은 다음 사항을 기재하여야 한다.

(a) 출발지 및 도착지의 표시,

(b) 출발지 및 도착지가 단일 체약국의 영역 내에 있는 경우에 1 또는 그 이상의 예정 기항지가 다른 체약국 내에 있으면, 적어도 1개의 이러한 예정 기항지의 표시,

(c) 운송이 출발국 이외의 국가에 최종 도착지 또는 기항지를 포함한다면, 바르샤바조약이 적용되고 또한 동 조약이 수하물의 멸실이나 손괴에 관한 운송인의 책임을 규율하여 대부분의 경우에 이를 제한한다는 뜻의 발송인에 대한 고지."

제 7 조

조약 제9조는 이를 삭제하고 다음 구절로써 이에 대치한다.

"운송인의 동의를 얻어 화물의 항공운송장을 작성하지 아니하고 기상에 적재한 경우 또는 항공운송장에 제8조 (c)항이 요구한 고지를 기재하지 아니한 경우에는 운송인은 제22조 제2항의 규정을 원용할 권리를 가지지 아니한다."

제 8 조

조약 제10조에서, 제2항은 이를 삭제하고 다음 구절로써 대치한다.

"2. 송하인은 그가 제공한 명세 및 신고의 불비, 부정확 또는 불완전한 것에 의하여 자기 또는 운송인이 책임을 지는 기타의 자에 의하여 입은 모든 손해에 대하여 운송인을 보장한다."

제 9 조

조약 제15조에서 다음 조항을 붙인다.

"3. 본 조약의 어떠한 규정도 통용성 항공운송장의 발급을 막는 것은 아니다."

제 10 조

조약 제20조 제2항은 이를 삭제한다.

제 11 조

조약 제22조는 이를 삭제하고 다음 구절로써 이에 대치한다.

"제 22 조

1. 승객운송에 있어서는 각 승객에 대한 운송인의 책임은, 25만 프랑의 액을 한도로 한다. 소가 계속된 법원에 속하는 국가의 법률에 따라 손해배상을 정기 지급의 방법으로 할 것을 정할 수 있을 때에는 정기 지급금의 원본은 25만 프랑을 초과하여서는 아니 된다. 다만, 승객은 운송인과의 특약에 의하여 보다 고액의 책임한도를 정할 수 있다.

2. (a) 위탁수하물 및 화물의 운송에 있어서는 운송인의 책임은 1킬로그램당 250프랑 액을 한도로 한다. 다만, 송하인이 운송인에게 소하물을 교부함에 있어서 도착지에서의 인도 시의 이자를 특히 신고하고 또한 필요로 하는 증료금을 지급한 경우에는 그러하지 아니하다. 이 경우에는 운송인은 신고된 가액이 도착지에서의 승객이나 또는 송하인의 실제 이자를 초과하는 것을 증명하지 아니하는 한 신고된 가액을 한도로 하는 액을 지급하여야 한다.

(b) 위탁수하물이나 화물의 부분 또는 그 속에 포함된 물품의 멸실, 손괴 또는 연착의 경우에는, 운송인의 책임한도액을 결정함에 있어서 고려될 중량은 관계 소하물의 전량(全量)으로 된다. 그러나 위탁된 수하물이나 화물의 부분 또는 그 속에 포함된 물품의 멸실, 손괴 또는 연착이 동일 항공운송장에 포함된 기타 소하물의 가치에 영향을 미치는 때에는 이러한 소하물이나 소하물들의 전량이 책임한도액을 결정함에 있어서 고려된다.

3. 승객이 보관하는 물품에 관하여서는, 운송인의 책임은 승객 1인에 대하여 5,000 프랑의 액을 한도로 한다.

4. 본 조에 규정된 책임한도는 이에 부가하여 법원이 자국의 법률에 따라 소송비용 및 원고가 부담한 소송비용 및 기타 비용의 전부 또는 일부를 재정함을 막는 것은 아니다. 전기의 규정은 소송비용 및 소송의 기타 비용을 제외하고 재정받은 손해액이 운송인이 손해 발생일로부터 6개월 이내 또는 이 기한이 소송 개시보다 늦으면 소송의 개시 이전에 원고에 대하여 서한으로 신립한 액을 초과하지 아니한 때에는 적용하지 아니한다.

5. 본 조에서 프랑으로 표시된 액은 순분 1,000분의 900의 금의 65.5밀리그램으로 이루어지는 불란서 프랑에 의하는 것으로 한다. 그 액은 각국의 통화의 단수가 없는 액으로 환산할 수 있다. 금 이외의 각국 통화에의 환산은 소송의 경우에는 판결 시의 이러한 통화의 금 가치에 따라야 한다."

제 12 조

조약 제23조에서 현행 규정을 제1항이라고 번호를 붙이고 다른 조항을 다음과 같이 붙인다.

"2. 본 조 제1항은 운송된 화물의 원천적 하자, 성질 또는 결함으로부터 야기되는 멸실이나 또는 손괴를 규율하는 규정에는 적용하지 아니한다."

제 13 조

조약 제25조에서, 제1항 및 제2항은 이를 삭제하고 다음 구절로써 이에 대치한다.

"제22조의 규정은 운송인, 그의 사용인 또는 대리인의 가해할 의사로써 또는 부주의하게 또는 손해가 아마 발생할 것이라는 인식으로써 행하여진 작위나 부작위로부터 손해가 발생하였다고 증명되는 한 적용되지 아니한다. 다만, 이러한 사용인이나 대리인의 작위나 부작위의 경우에 있어서 그는 그의 직무 범위 내에서 행동하였음을 증명한 때에도 또한 같다."

제 14 조

조약 제25조 뒤에 다음 조항을 이에 삽입한다.
"제25조 A

1. 소송이 본 조약이 관계되는 손해로부터 발생되어 운송인의 사용인 또는 대리인에 대하여 제기된 경우에는, 이러한 사용인 또는 대리인은 직무의 범위 내에서 행동하였음을 그가 증명하는 한, 운송인 자신이 제22조를 원용할 권리가 있는 책임한도액을 원용할 권리를 가진다.

2. 이러한 경우에 운송인, 그의 사용인과 대리인으로부터 배상받을 수 있는 총액은 전기의 한도액을 초과하여서는 아니 된다.

3. 본 조 제1항 및 제2항의 규정은, 사용인 또는 대리인이 가해할 의사로써 또는 부주의하게 또는 손해가 아마 발생할 것이라는 인식으로써 행하여진 작위나 부작위로부터 손해가 발생하였다고 증명되는 한, 적용되지 아니한다."

제 15 조

조약 제26조에서, 제2항은 이를 삭제하고 다음 구절로써 이에 대치한다.

"2. 손괴가 있는 경우에는, 수하인은 손괴를 발견한 후에 즉시, 늦어도 수하물에 있어서는 그 수취일로부터 7일 이내에 화물에 있어서는 그 수취일로부터 14일 이내에 운송인에 대하여 이의를 진술하여야 한다. 연착의 경우에는, 이의는 수하인이 수하물이나 화물을 처분할 수 있는 날로부터 21일 이내에 진술하여야 한다."

제 16 조

조약 제34조는 이를 삭제하고 다음 구절로써 이에 대치한다.

"운송 서류에 관한 제3조 내지 제9조의 규정은 항공운송업의 범위를 벗어난 특수 사정하에서 행하여진 운송의 경우에는 적용되지 아니한다."

제 17 조

조약 제40조의 뒤에 다음의 조항을 삽입한다.

"제40조 A

1. 제37조 제2항 및 제40조 제1항에서 체약국이란 조약의 비준이나 가입이 효력을 발생하고 그의 폐기가 효력이 발생하지 아니한 국가를 말한다.

2. 조약의 적용상 영역이란 국가의 본국 영역만이 아니고 국가 대외관계에 대하여 책임을 지는 기타의 전 영역을 말한다."

제 2 장 - 개정 조약의 적용 범위

제 18 조

본 의정서에 의하여 개정된 조약은 조약 제1조에서 정의한 국제운송에 적용한다. 다만, 동 조에서 규정된 출발지 및 도착지가 본 의정서의 2개 당사국의 영역 내에 있거나 또는 타국의 영역 내에 예정 기항지를 가진 본 의정서의 단일 당사국의 영역 내에 위치한 때에는 그러하지 아니하다.

제 3 장 – 최종 조항

제 19 조

본 의정서의 당사국 간에 있어서는 조약과 의정서는 합쳐서 하나의 단일 문서로 읽히고 또한 해석되며 1955년 헤이그에서 개정된 바르샤바조약이라고 알려진다.

제 20 조

본 의정서가 제22조 제1항의 규정에 따라 효력이 발생될 때까지, 본 의정서는 그날까지 조약에 비준하거나 가입한 국가 또는 본 의정서를 채택한 회의에 참석한 국가를 위하여 서명이 개방된다.

제 21 조

1. 본 의정서는 서명국의 비준을 받아야 한다.
2. 조약의 당사국이 아닌 국가에 의한 본 의정서의 비준은 본 의정서에 의하여 개정된 조약에의 가입의 효력이 발생한다.
3. 비준서는 폴란드 인민공화국 정부에 기탁하여야 한다.

제 22 조

1. 30번째의 서명국이 본 의정서의 비준서를 기탁하면 본 의정서는 30번째의 비준서를 기탁한 날로부터 90일째에 그들 국가 간에 효력이 발생한다. 본 의정서는 그 후 비준한 각 국가에 대해서는 비준서를 기탁한 날로부터 90일째에 효력이 발생한다.
2. 본 의정서가 효력이 발생하면 본 의정서는 폴란드 인민공화국 정부가 국제연합에

이를 등록하여야 한다.

제 23 조

1. 본 의정서는 그의 효력 발생 후에는 비서명국에 의한 가입을 위하여 개방된다.
2. 조약의 당사국이 아닌 국가에 의한 본 의정서에의 가입은 본 의정서에 의하여 개정된 조약에의 가입의 효력을 가진다.
3. 가입은 폴란드 인민공화국 정부에 가입서를 기탁함으로써 효력이 발생하여 기탁 후 90일째에 효력이 발생한다.

제 24 조

1. 본 의정서의 당사국은 폴란드 인민공화국 정부에 대한 통고로써 의정서를 폐기할 수 있다.
2. 폐기는 폴란드 인민공화국 정부가 폐기 통고를 받은 날로부터 6개월째에 효력이 발생한다.
3. 본 의정서의 당사국 간에 있어서는 조약 제39조에 따른 어느 당사국에 의한 조약의 폐기는 본 의정서에 의하여 개정된 조약을 어느 면으로서나 폐기하는 것으로 해석되지 아니한다.

제 25 조

1. 본 의정서는 본 조 제2항에 따라 선언을 한 지역을 제외하고 본 의정서의 당사국이 대외관계에 대하여 책임을 지는 모든 지역에 적용한다.
2. 어느 국가든지 동국의 비준서 또는 가입서를 기탁함에 있어서, 본 의정서의 수락은 이러한 국가가 대외관계에 대하여 책임을 지는 1 또는 2 이상의 지역에는 적용되지 아니한다고 선언할 수 있다.
3. 어느 국가든지, 그 이후에 폴란드 인민공화국 정부에 대한 통고로써,
본 조 제2항에 따라 선언을 한 일부 또는 전부의 지역에 본 의정서의 적용을 확장시킬 수 있다. 통고는 동 정부가 이를 접수한 날로부터 90일째에 효력이 발생한다.
4. 본 의정서의 어느 당사국이든지, 이러한 국가가 대외관계에 대하여 책임을 지는 일

부 또는 전부의 지역에 대하여 개별적으로 제24조 제1항의 규정에 따라 본 의정서를 폐기할 수 있다.

제 26 조

본 의정서에 대해서는 유보를 할 수 없다. 다만, 어느 국가든지 본 의정서에 의하여 개정된 조약이 동국에 등록된 항공기로써 그의 전적재용적(全積載容積)이 군 당국에 의하여 또는 이에 대신하여 유보되었던 항공기에 의한 군 당국을 위한 승객, 화물 및 수하물의 운송에는 적용되지 아니한다는 것을 폴란드 인민공화국 정부에 대한 통고로써 언제든지 선언할 수 있다.

제 27 조

폴란드 인민공화국 정부는 조약이나 본 의정서의 모든 서명국 조약이나 본 의정서의 모든 당사국 및 국제민간항공기구나 국제연합의 모든 회원국 및 국제민간항공기구에 다음 사항을 통고한다.

   (a) 본 의정서의 서명 및 그 일자,

   (b 본 의정서에 대한 비준서 또는 가입서의 기탁 및 그 일자,

   (c) 본 의정서가 제22조 제1항에 따라 효력이 발생된 일자,

   (d) 폐기통고의 접수 및 그 일자,

   (e) 제25조에 의한 선언 또는 통고의 접수 및 그 일자,

   (f) 제26조에 의한 통고의 접수 및 그 일자.

이상의 증거로써 하기 전권 위임은 정당히 권한을 위임받고 본 의정서에 서명하였다.

1955년 9월 28일에 헤이그에서 영어, 불어 및 서반아어로 된 3통의 정본을 작성하였다. 상위가 있는 경우에는 본 조약에서 사용된 불어본이 우선한다.

본 의정서는 폴란드 인민공화국 정부에 기탁되어야 하며 제22조에 따라 서명이 개방되며, 동 정부는 이의 인증 등본을 조약이나 본 의정서의 모든 서명국, 조약이나 본 의정서의 모든 당사국과 국제민간항공기구나 국제연합의 모든 회원국 및 국제민간항공기구에 전달한다.

Convetion Supplementary to the Warsaw Convention for the Unification of Certain Rules Relating to International Carriage by Air Performed by a Person Other than the Contracting Carrier

Guadalajara Convention of 1961

THE STATES SIGNATORY TO THE PRESENT CONVENTION

NOTING that the Warsaw Convention does not contain particular rules relating to international carriage by air performed by a person who is not a party to the agreement for carriage

CONSIDERING that it is therefore desirable to formulate rules to apply in such circumstances

HAVE AGREED AS FOLLOWS:

Article I

In this Convention:

(a) "Warsaw Convention" means the Convention for the Unification of Certain Rules Relating to International Carriage by Air signed at Warsaw on 12 October 1929, or the Warsaw Convention as amended at The Hague, 1955, according to whether the carriage under the agreement referred to in paragraph (b) is governed by the one or by the other;

(b) "contracting carrier" means a person who as a principal makes an agreement for carriage governed by the Warsaw

Convention with a passenger or consignor or with a person acting

on behalf of the passenger or consignor;

(c) "actual carrier" means a person other than the contracting carrier, who, by virtue of authority from the

contracting carrier, performs the whole or part of the carriage

contemplated in paragraph (b) but who is not with respect to such

part a successive carrier within the meaning of the Warsaw

Convention. Such authority is presumed in the absence of proof to

the contrary.

Article Ⅱ

If an actual carrier performs the whole or part of carriage which, according to the agreement referred to in Article I, paragraph (b), is governed by the Warsaw Convention, both the contracting carrier and the actual carrier shall, except as otherwise provided in this Convention, be subject to the rules of the Warsaw Convention, the former for the whole of the carriage contemplated in the agreement, the latter solely for the carriage which he performs.

Article Ⅲ

The acts and omissions of the actual carrier and of his servantsand agents acting within the scope of their employment shall, in relation to the carriage performed by the actual carrier, be deemed to be also those of the contracting carrier.

The acts and omissions of the contracting carrier and of hisservants and agents acting within the scope of their employment shall, in relation to the carriage performed by the actual carrier, be deemed to be also those of the actual carrier. Nevertheless, no such act or omission shall subject the actual carrier to liability exceeding the limits specified in Article 22 of the Warsaw Convention. Any special agreement under which the contracting carrier assumes obligations not imposed by the Warsaw Convention or any waiver of rights conferred by that Convention or any special declaration of interest in delivery at destination contemplated in Article 22 of the said Convention, shall not affect the actual carrier unless agreed to by him.

Article Ⅳ

Any complaint to be made or order to be given under the Warsaw Convention to the carrier shall have the same effect whether addressed to the contracting carrier or to the actual carrier. Nevertheless, orders referred to in Article 12 of the Warsaw Convention shall only be effective if addressed to the contracting carrier.

Article Ⅴ

In relation to the carriage performed by the actual carrier, any servant or agent of that carrier or of the contracting carrier shall, if he proves that he acted within the scope of his employment, be entitled to avail himself of the limits of liability which are applicable under this Convention to the carrier whose servant or agent he is unless it is proved that he acted in a manner which, under the Warsaw Convention, prevents the limits of liability from being invoked.

Article Ⅵ

In relation to the carriage performed by the actual carrier, the aggregate of the amounts recoverable from that carrier and the contracting carrier, and from their servants and agents acting within the scope of their employment, shall not exceed the highest amount which could be awarded against either the contracting carrier or the actual carrier under this Convention, but none of the persons mentioned shall be liable for a sum in excess of the limit applicable to him.

Article Ⅶ

In relation to the carriage performed by the actual carrier, an action for damages may be brought, at the option of the plaintiff, against that carrier or the contracting carrier, or against both together or separately. If the action is brought against only one of those carriers, that carrier shall have the right to require the other carrier to be joined in the proceedings, the procedure and effects being governed by the law of the court seised of the case.

Article Ⅷ

Any action for damages contemplated in Article Ⅶ of this Convention must be brought, at the option of the plaintiff, either before a court in which an action may be brought against the contracting carrier, as provided in Article 28 of the Warsaw Convention, or before the court having jurisdiction at the place where the actual carrier is ordinarily resident or has his principal place of business.

Article Ⅸ

Any contractual provision tending to relieve the contracting carrier or the actual carrier of liability under this Convention or to fix a lower limit than that which is applicable according to this Convention shall be null and void, but the nullity of any such provision does not involve the nullity of the whole agreement, which shall remain subject to the provisions of this Convention.

In respect of the carriage performed by the actual carrier, the preceding paragraph shall not apply to contractual provisions governing loss or damage resulting from the inherent defect, quality or vice of the cargo carried.

Any clause contained in an agreement for carriage and all special agreements entered into before the damage occurred by which the parties purport to infringe the rules laid down by this Convention, whether by deciding the law to be applied, or by altering the rules as to jurisdiction, shall be null and void. Nevertheless, for the carriage of cargo arbitration clauses are allowed, subject to this Convention, if the arbitration is to take place in one of the jurisdictions referred to in Article Ⅷ.

Article Ⅹ

Except as provided in Article Ⅶ, nothing in this Convention shall affect the rights and obligations of the two carriers between themselves.

Article Ⅺ

Until the date on which the Convention comes into force in accordance with the provisions of Article ⅩⅢ, it shall remain open for signature on behalf of any State which at that date is a Member of the United Nations or of any of the Specialized Agencies.

Article XII

This Convention shall be subject to ratification by the signatory States.

The instruments of ratification shall be deposited with the Government of the United States of Mexico.

Article XIII

As soon as five of the signatory States have deposited theirinstruments of ratification of this Convention, it shall come into force between them on the ninetieth day after the date of the deposit of the fifth instrument of ratification. It shall come into force for each State ratifying thereafter on the ninetieth day after the deposit of its instrument of ratification.

As soon as this Convention comes into force, it shall be registered with the United Nations and the International Civil Aviation Organization by the Government of the United States of Mexico.

Article XIV

This Convention shall, after it has come into force, be open for accession by any State Member of the United Nations or of any of the Specialized Agencies.

The accession of a State shall be effected by the deposit of an instrument of accession with the Government of the United States of Mexico and shall take effect as from the ninetieth day after the date of such deposit.

Article XV

Any Contracting State may denounce this Convention by notification addressed to the Government of the United States of Mexico.

Denunciation shall take effect six months after the date of receipt by the Government of the United States of Mexico of the notification of denunciation.

Article XVI

Any Contracting State may at the time of its ratification of or accession to this Convention or at any time thereafter declare by notification to the Government of the United States of Mexico that the Convention shall extend to any of the territories for whose international relations it is responsible.

The Convention shall, ninety days after the date of the receipt of such notification by the Government of the United States of Mexico, extend to the territories named therein.

Any Contracting State may denounce this Convention, in accordance with the provisions of Article X V, separately for any or all of the territories for the international relations of which such State is responsible.

Article XVII

No reservation may be made to this Convention.

Article XVIII

The Government of the United States of Mexico shall give notice to the International Civil Aviation Organization and to all States Members of the United Nations or of any of the Specialized Agencies:

(a) of any signature of this Convention and the date thereof;

(b) of the deposit of any instrument of ratification or accession and the date thereof;

(c) of the date on which this Convention comes into force in accordance with Article XⅢ, paragraph 1;

(d) of the receipt of any notification of denunciation and the date thereof:

(e) of the receipt of any declaration or notification made under Article XⅥ and the date thereof.

계약운송인 이외의 자에 의하여 행하여지는 국제항공운송에 관한 일정한 규칙의 통일을 위한 바르샤바조약을 보완하는 조약

과달라하라조약(1961)

제1조

이 조약에서

(a) "바르샤바조약"은 (b)항에 언급된 계약에 의한 운송이 일방 또는 타방에 의하여 적용되는가에 따라서 1929년 10월 12일에 바르샤바에서 서명된 국제항공운송에 관한 규칙의 통일을 위한 조약 또는 1955년 헤이그에서 개정된 바르샤바조약을 의미한다.

(b) "계약운송인"은 여객이나 송하인 또는 여객이나 송하인을 위하여 행동하는 사람과 바르샤바조약에 의하여 적용되는 운송계약을 본인으로서 체결하는 사람을 의미한다.

(c) "실제운송인"은 계약운송인으로부터 권한부여에 의하여 (b)항에서 의도된 운송의 전부 또는 일부를 수행하지만 그러한 부분에 관하여 바르샤바조약의 의미 내에서 연결운송인이 아닌 계약운송인 이외의 사람을 의미한다. 이러한 권한부여는 반대의 증거가 없을 경우에 추정된다.

제2조

실제운송인이 제1조 (b)항에서 언급된 계약에 따라서 바르샤바조약이 적용되는 운송의 전부 또는 일부를 수행하는 경우, 계약운송인과 실제운송인은 이 조약에 달리 규정된 경우를 제외하고, 계약운송인은 계약에서 의도된 운송의 전부에 대하여 실제운송인은 그가 수행한 운송에 대해서만 바르샤바조약의 규칙에 따른다.

제3조

1. 실제운송인과 고용의 범위 내에서 행동하는 그의 사용인 및 대리인의 작위 및 부작위는 실제운송인이 수행한 우송에 관하여 또한 계약운송인의 작위 및 부작위로 간주된다.

2. 계약운송인과 고용의 범위 내에서 행동하는 그의 사용인 및 대리인의 작위 및 부작위는 실제운송인이 수행한 운송에 관하여 또한 실제운송인의 작위 및 부작위로 간주된다. 그럼에도 불구하고, 이러한 작위 및 부작위는 실제운송인으로 하여금 바르샤바조약 제22조에 명시된 제한액을 초과하는 책임에 따르게 하지 않는다. 계약운송인이 바르샤바조약에 의하여 부과되지 않은 의무를 부담하는 특별계약 또는 바르샤바조약에 의하여 부여된 권리의 포기 또는 바르샤바조약 제22조에서 의도된 목적지에서 인도 시에 이익의 특별선언은 실제운송인이 합의하지 않는 한 실제운송인에게 영향을 미치지 않는다.

제4조

바르샤바조약에 의하여 운송인에게 행해질 이의 또는 내려질 지시는 계약운송인 또는 실제운송인에게 발송되었든 간에 동일한 효력을 가진다. 그럼에도 불구하고 바르샤바조약 제12조에 언급된 지시는 계약운송인에게 발송된 경우에만 효력이 있다.

제5조

실제운송인이 수행한 운송에 관련하여 실제운송인 또는 계약운송인의 사용인이나 대리인은 이 조약에 의하여 그가 고용의 범위 내에서 행동하였음을 증명하는 경우에, 이 조약에 의하여 그가 사용인이나 대리인인 운송인에게 적용되는 책임의 제한을 원용할 권리가 있다. 다만, 그가 바르샤바조약에 의하여 원용될 책임의 제한을 방해하는 방식으로 행동하였음이 입증되지 않는 경우에 한한다.

제6조

실제운송인이 수행한 운송에 관련하여 실제운송인 및 계약운송인 그리고 고용의 범위 내에서 행동하는 그들의 사용인 및 대리인으로부터 회복할 수 있는 총 금액은 이 조약에 의하여 계약운송인 또는 실제운송인에 대하여 재정될 수 있는 최고금액을 초과하지 않는다. 그러나 언급된 사람의 누구도 그에게 적용되는 제한을 초과하는 금액에 대하여 책임을 지지 않는다.

제7조

실제운송인이 수행한 운송에 관련하여 손해배상청구소송은 원고의 선택에 따라 실제운송인이나 계약운송인 혹은 양자 모두 또는 각각에 대하여 제기될 수 있다. 소송이 이들 운송인들의 하나에 대해서만 제기되는 경우, 그 운송인을 사건이 계류된 법원의 법률이 적용될 절차 및 효과에 다른 운송인이 참가되도록 요구할 권리를 가진다.

제8조

이 조약의 제7조에 의도된 손해배상청구소송은 원고의 선택에 따라 바르샤바조약 제28조에 규정된 바와 같이 계약운송인에 대하여 소송이 제기될 수 있는 법원 또는 실제운송인의 일반적인 주소 또는 영업의 주된 장소를 관할하는 법원에 제기되어야 한다.

제9조

1. 이 조약에 의한 계약운송인 또는 실제운송인의 책임을 경감하거나 이 조약에 따라 적용되는 제한보다 낮은 제한을 결정하기 쉬운 여하한 계약규정은 무효가 된다. 그러나 이러한 조항의 무효는 이 조약의 규정들을 조건으로 잔존하는 전체계약의 무효를 수반하지 않는다.

2. 실제운송인이 수행한 운송에 관하여 전항은 운송된 화물의 원천적 하자, 품질 또는 결함으로부터 발생하는 멸실 또는 손상에 적용되는 계약규정에 적용되지 않는다.

3. 당사자들이 이 조약에 규정된 규칙을 침해할 취지로 하는 손해발생 이전에 체결한 운송계약 및 모든 특별계약에 포함된 조항은 적용될 법률을 결정함으로써 또는 관할에 관한 규칙을 변경함으로써 무효가 된다. 그럼에도 불구하고, 화물운송을 위하여 중재조항은 중재가 제3조에 언급된 관할 중의 하나에서 일어나는 경우에 이 조약을 조건으로 허용된다.

제10조

제7조에 규정된 것을 제외하고, 이 조약에 어떠한 것도 2인 운송인들 간에 그들의 권리와 의무에 영향을 미치지 않는다.

제11조

조약이 제13조의 규정에 따라서 발효하는 일자까지 조약은 그 일자에 유엔 또는 어떤 특별기구의 회원국인 국가를 위하여 서명이 개방되어 있다.

제12조

1. 이 조약은 서명국들의 비준을 조건으로 한다.
2. 비준증서는 멕시코정부에 기탁된다.

제13조

1. 5개 서명국이 그들의 이 조약의 비준증서를 기탁하자마자, 5번째 비준증서의 기탁일 이후 90일째에 그들 간에 발효된다. 조약은 각국이 비준증서의 기탁 이후 90일째 이후에 비준하는 국가를 위하여 발효한다.
2. 이 조약이 발효하자마자, 조약은 멕시코정부에 의하여 유엔 및 국제민간항공기구에 등록된다.

제14조

1. 이 조약은 발효 이후 유엔 또는 어떠한 특별기구의 회원국에 의한 가입을 위하여 개방된다.
2. 한 국가의 가입은 멕시코정부에 가입증서의 기탁에 의하여 성취되며 그리고 이러한 기탁일 이후 90일째로부터 효력이 발생한다.

제15조

1. 어떠한 체약국은 멕시코정부에 발송된 통지에 의하여 이 조약을 폐기할 수 있다.
2. 폐기는 멕시코정부가 폐기통지의 수령일 이후 6개월째에 효력이 발생한다.

제16조

1. 어떠한 체약국은 이 조약의 비준 또는 가입 시에 혹은 그 이후 여하한 시기에 멕시코정부의 통지에 의해 조약이 책임이 있는 국제관계를 위하여 여하한 영토에 미친다는 것을 선언할 수 있다.
2. 조약은 멕시코정부가 이러한 통지의 수령일 이후 90일째에 통지에 이름이 있는 영토에 미친다.
3. 어떠한 체약국은 제15조의 규정에 따라서 이러한 국가가 책임이 있는 국제관계를 위하여 영토의 일부 또는 전부에 대하여 별도로 이 조약을 폐기할 수 있다.

제17조

이 조약에 유보는 행해질 수 없다.

제18조

멕시코정부는 국제민간항공기구 및 유엔 또는 특별기구의 모든 회원국에 다음 사항을 통지한다.
(a) 이 조약의 서명 및 그 일자
(b) 비준 또는 가입증서의 기탁 및 그 일자
(c) 이 조약이 제13조 1항에 따라서 발효하는 일자
(d) 폐기통지의 수령 및 그 일자
(e) 제16조에 의하여 행해진 선언 또는 통지의 수령 및 그 일자

CONVENTION FOR THE UNIFICATION OF CONTAIN RULES FOR INTERNATIONAL CARRIAGE BY AIR

MONTREAL CONVENTION(1999)

THE STATES PARTIES TO THIS CONVENTION

RECOGNIZING the significant contribution of the Convention for the Unification of Certain Rules Relating to International Carriage by Air signed in Warsaw on 12 October 1929, hereinafter referred to as the "Warsaw Convention", and other related instruments to the harmonization of private international air law;

RECOGNIZING the need to modernize and consolidate the Warsaw Convention and related instruments;

RECOGNIZING the importance of ensuring protection of the interests of consumers in international carriage by air and the need for equitable compensation based on the principle of restitution;

REAFFIRMING the desirability of an orderly development of international air transport operations and the smooth flow of passengers, baggage and cargo in accordance with the principle and objectives of the Convention on International Civil Aviation, done at Chicago on 7 December 1944; CONVINCED that collective State action for further harmonization and codification of certain rules governing international carriage

by air through a new Convention is the most adequate means of achieving an equitable balance of interests;

HAVE AGREED AS FOLLOWS:

CHAPTER Ⅰ. GENERAL PROVISIONS

Article 1 – Scope of Application

1. This Convention applies to all international carriage of persons, baggage or cargo performed by aircraft for reward. It applies equally to gratuitous carriage by aircraft performed by an air transport undertaking.

2. For the purposes of this Convention, the expression international carriage means any carriage in which, according to the agreement between the parties, the place of departure and the place of destination, whether or not there be a break in the carriage or a transhipment, are situated either within the territories of two States Parties, or within the territory of a single State Party if there is an agreed stopping place within the territory of another State, even if that State is not a State Party. Carriage between two points within the territory of a single State Party without an agreed stopping place within the territory of another State is not international carriage for the purposes of this Convention.

3. Carriage to be performed by several successive carriers is deemed, for the purposes of this Convention, to be one undivided carriage if it has been regarded by the parties as a single operation, whether it had been agreed upon under the form of a single contract or of a series of contracts, and it does not lose its international character merely because one contract or a series of contracts is to be performed entirely within the territory of the same State.

4. This Convention applies also to carriage as set out in Chapter V, subject to the terms contained therein.

Article 2 - Carriage Performed by State and Carriage of Postal Items

1. This Convention applies to carriage performed by the State or by legally constituted public bodies provided it falls within the conditions laid down in Article 1.

2. In the carriage of postal items, the carrier shall be liable only to the relevant postal administration in accordance with the rules applicable to the relationship between the carriers and the postal administrations.

3. Except as provided in paragraph 2 of this Article, the provisions of this Convention shall not apply to the carriage of postal items.

CHAPTER II. DOCUMENTATION AND DUTIES OF THE PARIES RELATING
TO THE CARRIAGE OF PASSENGERS, BAGGAGE AND CARGO

Article 3 - Passengers and Baggage

1. In respect of carriage of passengers, an individual or collective document of carriage shall be delivered containing:

(a) an indication of the places of departure and destination;

(b) if the places of departure and destination are within the territory of a single State Party, one or more agreed stopping places being within the territory of another State, an indication of at least one such stopping place.

2. Any other means which preserves the information indicated in paragraph 1 may be substituted for the delivery of the document referred to in that paragraph. If any such other means is used, the carrier shall offer to deliver to the passenger a written statement of the information

so preserved.

3. The carrier shall deliver to the passenger a baggage identification tag for each piece of checked baggage.

4. The passenger shall be given written notice to the effect that where this Convention is applicable it governs and may limit the liability of carriers in respect of death or injury and for destruction or loss of, or damage to, baggage, and for delay.

5. Non−compliance with the provisions of the foregoing paragraphs shall not affect the existence or the validity of the contract of carriage, which shall, nonetheless, be subject to the rules of this Convention including those relating to limitation of liability.

Article 4 − Cargo

1. In respect of the carriage of cargo, an air waybill shall be delivered.

2. Any other means which preserves a record of the carriage to be performed may be substituted for the delivery of an air waybill. If such other means are used, the carrier shall, if so requested by the consignor, deliver to the consignor a cargo receipt permitting identification of the consignment and access to the information contained in the record preserved by such other means.

Article 5 − Contents of Air Waybill or Cargo Receipt

The air waybill or the cargo receipt shall include:

(a) an indication of the places of departure and destination;

(b) if the places of departure and destination are within the territory of a single State Party, one or more agreed stopping places being within the territory of another State, an indication of at least one such stopping place; and

(c) an indication of the weight of the consignment.

Article 6 — Document Relating to the Nature of the Cargo

The consignor may be required, if necessary to meet the formalities of customs, police and similar public authorities, to deliver a document indicating the nature of the cargo. This provision creates for the carrier no duty, obligation or liability resulting therefrom.

Article 7 — Description of Air Waybill

1. The air waybill shall be made out by the consignor in three original parts.

2. The first part shall be marked "for the carrier"; it shall be signed by the consignor. The second part shall be marked "for the consignee"; it shall be signed by the consignor and by the carrier. The third part shall be signed by the carrier who shall hand it to the consignor after the cargo has been accepted.

3. The signature of the carrier and that of the consignor may be printed or stamped.

4. If, at the request of the consignor, the carrier makes out the air waybill, the carrier shall be deemed, subject to proof to the contrary, to have done so on belief of the consignor.

Article 8 — Documentation for Multiple Packages

When there is more than one package:

(a) the carrier of cargo has the right to require the consignor to make out separate air waybills;

(b) the consignor has the right to require the carrier to deliver separate cargo receipts when the other means referred to in paragraph 2 of Article 4 are used.

Article 9 - Non-compliance with Documentary Requirements

Non-compliance with the provisions of Articles 4 to 8 shall not affect the existence or the validity of the contract of carriage, which shall, nonetheless, be subject to the rules of this Convention including those relating to limitation of liability.

Article 10 - Responsibility for Particulars of Documentation

1. The consignor is responsible for the correctness of the particulars and statements relating to the cargo inserted by it or on its behalf in the air waybill or furnished by it or on its behalf to the carrier for insertion in the cargo receipt or for insertion in the record preserved by the other means referred to in paragraph 2 of Article 4. The foregoing shall also apply where the person acting on behalf of the consignor is also the agent of the carrier.

2. The consignor shall indemnify the carrier against all damage suffered by it, or by any other person to whom. the carrier is liable, by reason of the irregularity, incorrectness or incompleteness of the particulars and statements furnished by the consignor or on its behalf.

3. Subject to the provisions of paragraphs 1 and 2 of this Article, the carrier shall indemnify the consignor against all damage suffered by it, or by any other person to whom the consignor is liable, by reason of the irregularity, incorrectness or incompleteness of the particulars and statements inserted by the carrier or on its behalf in the cargo receipt or in the record preserved by the other means referred to in paragraph 2 of Article 4.

Article 11 - Evidentiary Value of Documentation

1. The air waybill or the cargo receipt is prima facie evidence of the

conclusion of the contract, of the acceptance of the cargo and of the conditions of carriage mentioned therein.

2. Any statements in the air waybill or the cargo receipt relating to the weight, dimensions and packing of the cargo, as well as those relating to the number of packages, are prima facie evidence of the facts stated; those relating to the quantity, volume and condition of the cargo do not constitute evidence against the carrier except so far as they both have been, and are stated in the air waybill. or the cargo receipt to have been, checked by it in the presence of the consignor, or relate to the aparent condition of the cargo.

Article 12 - Right of Disposition of Cargo

1. Subject to its liability to carry out all its obligations under the contract of carriage, the consignor has the right to dispose of the cargo by withdrawing it at the airport of departure or destination, or by stopping it in the course of the journey on any landing, or by calling for it to be delivered at the place of destination or in the course of the journey to a person other than the consignee originally designated, or by requiring it to be returned to the airport of departure. The consignor must not exercise this right of disposition in such a way as to prejudice the carrier or other consignors and must reimburse any expenses occasioned by the exercise of this right.

2. If it is impossible to carry out the instructions of the consignor, the carrier must so inform the consignor forthwith.

3. If the carrier carries out the instructions of the consignor for the disposition of the cargo without requiring the production of the part of the air waybill or the cargo receipt delivered to the latter, the carrier will be liable, without prejudice to its right of recovery from the consignor, for any damage which may be caused thereby to any person who is lawfully in possession of that part of the air waybill or the cargo receipt.

4. The right conferred on the consignor ceases at the moment when that of the consignee begins in accordance with Article 13. Nevertheless, if the consignee declines to accept the cargo, or cannot be communicated with, the consignor resumes its right of disposition.

Article 13 – Delivery of the Cargo

1. Except when the consignor has exercised its right under Article 12, the consignee is entitled, on arrival of the cargo at the place of destination, to require the carrier to deliver the cargo to it, on payment of the charges due and on complying with the conditions of carriage.

2. Unless it is otherwise agreed, it is the duty of the carrier to give notice to the consignee as soon as the cargo arrives.

3. If the carrier admits the loss of the cargo, or if the cargo has not arrived at the expiration of seven days after the date on which it ought to have arrived, the consignee is entitled to enforce against the carrier the rights which flow from the contract of carriage.

Article 14 – Enforcement of the Rights of Consignor and Consignee

The consignor and the consignee can respectively enforce all the rights given to them by Articles 12 and 13, each in its own name, whether it is acting in its own interest or in the interest of another, provided that it carries out the obligations imposed by the contract of carriage.

Article 15 – Relations of Consignor and Consignee or Mutual Relations of Third Parties

1. Articles 12, 13 and 14 do not affect either the relations of the consignor and the consignee with each other or the mutual relations of third parties whose rights are derived either from the consignor or from

the consignee.

2. The provisions of Articles 12, 13 and 14 can only be varied by express provision in the air waybill or the cargo receipt.

Article 16 – Formalities of Customs, Police or Other Public Authorities

1. The consignor must furnish such information and such documents as are necessary to meet the formalities of customs, police and any other public authorities before the cargo can be delivered to the consignee. The consignor is liable to the carrier for any damage occasioned by the absence, insufficiency or irregularity of any such information or documents, unless the damage is due to the fault of the carrier, its servants or agents.

2. The carrier is under no obligation to enquire into the correctness or sufficiency of such information or documents.

CHAPTER Ⅲ. LIABILITY OF THE CARRIER AND EXTENT OF COMPENSATION FOR DAMAGE

Article 17 – Death and Injury of Passengers – Damage to Baggage

1. The carrier is liable for damage sustained in case of death or bodily injury of a passenger upon condition only that the accident which caused the death or injury took place on board the aircraft or in the course of any of the operations of embarking or disembarking.

2. The carrier is liable for damage sustained in case of destruction or loss of, or of damage to, checked baggage upon condition only that the event which caused the destruction, loss or damage took place on board

the aircraft or during any period within which the checked baggage was in the charge of the carrier. However, the carrier is not liable if and to the extent that the damage resulted from the inherent defect, quality or vice of the baggage. In the case of unchecked baggage, including personal items, the carrier is liable if the damage resulted from its fault or that of its servants or agents.

3. If the carrier admits the loss of the checked baggage, or if the checked baggage has not arrived at the expiration of twenty-one days after the date on which it ought to have arrived, the passenger is entitled to enforce against the carrier the rights which flow from the contract of carriage.

4. Unless otherwise specified, in this Convention the term «baggage» means both checked baggage and unchecked baggage.

Article 18 – Damage to Cargo

1. The carrier is liable for damage sustained in the event of the destruction or loss of, or damage to, cargo upon condition only that the event which caused the damage so sustained took place during the carriage by air.

2. However, the carrier is not liable if and to the extent it proves that the destruction, or loss of, or damage to, the cargo resulted from one or more of the following:

(a) inherent defect, quality or vice of that cargo;

(b) defective packing of that cargo performed by a person other than the carrier or its servants or agents;

(c) an act of war or an armed conflict;

(d) an act of public authority carried out in connection with the entry, exit or transit of the cargo.

3. The carriage by air within the meaning of paragraph 1 of this Article comprises the period during which the cargo is in the charge of the

carrier.

4. The period of the carriage by air does not extend to any carriage by land, by sea or by inland waterway performed outside an airport. If, however, such carriage takes place in the performance of a contract for carriage by air, for the purpose of loading, delivery or transhipment, any damage is presumed, subject to proof to the contrary, to have been the result of an event which took place during the carriage by air. If a carrier, without the consent of the consignor, substitutes carriage by another mode of transport for the whole or part of a carriage intended by the agreement between the parties to be carriage by air, such carriage by another mode of transport is deemed to be within the period of carriage by air.

Article 19 – Delay

The carrier is liable for damage occasioned by delay in the carriage by air of passengers, baggage or cargo. Nevertheless, the carrier shall not be liable for damage occasioned by delay if it proves that it and its servants and agents took all measures that could reasonably be required to avoid the damage or that it was impossible for it or them to take such measures.

Article 20 – Exoneration

If the carrier proves that the damage was caused or contributed to by the negligence or other wrongful act or omission of the person claiming compensation, or the person from whom he or she derives his or her rights, the carrier shall be wholly or partly exonerated from its liability to the claimant to the extent that such negligence or wrongful act or omission caused or contributed to the damage. When by reason of death or injury of a passenger compensation is claimed by a person other than the passenger, the carrier shall likewise be wholly or partly exonerated from its liability to the extent that it proves that the damage was caused or contributed to by the negligence or other wrongful act or omission of that passenger. This Article applies to all the liability provisions in this Convention, including paragraph 1 of Article 21.

Article 21 – Compensation in Case of Death or Injury of Passengers

1. For damages arising under paragraph 1 of Article 17 not exceeding 100 000 Special Drawing Rights for each passenger, the carrier shall not be able to exclude or limit its liability.

2. The carrier shall not be liable for damages arising under paragraph 1 of Article 17 to the extent that they exceed for each passenger 100 000 Special Drawing Rights if the carrier proves that:

(a) such damage was not due to the negligence or other wrongful act or omission of the carrier or its servants or agents; or

(b) such damage was solely due to the negligence or other wrongful act or omission of a third party.

Article 22 – Limits of Liability in Relation to Delay, Baggage and Cargo

1. In the case of damage caused by delay as specified in Article 19 in the carriage of persons, the liability of the carrier for each passenger is limited to 4 150 Special Drawing Rights.

2. In the carriage of baggage, the liability of the carrier in the case of destruction, loss, damage or delay is limited to 1000 Special Drawing Rights for each passenger unless the passenger has made, at the time when the checked baggage was handed over to the carrier, a special declaration of interest in delivery at destination and has paid a suplementary sum if the case so requires. In that case the carrier will be liable to pay a sum not exceeding the declared sum, unless it proves that

the sum is greater than the passenger's actual interest in delivery at destination.

3. In the carriage of cargo, the liability of the carrier in the case of destruction, loss, damage or delay is limited to a sum of 17 Special Drawing Rights per kilogram, unless the consignor has made, at the time when the package was handed over to the carrier, a special declaration of interest in delivery at destination and has paid a suplementary sum if the case so requires. In that case the carrier will be liable to pay a sum not exceeding the declared sum, unless it proves that the sum is greater than the consignor's actual interest in delivery at destination.

4. In the case of destruction, loss, damage or delay of part of the cargo, or of any object contained therein, the weight to be taken into consideration in determining the amount to which the carrier's liability is limited shall be only the total weight of the package or packages concerned. Nevertheless, when the destruction, loss, damage or delay of a part of the cargo, or of an object contained therein, affects the value of other packages covered by the same air waybill, or the same receipt or, if they were not issued, by the same record preserved by the other means referred to in paragraph 2 of Article 4, the total weight of such package or packages shall also be taken into consideration in determining the limit of liability.

5. The foregoing provisions of paragraphs 1 and 2 of this Article shall not apply if it is proved that the damage resulted from an act or omission of the carrier, its servants or agents, done with intent to cause damage or recklessly and with knowledge that damage would probably result; provided that, in the case of such act or omission of a servant or agent, it is also proved that such servant or agent was acting within the scope of its employment.

6. The limits prescribed in Article 21 and in this Article shall not prevent the court from awarding, in accordance with its own law, in addition, the whole or part of the court costs and of the other expenses

of the litigation incurred by the plaintiff, including interest. The foregoing provision shall not apply if the amount of the damages awarded, excluding court costs and other expenses of the litigation, does not exceed the sum which the carrier has offered in writing to the plaintiff within a period of six months from the date of the occurrence causing the damage, or before the commencement of the action, if that is later.

Article 23 – Conversion of Monetary Units

1. The sums mentioned in terms of Special Drawing Right in this Convention shall be deemed to refer to the Special Drawing Right as defined by the International Monetary Fund. Conversion of the sums into national currencies shall, in case of judicial proceedings, be made according to the value of such currencies in terms of the Special Drawing Right at the date of the judgement. The value of a national currency, in terms of the Special Drawing Right, of a State Party which is a Member of the International Monetary Fund, shall be calculated in accordance with the method of valuation aplied by the International Monetary Fund, in effect at the date of the judgement, for its operations and transactions. The value of a national currency, in terms of the Special Drawing Right, of a State Party which is not a Member of the International Monetary Fund, shall be calculated in a manner determined by that State.

2. Nevertheless, those States which are not Members of the International Monetary Fund and whose law does not permit the application of the provisions of paragraph 1 of this Article may, at the time of ratification or accession or at any time thereafter, declare that the limit of liability of the carrier prescribed in Article 21 is fixed at a sum of 1500 000 monetary units per passenger in judicial proceedings in their territories; 62 500 monetary units per passenger with respect to paragraph 1 of Article 22; 15 000 monetary units per passenger with respect to paragraph 2 of Article 22; and 250 monetary units per

kilogram with respect to paragraph 3 of Article 22. This monetary unit corresponds to sixty－five and a half milligrams of gold of millesimal fineness nine hundred. These sums may be converted into the national currency concerned in round figures. The conversion of these sums into national currency shall be made according to the law of the State concerned.

3. The calculation mentioned in the last sentence of paragraph 1 of this Article and the conversion method mentioned in paragraph 2 of this Article shall be made in such manner as to express in the national currency of the State Party as far as possible the same real value for the amounts in Articles 21 and 22 as would result from the application of the first three sentences of paragraph 1 of this Article. States Parties shall communicate to the depositary the manner of calculation pursuant to paragraph 1 of this Article, or the result of the conversion in paragraph 2 of this Article as the case may be, when depositing an instrument of ratification, acceptance, approval of or accession to this Convention and whenever there is a change in either.

Article 24 － Review of Limits

1. Without prejudice to the provisions of Article 25 of this Convention and subject to paragraph 2 below, the limits of liability prescribed in Articles 21, 22 and 23 shall be reviewed by the Depositary at five－year intervals, the first such review to take place at the end of the fifth year following the date of entry into force of this Convention, or if the Convention does not enter into force within five years of the date it is first open for signature, within the first year of its entry into force, by reference to an inflation factor which corresponds to the accumulated rate of inflation since the previous revision or in the first instance since the date of entry into force of the Convention. The measure of the rate of inflation to be used in determining the inflation factor shall be the

weighted average of the annual rates of increase or decrease in the Consumer Price Indices of the States whose currencies comprise the Special Drawing Right mentioned in paragraph 1 of Article 23.

2. If the review referred to in the preceding paragraph concludes that the inflation factor has exceeded 10 per cent, the Depositary shall. notify States Parties of a revision of the limits of liability. Any such revision shall become effective six months after its notification to the States Parties. If within three months after its notification to the States Parties a majority of the States Parties register their disapproval, the revision shall not become effective and the Depositary shall refer the matter to a meeting of the States Parties. The Depositary shall immediately notify all States Parties of the coming into force of any revision.

3. Notwithstanding paragraph 1 of this Article, the procedure referred to in paragraph 2 of this Article shall be aplied at any time provided that one－dìird of the States Parties express a desire to that effect and upon condition that the inflation factor referred to in paragraph 1 has exceeded 30 per cent since the previous revision or since the date of entry into force of this Convention if there has been no previous revision. Subsequent reviews using the procedure described in paragraph 1 of this Article will take place at five－year intervals starting at the end of the fifth year following the date of the reviews under the present paragraph.

Article 25 － Stipulation on Limits

A carrier may stipulate that the contract of carriage shall be subject to higher limits of liability than those provided for in this Convention or to no limits of liability whatsoever.

Article 26 － Invalidity of Contractual Provisions

Any provision tending to relieve the carrier of liability or to fix a lower limit than that which is laid down in this Convention shall be null and void, but the nullity of any such provision does not involve the nullity of the whole contract, which shall remain subject to the provisions of this Convention.

Article 27 – Freedom to Contract

Nothing contained in this Convention shall prevent the carrier from refusing to enter into any contract of carriage, from waiving any defences available under the Convention, or from laying down conditions which do not conflict with the provisions of this Convention.

Article 28 – Advance Payments

In the case of aircraft accidents resulting in death or injury of passengers, the carrier shall, if required by its national law, make advance payments without delay to a natural person or persons who are entitled to claim compensation in order to meet the immediate economic needs of such persons. Such advance payments shall not constitute a recognition of liability and may be offset against any amounts subsequently paid as damages by the carrier.

Article 29 – Basis of Claims

In the carriage of passengers, baggage and cargo, any action for damages, however founded, whether under this Convention or in contract or in tort or otherwise, can only be brought subject to the conditions and such limits of liabilities are set out in this Convention without prejudice to the question as to who are the persons who have the right to bring suit and what are their respective rights. In any such action, punitive, exemplary or any other non−compensatory damages shall not be recoverable.

Article 30 – Servants, Agents – Aggregation of Claims

1. If an action is brought against a servant or agent of the carrier arising out of damage to which the Convention relates, such servant or agent, if they prove that they acted within the scope of their employment, shall be entitled to avail themselves of the conditions and limits of liability which the carrier itself is entitled to invoke under this Convention.

2. The aggregate of the amounts recoverable from the carrier, its servants and agents, in that case, shall not exceed the said limits.

3. Save in respect of the carriage of cargo, the provisions of paragraphs 1 and 2 of this Article shall not apply if it is proved that the damage resulted from an act or omission of the servant or agent done with intent to cause damage or recklessly and with knowledge that damage would probably result.

Article 31 – Timely Notice of Complaints

1. Receipt by the person entitled to delivery of checked baggage or cargo without complaint is primafacie evidence that the same has been delivered in good condition and in accordance with the document of carriage or with the record preserved by the other means referred to in paragraph 2 of Article 3 and paragraph 2 of Article 4.

2. In the case of damage, the person entitled to delivery must complain to the carrier forthwith after the discovery of the damage, and, at the latest, within seven days from the date of receipt in the case of checked baggage and fourteen days from the date of receipt in the case of cargo. In the case of delay, the complaint must be made at the latest within twenty-one days from the date on which the baggage or cargo have

been placed at his or her disposal.

3. Every complaint must be made in writing and given or dispatched within the times aforesaid.

4. If no complaint is made within the times aforesaid, no action shall lie against the carrier, save in the case of fraud on its part

Article 32 – Death of Person Liable

In the case of the death of the person liable, an action for damages lies in accordance with the terms of this Convention against those legally representing his or her estate.

Article 33 – Jurisdiction

1. An action for damages must be brought, at the option of the plaintiff, in the territory of one of the States Parties, either before the court of the domicile of the carrier or of its principal place of business, or where it has a place of business through which the contract has been made or before the court at the place of destination.

2. In respect of damage resulting from the death or injury of a passenger, an action may be brought before one of the courts mentioned in paragraph 1 of this Article, or in the territory of a State Party in which at the time of the accident the passenger has his or her principal and permanent residence and to or from which the carrier operates services for the carriage of passengers by air, either on its own aircraft, or on another carrier's aircraft pursuant to a commercial agreement, and in which that carrier conducts its business of carriage of passengers by air from premises leased or owned by the carrier itself or by another carrier with which it has a commercial agreement.

3. For the purposes of paragraph 2,

   (a) ≪*commercial agreement*≫ means an agreement, other than an agency agreement, made between carriers and relating to the provision of their joint services for carriage of passengers by air;

(b) ≪*principal and permanent residence*≫ means the one fixed and permanent abode of the passenger at the time of the accident. The nationality of the passenger shall not be the determining factor in this regard.

4. Questions of procedure shall be governed by the law of the court seized of the case.

Article 34 – Arbitration

1. Subject to the provisions of this Article, the parties to the contract of carriage for cargo may stipulate that any dispute relating to the liability of the carrier under this Convention shall be settled by arbitration. Such agreement shall be in writing.

2. The arbitration proceedings shall, at the option of the claimant, take place within one of the jurisdictions referred to in Article 33.

3. The arbitrator or arbitration tribunal shall apply the provisions of this Convention.

4. The provisions of paragraphs 2 and 3 of this Article shall be deemed to be part of every arbitration clause or agreement, and any term of such clause or agreement which is inconsistent therewith shall be null and void.

Article 35 – Limitation of Actions

1. The right to damages shall be extinguished if an action is not brought within a period of two years, reckoned from the date of arrival at the destination, or from the date on which the aircraft ought to have arrived, or from the date on which the carriage stopped.

2. The method of calculating that period shall be determined by the law

256

of the court seized of the case.

Article 36 - Successive Carriage

1. In the case of carriage to be performed by various successive carriers and falling within the definition set out in paragraph 3 of Article 1, each carrier which accepts passengers, baggage or cargo is subject to the rules set out in this Convention and is deemed to be one of the parties to the contract of carriage in so far as the contract deals with that part of the carriage which is performed under its supervision.

2. In the case of carriage of this nature, the passenger or any person entitled to compensation in respect of him or her can take action only against the carrier which performed the carriage during which the accident or the delay occurred, save in the case where, by express agreement, the first carrier has assumed liability for the whole journey.

3. As regards baggage or cargo, the passenger or consignor will have a right of action against the first carrier, and the passenger or consignee who is entitled to delivery will have a right of action against the last carrier, and further, each may take action against the carrier which performed the carriage during which the destruction, loss, damage or delay took place. These carriers will be jointly and severally liable to the passenger or to the consignor or consignee.

Article 37 - Right of Recourse against Third Parties

Nothing in this Convention shall prejudice the question whether a person liable for damage in accordance with its provisions has a right of recourse against any other person.

Chapter Ⅳ - Combined Carriage

Article 38 - Combined Carriage

1. In the case of combined carriage performed partly by air and partly by any other mode of carriage, the provisions of this Convention shall, subject to paragraph 4 of Article 18, apply only to the carriage by air, provided that the carriage by air falls within the terms of Article 1.

2. Nothing in this Convention shall prevent the parties in the case of combined carriage from inserting in the document of air carriage conditions relating to other modes of carriage, provided that the provisions of this Convention are observed as regards the carriage by air.

Chapter Ⅴ - Carriage by Air Performed by a Person other than the Contracting Carrier

Article 39 - Contracting Carrier - Actual Carrier

The provisions of this Chapter apply when a person(hereinafter referred to as ≪the contracting carrier≫) as a principal makes a contract of carriage governed by this Convention with a passenger or consignor or with a person acting on behalf of the passenger or consignor, and another person(hereinafter referred to as ≪the actual carrier≫) performs, by virtue of authority from the contracting carrier, the whole or part of the carriage, but is not with respect to such part a successive carrier within the meaning of this Convention. Such authority shall be presumed in the absence of proof to the contrary.

Article 40 - Respective Liability of Contracting and Actual Carriers

If an actual carrier performs the whole or part of carriage which, according to the contract referred to in Article 39, is governed by this Convention, both the contracting carrier and the actual carrier shall, except as otherwise provided in this Chapter, be subject to the rules of this Convention, the former for the whole of the carriage contemplated in the contract, the latter solely for the carriage which it performs.

Article 41 - Mutual Liability

1. The acts and omissions of the actual carrier and of its servants and agents acting within the scope of their employment shall, in relation to the carriage performed by the actual carrier, be deemed to be also those of the contracting carrier.

2. The acts and omissions of the contracting carrier and of its servants and agents acting within the scope of their employment shall, in relation to the carriage performed by the actual carrier, be deemed to be also those of the actual carrier. Nevertheless, no such act or omission shall subject the actual carrier to liability exceeding the amounts referred to in Articles 21, 22, 23 and 24. Any special agreement under which the contracting carrier assumes obligations not imposed by this Convention or any waiver of rights or defences conferred by this Convention or any special declaration of interest in delivery at destination contemplated in Article 22 shall not affect the actual carrier unless agreed to by it.

Article 42 - Addressee of Complaints and Instructions

Any complaint to be made or instruction to be given under this Convention to the carrier shall have the same effect whether addressed to the contracting carrier or to the actual carrier. Nevertheless, instructions referred to in Article 12 shall only be effective if addressed to the contracting carrier.

Article 43 - Servants and Agents

In relation to the carriage performed by the actual carrier, any servant or agent of that carrier or of the contracting carrier shall, if they prove that they acted within the scope of their employment, be entitled to avail themselves of the conditions and limits of liability which are applicable under this Convention to the carrier whose servant or agent they are, unless it is proved that they acted in a manner that prevents the limits of liability from being invoked in accordance with this Convention.

Article 44 - Aggregation of Damages

In relation to the carriage performed by the actual carrier, the aggregate of the amounts recoverable from that carrier and the contracting carrier, and from their servants and agents acting within the scope of their employment, shall not exceed the highest amount which could be awarded against either the contracting carrier or the actual carrier under this Convention, but none of the persons mentioned shall be liable for a sum in excess of the limit applicable to that person.

Article 45 - Addressee of Claims

In relation to the carriage performed by the actual carrier, an action for damages may be brought, at the option of the plaintiff, against that carrier or the contracting carrier, or against both together or separately. If the action is brought against only one of those carriers, that carrier shall have the right to require the other carrier to be joined in the proceedings, the procedure and effects being governed by the law of the court seized of the case.

Article 46 – Additional Jurisdiction

Any action for damages contemplated in Article 45 must be brought, at the option of the plaintiff, in the territory of one of the States Parties, either before a court in which an action may be brought against the contracting carrier, as provided in Article 33, or before the court having jurisdiction at the place where the actual carrier has its domicile or its principal place of business.

Article 47 – Invalidity of Contractual Provisions

Any contractual provision tending to relieve the contracting carrier or the actual carrier of liability under this Chapter or to fix a lower limit than that which is applicable according to this Chapter shall be null and void, but the nullity of any such provision does not involve the nullity of the whole contract, which shall remain subject to the provisions of this Chapter.

Article 48 – Mutual Relations of Contracting and Actual Carriers

Except as provided in Article 45, nothing in this Chapter shall affect the rights and obligations of the carriers between themselves, including any right of recourse or indemnification.

Chapter VI - Other Provisions

Article 49 - Mandatory Application

Any clause contained in the contract of carriage and all special agreements entered into before the damage occurred by which the parties purport to infringe the rules laid down by this Convention, whether by deciding the law to be aplied, or by altering the rules as to jurisdiction, shall be null and void.

Article 50 - Insurance

States Parties shall require their carriers to maintain adequate insurance covering their liability under this Convention. A carrier may be required by the State Party into which it operates to furnish evidence that it maintains adequate insurance covering its liability under this Convention.

Article 51 - Carriage Performed in Extraordinary Circumstances

The provisions of Articles 3 to 5, 7 and 8 relating to the documentation of carriage shall not apply in the case of carriage performed in extraordinary circumstances outside the normal scope of a carrier's business.

Article 52 - Definition of Days

The expression ≪days≫ when used in this Convention means calendar days, not working days.

Chapter Ⅶ - Final Clauses

Article 53 - Signature, Ratification and Entry into Force

1. This Convention shall be open for signature in Montreal on 28 May 1999 by States participating in the International Conference on Air Law held at Montreal from 10 to 28 May 1999. After 28 May 1999, the Convention shall be open to all States for signature at the Headquarters of the International Civil Aviation Organisation in Montreal until it enters into force in accordance with paragraph 6 of this Article.

2. This Convention shall similarly be open for signature by Regional Economic Integration Organisations. For the purpose of this Convention, a ≪*Regional Economic Integration Organisation*≫ means any organisation which is constituted by sovereign States of a given region which has competence in respect of certain matters governed by this Convention and has been duly authorised to sign and to ratify, accept, aprove or accede to this Convention. A reference to a ≪*State Party*≫ or ≪*States Parties*≫ in this Convention, otherwise than in paragraph 2 of Article 1, paragraph 1 (b) of Article 3, paragraph (b) of Article 5, Articles 23, 33, 46 and paragraph (b) of Article 57, applies equally to a Regional Economic Integration Organisation. For the purpose of Article 24, the references to ≪*a majority of the States Parties*≫ and ≪*one −third of the States Parties*≫ shall not apply to a Regional Economic Integration Organisation.

3. This Convention shall be subject to ratification by States and by Regional Economic Integration Organisations which have signed it.

4. Any State or Regional Economic Integration Organisation which does not sign this Convention may accept, aprove or accede to it at any time.

5. Instruments of ratification, acceptance, approval or accession shall be

deposited with the International Civil Aviation Organisation, which is hereby designated the Depositary.

6. This Convention shall enter into force on the sixtieth day following the date of deposit of the thirtieth instrument of ratification, acceptance, approval or accession with the Depositary between the States which have deposited such instrument. An instrument deposited by a Regional Economic Integration Organisation shall not be counted for the purpose of this paragraph.

7. For other States and for other Regional Economic Integration Organisations, this Convention shall take effect sixty days following the date of deposit of the instrument of ratification, acceptance, approval or accession.

The Depositary shall promptly notify all signatories and States Parties of:

(a) each signature of this Convention and date thereof—,

(b) each deposit of an instrument of ratification, acceptance, approval or accession and date thereof;

(c) the date of entry into force of this Convention;

(d) the date of the coming into force of any revision of the limits of liability established under this Convention;

(e) any denunciation under Article 54.

Article 54 – Denunciation

1. Any State Party may denounce this Convention by written notification to the Depositary.

2. Denunciation shall take effect one hundred and eighty days following the date on which notification is received by the Depositary.

Article 55 - Relationship with other Warsaw Convention Instruments

This Convention shall prevail over any rules which apply to international carriage by air:

1. between States Parties to this Convention by virtue of those States commonly being Party to

(a) the Convention for the Unification of Certain Rules Relating to International Carriage by Air Signed at Warsaw on 12 October 1929 (hereinafter called the Warsaw Convention);

(b) the Protocol to Amend the Convention for the Unification of Certain Rules Relating to International Carriage by Air Signed at Warsaw on 12 October 1929, Done at The Hague on 28 September 1955 (hereinafter called The Hague Protocol);

(c) the Convention, Suplementary to the Warsaw Convention, for the Unification of Certain Rules Relating to International Carriage by Air Performed by a Person Other than the Contracting Carrier, signed at Guadalajara on 18 September 1961 (hereinafter called the Guadalajara Convention);

(d) the Protocol to Amend the Convention for the Unification of Certain Rules Relating to International Carriage by Air Signed at Warsaw on 12 October 1929 as Amended by the Protocol Done at The Hague on 28 September 1955 Signed at Guatemala City on 8 March 1971(hereinafter called the Guatemala City Protocol);

(e) Additional Protocol Nos. 1 to 3 - and Montreal Protocol No. 4 to amend the Warsaw Convention as amended by The Hague Protocol or the Warsaw Convention as amended by both The Hague Protocol and the Guatemala City Protocol Signed at Montreal on 25 September 1975(hereinafter called the Montreal Protocols); or

2. within the territory of any single State Party to this Convention by virtue of that State being Party to one or more of the instruments referred to in sub-paragraphs (a) to (e) above.

Article 56 - States with more than one System of Law

1. If a State has two or more territorial units in which different systems of law are applicable in relation to matters dealt with in this Convention, it may at the time of signature, ratification, acceptance, approval or accession declare that this Convention shall extend to all its territorial units or only to one or more of them and may modify this declaration by submitting another declaration at any time.

2. Any such declaration shall be notified to the Depositary and shall state expressly the territorial units to which the Convention applies.

3. In relation to a State Party which has made such a declaration:

(a) references in Article 23 to «national currency» shall be construed as referring to the currency of the relevant territorial unit of that State; and

(b) the reference in Article 28 to «national law» shall be construed as referring to the law of the relevant territorial unit of that State.

Article 57 - Reservations

No reservation maybe made to this Convention except that a State Party may at any time declare by a notification addressed to the Depositary that this Convention shall not apply to:

(a) international carriage by air performed and operated directly by that State Party for non-commercial purposes in respect to its functions and duties as a sovereign State; and/or

(b) the carriage of persons, cargo and baggage for its military authorities on aircraft registered in or leased by that State Party, the whole capacity of which has been reserved by or on behalf of such authorities.

IN WITNESS WHEREOF the undersigned Plenipotentiaries, having been duly authorise signed this Convention.

DONE at Montreal on the 28th day of May of the year one thousand nine hundred and ninety−nine in the English, Arabic, Chinese, French, Russian and Spanish languages, all texts being equally authentic. This Convention shall remain deposited in the archives of the International Civil Aviation Organisation, and certified copies thereof shall be transmitted by the Depositary to all States Parties to this Convention, as well as to all States Parties to the Warsaw Convention, The Hague Protocol, the Guadalajara Convention, the Montreal Protocols.

국제항공운송에 관한 규칙의 통일에 관한 조약

몬트리올조약(1999)

이 조약의 당사국은,

1929년 10월 12일 바르샤바에서 서명된 국제항공운송에 있어서의 일부 규칙 통일에 관한 조약(이하 '바르샤바조약'이라 한다) 및 기타 관련 문서들이 국제항공사법의 조화에 지대한 공헌을 하여왔음을 인식하며,

바르샤바조약 및 관련 문서를 현대화하고 통합하여야 할 필요성을 인식하며,

국제항공운송에 있어서 소비자 이익 보호의 중요성과 원상회복의 원칙에 근거한 공평한 보상의 필요성을 인식하며,

1944년 12월 7일 시카고에서 작성된 국제민간항공조약의 원칙과 목적에 따른 국제항공운송사업의 질서정연한 발전과 승객·수하물 및 화물의 원활한 이동이 바람직함을 재확인하며,
새로운 조약을 통하여 국제항공운송을 규율하는 일부 규칙의 조화 및 성문화를 진작하기 위한 국가의 공동행동이 공평한 이익균형의 달성에 가장 적합한 수단임을 확신하며,

다음과 같이 합의하였다.

제 1 장 총   칙

제 1 조 - 적용 범위

1. 이 조약은 항공기에 의하여 유상으로 수행되는 승객·수하물 또는 화물의 모든 국제운송에 적용된다. 이 조약은 항공운송기업이 항공기에 의하여 무상으로 수행되는 운송에도 동일하게 적용된다.

2. 이 조약의 목적상, 국제운송이라 함은 운송의 중단 또는 환적이 있는지 여부를 불문하고, 당사자 간 합의에 따라 출발지와 도착지가 두 개의 당사국의 영역 내에 있는 운송, 또는 출발지와 도착지가 단일의 당사국 영역 내에 있는 운송으로서 합의된 예정 기항지가 타 국가의 영역 내에 존재하는 운송을 말한다. 이때 예정 기항지가 존재한 타 국가가 이 조약의 당사국인지 여부는 불문한다. 단일의 당사국 영역 내의 두 지점 간 수행하는 운송으로서 타 국가의 영역 내에 합의된 예정 기항지가 존재하지 아니하는 것은 이 조약의 목적상 국제운송이 아니다.

3. 2인 이상의 운송인이 연속적으로 수행하는 운송은 이 조약의 목적상, 당사자가 단일의 취급을 한 때에는, 단일의 계약형식 또는 일련의 계약형식으로 합의하였는지 여부를 불문하고 하나의 불가분의 운송이라고 간주되며, 이러한 운송은 단지 단일의 계약 또는 일련의 계약이 전적으로 동일국의 영역 내에서 이행된다는 이유로 국제적 성질이 상실되는 것은 아니다.

4. 이 조약은 또한, 제5장의 조건에 따라, 동 장에 규정된 운송에도 적용된다.

제 2 조 - 국가가 수행하는 운송 및 우편물의 운송

1. 이 조약은 제1조에 규정된 조건에 합치하는 한, 국가 또는 법적으로 설치된 공공기관이 수행하는 운송에도 적용된다.

2. 우편물의 운송의 경우, 운송인은 운송인과 우정당국 간 관계에 적용되는 규칙에 따라 관련 우정당국에 대해서만 책임을 진다.

3. 본 조 제2항에서 규정하고 있는 경우를 제외한 이 조약의 규정은 우편물의 운송에 적용되지 아니한다.

제 2 장 – 승객·수하물 및 화물의 운송과 관련된 증권과 당사자 의무

제 3 조 – 승객 및 수하물

1. 승객의 운송에 관하여 다음 사항을 포함한 개인용 또는 단체용 운송증권을 교부한다.
   가. 출발지 및 도착지의 표시
   나. 출발지 및 도착지가 단일의 당사국 영역 내에 있고 하나 또는 그 이상의 예정 기항지가 타 국가의 영역 내에 존재하는 경우에는 그러한 예정 기항지 중 최소한 한 곳의 표시

2. 제1항에 명시된 정보를 보존하는 다른 수단도 동 항에 언급된 증권의 교부를 대체할 수 있다. 그러한 수단이 사용되는 경우, 운송인은 보존된 정보에 관한 서면신고서의 교부를 승객에게 제안한다.

3. 운송인은 개개의 위탁 수하물에 대한 수하물 식별표를 여객에게 교부한다.

4. 운송인은 이 조약이 적용 가능한 경우 승객의 사망 또는 부상 및 수하물의 파괴·분실 또는 손상 및 지연에 대한 운송인의 책임을 이 조약이 규율하고 제한할 수 있음을 승객에게 서면으로 통고한다.

5. 전항의 규정에 따르지 아니한 경우에도 운송계약의 존재 및 유효성에는 영향을 미치지 아니하며, 책임의 한도에 관한 규정을 포함한 이 조약의 규정이 적용된다.

제 4 조 – 화 물

1. 화물 운송의 경우, 항공운송장이 교부된다.

2. 운송에 관한 기록을 보존하는 다른 수단도 항공운송장의 교부를 대체할 수 있다. 그러한 수단이 사용되는 경우, 운송인은 송하인의 요청에 따라 송하인에게 운송을 증명하고 그러한 수단에 의하여 보존되는 기록에 포함된 정보를 수록한 화물수령증을 교부한다.

제 5 조 – 항공운송장 또는 화물수령증의 기재사항

항공운송장 또는 화물수령증에는 다음의 사항을 기재한다.

가. 출발지 및 도착지의 표시

나. 출발지 및 도착지가 단일의 당사국 영역 내에 존재하고 하나 또는 그 이상의 예정 기항지가 타 국가의 영역 내에 존재하는 경우에는 그러한 예정 기항지의 최소한 한 곳의 표시

다. 화물의 중량 표시

제 6 조 - 화물의 성질에 관련된 서류

세관·경찰 및 유사한 공공기관의 절차를 이행하기 위하여 필요한 경우, 송하인은 화물의 성질을 명시한 서류를 교부할 것을 요구받을 수 있다. 이 규정은 운송인에게 어떠한 의무·구속 또는 그에 따른 책임을 부과하지 아니한다.

제 7 조 - 항공운송장의 서식

1. 항공운송장은 송하인에 의하여 원본 3통이 작성된다.

2. 제1의 원본에는 '운송인용'이라고 기재하고 송하인이 서명한다. 제2의 원본에는 '수하인용'이라고 기재하고 송하인 및 운송인이 서명한다. 제3의 원본에는 운송인이 서명하고, 화물을 접수받은 후 송하인에게 인도한다.

3. 운송인 및 송하인의 서명은 인쇄 또는 날인하여도 무방하다.

4. 송하인의 청구에 따라 운송인이 항공운송장을 작성하였을 경우, 반증이 없는 한 운송인은 송하인을 대신하여 항공운송장을 작성한 것으로 간주된다.

제 8 조 - 복수화물을 위한 증권

1개 이상의 화물이 있는 경우,

가. 화물의 운송인은 송하인에게 개별적인 항공운송장을 작성하여 줄 것을 청구할 권리를 갖는다.

나. 송하인은 제4조 제2항에 언급된 다른 수단이 사용되는 경우에는 운송인에게 개별적인 화물수령증의 교부를 청구할 권리를 갖는다.

제 9 조 - 증권상 요건의 불이행

제4조 내지 제8조의 규정에 따르지 아니하는 경우에도 운송계약의 존재 및 유효성에는 영향을 미치지 아니하며, 책임의 한도에 관한 규정을 포함한 이 조약의 규정이 적용된다.

제 10 조 - 증권의 기재사항에 대한 책임

1. 송하인은 본인 또는 대리인이 화물에 관련하여 항공운송장에 기재한 사항, 본인 또는 대리인이 화물수령증에의 기재를 위하여 운송인에게 제공한 사항, 또는 제4조 제2항에 언급된 다른 수단에 의하여 보존되는 기록에의 기재를 위하여 운송인에게 제공한 사항의 정확성에 대하여 책임진다. 이는 송하인을 대신하여 행동하는 자가 운송인의 대리인인 경우에도 적용된다.

2. 송하인은 본인 또는 대리인이 제공한 기재사항의 불비·부정확 또는 불완전으로 인하여 운송인이나 운송인이 책임을 부담하는 자가 당한 모든 손해에 대하여 운송인에게 보상한다.

3. 본 조 제1항 및 제2항의 규정을 조건으로, 운송인은 본인 또는 대리인이 화물수령증 또는 제4조 제2항에 언급된 다른 수단에 의하여 보존되는 기록에 기재한 사항의 불비·부정확 또는 불완전으로 인하여 송하인이나 송하인이 책임을 부담하는 자가 당한 모든 손해에 대하여 송하인에게 보상한다.

제 11 조 - 증권의 증거력

1. 항공운송장 또는 화물수령증은 반증이 없는 한, 그러한 증권에 언급된 계약의 체결, 화물의 인수 및 운송의 조건에 관한 증거가 된다.

2. 화물의 개수를 포함한, 화물의 중량·크기 및 포장에 관한 항공운송장 및 화물수령증의 기재사항은 반증이 없는 한, 기재된 사실에 대한 증거가 된다. 화물의 수량·부피 및 상태는 운송인이 송하인의 입회하에 점검하고, 그러한 사실을 항공운송장이나 화물수령증에 기재한 경우 또는 화물의 외양에 관한 기재의 경우를 제외하고는 운송인에게 불리한 증거를 구성하지 아니한다.

제 12 조 - 화물의 처분권

1. 송하인은 운송계약에 따른 모든 채무를 이행할 책임을 조건으로, 출발공항 또는 도착공항에서 화물을 회수하거나, 운송 도중 착륙할 때에 화물을 유치하거나, 최초 지정한 수하인 이외의 자에 대하여 도착지에서 또는 운송 도중에 화물을 인도할 것을 요청하거나 또는 출발공항으로 화물을 반송할 것을 청구함으로써 화물을 처분할 권리를 보유한다. 송하인은 운송인 또는 다른 송하인을 해하는 방식으로 이러한 처분권을 행사해서는 아니 되며, 이러한 처분권의 행사에 의하여 발생한 어떠한 비용도 변제하여야 한다.

2. 송하인의 지시를 이행하지 못할 경우, 운송인은 즉시 이를 송하인에게 통보하여야 한다.

3. 운송인은 송하인에게 교부한 항공운송장 또는 화물수령증의 제시를 요구하지 아니하고 화물의 처분에 관한 송하인의 지시에 따른 경우, 이로 인하여 항공운송장 또는 화물수령증의 정당한 소지인에게 발생된 어떠한 손해에 대해서도 책임을 진다. 단, 송하인에 대한 운송인의 구상권은 침해받지 아니한다.

4. 송하인에게 부여된 권리는 수하인의 권리가 제13조에 따라 발생할 때 소멸한다. 그럼에도 불구하고 수하인이 화물의 수취를 거절하거나 또는 수하인을 알 수 없는 때에는 송하인은 처분권을 회복한다.

제 13 조 - 화물의 인도

1. 송하인이 제12조에 따른 권리를 행사하는 경우를 제외하고, 수하인은 화물이 도착지에 도착하였을 때 운송인에게 정당한 비용을 지급하고 운송의 조건을 충족하면 화물의 인도를 요구할 권리를 가진다.

2. 별도의 합의가 없는 한, 운송인은 화물이 도착한 때 수하인에게 통지를 할 의무가 있다.

3. 운송인이 화물의 분실을 인정하거나 또는 화물이 도착되었어야 할 날로부터 7일이 경과하여도 도착되지 아니하였을 때에는 수하인은 운송인에 대하여 계약으로부터 발생된 권리를 행사할 권리를 가진다.

제 14 조 - 송하인과 수하인의 권리행사

송하인과 수하인은 운송계약에 의하여 부과된 채무를 이행할 것을 조건으로 하여 자신 또는 타인의 이익을 위하여 행사함을 불문하고 각각 자기의 명의로 제12조 및 제13조에 의하여 부여된 모든 권리를 행사할 수 있다.

제 15 조 - 송하인과 수하인의 관계 또는 제3자와의 상호관계

1. 제12조·제13조 및 제14조는 송하인과 수하인의 상호관계 또는 송하인 및 수하인과 이들 중 어느 한쪽으로부터 권리를 취득한 제3자와의 상호관계에는 영향을 미치지 아니한다.
2. 제12조·제13조 및 제14조의 규정은 항공운송장 또는 화물수령증에 명시적인 규정에 의해서만 변경될 수 있다.

제16조 - 세관·경찰 및 기타 공공기관의 절차

1. 송하인은 화물이 수하인에게 인도될 수 있기 전에 세관·경찰 또는 기타 공공기관의 절차를 이행하기 위하여 필요한 정보 및 서류를 제공한다. 송하인은 그러한 정보 및 서류의 부재·불충분 또는 불비로부터 발생한 손해에 대하여 운송인에게 책임을 진다. 단, 그러한 손해가 운송인·그의 사용인 또는 대리인의 과실에 기인한 경우에는 그러하지 아니한다.
2. 운송인은 그러한 정보 또는 서류의 정확성 또는 충분성 여부를 조사할 의무가 없다.

제 3 장 - 운송인의 책임 및 손해배상의 범위

제 17 조 - 승객의 사망 및 부상 - 수하물에 대한 손해

1. 운송인은 승객의 사망 또는 신체의 부상의 경우에 입은 손해에 대하여 사망 또는 부상을 야기한 사고가 항공기 상에서 발생하였거나 또는 탑승과 하강의 과정에서 발생

하였을 때에 한하여 책임을 진다.

2. 운송인은 위탁 수하물의 파괴·멸실 또는 훼손으로 인한 손해에 대하여 파괴·멸실 또는 훼손을 야기한 사고가 항공기 상에서 발생하였거나 또는 위탁 수하물이 운송인의 관리하에 있는 기간 중 발생한 경우에 한하여 책임을 진다. 그러나 운송인은 손해가 수하물 고유의 결함·성질 또는 수하물의 불완전에 기인하는 경우 및 그러한 범위 내에서는 책임을 부담하지 아니한다. 개인소지품을 포함한 휴대 수하물의 경우, 운송인·그의 사용인 또는 대리인의 과실에 기인하였을 때에만 책임을 진다.

3. 운송인이 위탁 수하물의 멸실을 인정하거나 또는 위탁 수하물이 도착하였어야 하는 날로부터 21일이 경과하여도 도착하지 아니하였을 때 승객은 운송인에 대하여 운송계약으로부터 발생되는 권리를 행사할 권한을 가진다.

4. 별도의 구체적인 규정이 없는 한, 이 조약에서 '수하물'이라는 용어는 위탁 수하물 및 휴대 수하물 모두를 의미한다.

제 18 조 - 화물에 대한 손해

1. 운송인은 화물의 파괴·멸실 또는 훼손으로 인한 손해에 대하여 손해를 야기한 사고가 항공운송 중에 발생하였을 경우에 한하여 책임을 진다.

2. 그러나 운송인은 화물의 파괴·멸실 또는 훼손이 다음 중 하나 이상의 사유에 기인하여 발생하였다는 것이 입증되었을 때에는 책임을 지지 아니한다.

　　가. 화물의 고유한 결함·성질 또는 화물의 불완전

　　나. 운송인·그의 사용인 또는 대리인 이외의 자가 수행한 화물의 결함이 있는 포장

　　다. 전쟁 또는 무력분쟁행위

　　라. 화물의 입출국 또는 통과와 관련하여 행한 공공기관의 행위

3. 본 조 제1항의 의미상 항공운송은 화물이 운송인의 관리하에 있는 기간도 포함된다.

4. 항공운송의 기간에는 공항 외부에서 행한 육상·해상운송 또는 내륙수로운송은 포함되지 아니한다. 그러나 그러한 운송이 항공운송계약을 이행함에 있어서, 화물의 적재·인도 또는 환적을 목적으로 하여 행하여졌을 때에는 반증이 없는 한 어떠한 손해도 항공운송 중에 발생한 사고의 결과라고 추정된다. 운송인이 송하인의 동의 없이 당사자 간 합의에 따라 항공운송으로 행할 것이 예정되어 있었던 운송의 전부 또는 일부를 다른 운송수단의 형태에 의한 운송으로 대체하였을 때에는 다른 운송수단의 형태에 의한 운송은 항공운송의 기간 내에 있는 것으로 간주된다.

제 19 조 – 지 연

운송인은 승객·수하물 또는 화물의 항공운송 중 지연으로 인한 손해에 대한 책임을 진다. 그럼에도 불구하고, 운송인은 본인·그의 사용인 또는 대리인이 손해를 피하기 위하여 합리적으로 요구되는 모든 조치를 다하였거나 또는 그러한 조치를 취할 수 없었다는 것을 증명한 경우에는 책임을 지지 아니한다.

제 20 조 – 책임 면제

운송인이 손해배상을 청구하는 자 또는 그로부터 권한을 위임받은 자의 과실·기타 불법적인 작위 또는 부작위가 손해를 야기하였거나 또는 손해에 기여하였다는 것을 증명하였을 때에는 그러한 과실·불법적인 작위 또는 부작위가 손해를 야기하였거나 손해에 기여한 정도에 따라 청구자에 대하여 책임의 전부 또는 일부를 면제받는다. 승객의 사망 또는 부상을 이유로 하여 손해배상이 승객 이외의 자에 의하여 청구되었을 때, 운송인은 손해가 승객의 과실·불법적인 작위 또는 부작위에 기인하였거나 이에 기여하였음을 증명한 정도에 따라 책임의 전부 또는 일부를 면제받는다. 본 조는 제21조 제1항을 포함한 이 조약의 모든 배상책임규정에 적용된다.

제 21 조 – 승객의 사망 또는 부상에 대한 배상

1. 운송인은 승객당 100,000SDR을 초과하지 아니한 제17조 제1항상의 손해에 대한 책임을 배제하거나 제한하지 못한다.
2. 승객당 100,000SDR을 초과하는 제17조 제1항상의 손해에 대하여, 운송인이 다음을 증명하는 경우에는 책임을 지지 아니한다.

　　가. 그러한 손해가 운송인·그의 사용인 또는 대리인의 과실·기타 불법적인 작위 또는 부작위에 기인하지 아니하였거나,

　　나. 그러한 손해가 오직 제3자의 과실·기타 불법적인 작위 또는 부작위에 기인하였을 경우

제 22 조 - 지연 · 수하물 및 화물과 관련한 배상책임의 한도

1. 승객의 운송에 있어서 제19조에 규정되어 있는 지연에 기인한 손해가 발생한 경우, 운송인의 책임은 승객 1인당 4,150SDR로 제한된다.

2. 수하물의 운송에 있어서 수하물의 파괴·멸실·훼손 또는 지연이 발생한 경우 운송인의 책임은 승객 1인당 1,000SDR로 제한된다. 단, 승객이 위탁 수하물을 운송인에게 인도할 때에 도착지에서 인도 시 이익에 관한 특별신고를 하였거나 필요에 따라 추가요금을 지급한 경우에는 그러하지 아니한다. 이러한 경우, 운송인은 신고가액이 도착지에 있어서 인도 시 승객의 실질이익을 초과한다는 것을 증명하지 아니하는 한 신고가액을 한도로 하는 금액을 지급할 책임을 진다.

3. 화물의 운송에 있어서 화물의 파괴·멸실·훼손 또는 지연이 발생한 경우 운송인의 책임은 1킬로그램당 17SDR로 제한된다. 단, 송하인이 화물을 운송인에게 인도할 때에 도착지에서 인도 시 이익에 관한 특별신고를 하였거나 필요에 따라 추가요금을 지급한 경우에는 그러하지 아니하다. 이러한 경우, 운송인은 신고가액이 도착지에 있어서 인도 시 송하인의 실질이익을 초과한다는 것을 증명하지 아니하는 한 신고가액을 한도로 하는 금액을 지급할 책임을 진다.

4. 화물의 일부 또는 화물에 포함된 물건의 파괴·멸실·훼손 또는 지연의 경우, 운송인의 책임한도를 결정함에 있어서 고려하여야 할 중량은 관련 화물의 총 중량이다. 그럼에도 불구하고 화물의 일부 또는 화물에 포함된 물건의 파괴·멸실·훼손 또는 지연에 대해 동일한 항공운송장 또는 화물수령증에 기재하거나 또는 이러한 증권이 발행되지 아니하였을 때에는 제4조 제2항에 언급된 다른 수단에 의하여 보존되고 있는 동일한 기록에 기재되어 있는 기타 화물의 가액에 영향을 미칠 때에는 운송인의 책임한도를 결정함에 있어 그러한 화물의 총 중량도 고려되어야 한다.

5. 손해가 운송인·그의 사용인 또는 대리인이 손해를 야기할 의도를 가지거나 또는 무모하게 손해가 야기될 것을 인지하고 행한 작위 또는 부작위로부터 발생되었다는 것이 입증되었을 때에는 본 조 제1항 및 제2항에 전술한 규정은 적용되지 아니한다. 단, 사용인 또는 대리인이 작위 또는 부작위를 행한 경우에는 그가 자기의 고용업무의 범위 내에서 행하였다는 것이 입증되어야 한다.

6. 제21조 및 본 조에 규정된 책임제한은 자국법에 따라 법원이 원고가 부담하는 소송비용 및 소송과 관련된 기타 비용에 이자를 포함한 금액의 전부 또는 일부를 재정하는 것을 방해하지 아니한다. 전기 규정은 소송비용 및 소송과 관련된 기타 비용을 제외

한, 재정된 손해액이 손해를 야기한 사건의 발생일로부터 6월의 기간 내에 또는 소송의 개시가 상기 기간 이후일 경우에는 소송 개시 전에 운송인이 원고에게 서면으로 제시한 액수를 초과하지 아니한 때에는 적용되지 아니한다.

제 23 조 - 화폐단위의 환산

1. 이 조약에서 특별인출권으로 환산되어 언급된 금액은 국제통화기금이 정의한 특별인출권을 의미하는 것으로 간주된다. 재판절차에 있어서 국내통화로의 환산은 판결일자에 특별인출권의 국내통화환산액에 따라 정한다. 국제통화기금의 회원국의 특별인출권의 국내통화환산금액은 국제통화기금의 운영과 거래를 위하여 적용하는 평가방식에 따라 산출하게 되며, 동 방식은 판결일자에 유효하여야 한다. 국제통화기금의 비회원국인 당사국의 특별인출권의 국내통화환산금액은 동 당사국이 결정한 방식에 따라 산출된다.

2. 그럼에도 불구하고, 국제통화기금의 비회원국이며 자국법에 따라 본 조 제1항의 적용이 허용되지 아니하는 국가는 비준·가입 시 또는 그 이후에 언제라도 제21조에 규정되어 있는 운송인의 책임한도가 자국의 영역에서 소송이 진행 중인 경우 승객 1인당 1,500,000화폐단위, 제22조 제1항과 관련해서는 승객 1인당 62,500화폐단위, 제22조 제2항과 관련해서는 승객 1인당 15,000화폐단위 및 제22조 제3항과 관련해서는 1킬로그램당 250화폐단위로 고정된다고 선언할 수 있다. 이와 같은 화폐단위는 1000분의 900의 순도를 가진 금 65.5밀리그램에 해당한다. 국내통화로 환산된 금액은 관계국 통화의 단수가 없는 금액으로 환산할 수 있다. 국내통화로 환산되는 금액은 관련국가의 법률에 따른다.

3. 본 조 제1항 후단에 언급된 계산 및 제2항에 언급된 환산방식은 본 조 제1항의 전 3단의 적용에 기인되는 제21조 및 제22조의 가액과 동일한 실질가치를 가능한 한 동 당사국의 국내통화로 표시하는 방법으로 할 수 있다. 당사국들은 본 조 제1항에 따른 산출방식 또는, 경우에 따라 본 조 제2항에 의한 환산의 결과를 이 조약의 비준서·수락서·승인서 또는 가입서 기탁 시 또는 상기 산출방식이나 환산결과의 변경 시 수탁자에 통보한다.

제 24 조 - 한도의 검토

1. 이 조약 제25조의 규정을 침해하지 아니하고 하기 제2항을 조건으로 하여, 제21

조 내지 제23조에 규정한 책임한도는 5년 주기로 수탁자에 의하여 검토되어야 하며, 최초의 검토는 이 조약의 발효일로부터 5년이 되는 해의 연말에 실시된다. 만일 이 조약이 서명을 위하여 개방된 날로부터 5년 내에 발효가 되지 못하면 발효되는 해에 조약의 발효일 이후 또는 이전 수정 이후 누적 물가상승률에 상응하는 물가상승요인을 참고하여 검토된다. 물가상승요인의 결정에 사용되는 물가상승률의 기준은 제23조 제1항에 언급된 특별인출권을 구성하는 통화를 가진 국가의 소비자물가지수의 상승 또는 하강률의 가중평균치를 부여하여 산정한다.

2. 전항의 규정에 따라 검토를 행한 결과 인플레이션 계수가 10퍼센트를 초과하였다면 수탁자는 당사국에 책임한도의 수정을 통고한다. 이러한 수정은 당사국에 통고된 후 6개월 경과 시 효력을 발생한다. 만일 당사국에 통고된 후 3개월 이내에 과반수의 당사국들이 수정에 대한 불승인을 표명한 때에는 수정은 효력을 발생하지 아니하며, 수탁자는 동 문제를 당사국의 회합에 회부한다. 수탁자는 모든 당사국에 수정의 발효를 즉시 통보한다.

3. 본 조 제1항에도 불구하고, 본 조 제2항에 언급된 절차는 당사국의 3분의 1 이상이 이전의 수정 또는 이전에 수정이 없었다면 이 조약의 발효일 이래 본 조 제1항에 언급된 인플레이션 계수가 30퍼센트를 초과할 것을 조건으로 하여 그러한 효과에 대한 의사를 표시한 경우에는 언제나 적용 가능하다. 본 조 제1항에 기술된 절차를 사용한 추가검토는 본 항에 따른 검토일로부터 5년이 되는 해의 연말에 개시하여 5년 주기로 한다.

제 25 조 – 한도의 규정

운송인은 이 조약이 정한 책임한도보다 높은 한도를 정하거나 어떤 경우에도 책임의 한도를 두지 아니한다는 것을 운송계약에 규정할 수 있다.

제 26 조 – 계약조항의 무효

운송인의 책임을 경감하거나 또는 이 조약에 규정된 책임한도보다 낮은 한도를 정하는 어떠한 조항도 무효다. 그러나 그러한 조항의 무효는 계약 전체를 무효로 하는 것은 아니며 계약은 이 조약의 조항에 따른다.

제 27 조 - 계약의 자유

이 조약의 어떠한 규정도 운송인이 운송계약의 체결을 거절하거나, 이 조약상의 항변권을 포기하거나 또는 이 조약의 규정과 저촉되지 아니하는 운송조건을 설정하는 것을 방해하지 못한다.

제 28 조 - 선배상지급

승객의 사망 또는 부상을 야기하는 항공기 사고 시, 운송인은 자국법이 요구하는 경우 자연인 또는 배상을 받을 권한이 있는 자의 즉각적인 경제적 필요성을 충족시키기 위하여 지체 없이 선배상금을 지급한다. 이러한 선배상지급은 운송인의 책임을 인정하는 것은 아니며, 추후 운송인이 지급한 배상금과 상쇄될 수 있다.

제 29 조 - 청구의 기초

승객·수하물 및 화물의 운송에 있어서, 손해에 관한 어떠한 소송이든지 이 조약·계약·불법행위 또는 기타 어떠한 사항에 근거하는지 여부를 불문하고, 소를 제기할 권리를 가지는 자와 그들 각각의 권리에 관한 문제를 침해함이 없이, 이 조약에 규정되어 있는 조건 및 책임한도에 따르는 경우에만 제기될 수 있다. 어떠한 소송에 있어서도, 징벌적 배상 또는 비보상적 배상은 회복되지 아니한다.

제 30 조 - 사용인·대리인 - 청구의 총액

1. 이 조약과 관련된 손해로 인하여 운송인의 사용인 또는 대리인을 상대로 소송이 제기된 경우, 그들이 고용범위 내에서 행동하였음이 증명된다면 이 조약하에서 운송인 자신이 주장할 수 있는 책임의 조건 및 한도를 원용할 권리를 가진다.

2. 그러한 경우, 운송인·그의 사용인 및 대리인으로부터 회수 가능한 금액의 총액은 전술한 한도를 초과하지 아니한다.

3. 화물운송의 경우를 제외하고는 본 조 제1항 및 제2항의 규정은 사용인 또는 대리인이 손해를 야기할 의도로 무모하게, 또는 손해가 발생할 것을 알고 행한 작위 또는 부작위에 기인한 손해임이 증명된 경우에는 적용되지 아니한다.

제 31 조 - 이의제기의 시한

1. 위탁 수하물 또는 화물을 인도받을 권리를 가지고 있는 자가 이의를 제기하지 아니하고 이를 수령하였다는 것은 반증이 없는 한 위탁 수하물 또는 화물이 양호한 상태로 또한 운송서류 또는 제3조 제2항 및 제4조 제2항에 언급된 기타 수단으로 보존된 기록에 따라 인도되었다는 명백한 증거가 된다.

2. 손상의 경우, 인도받을 권리를 가지는 자는 손상을 발견한 즉시 또한 늦어도 위탁 수하물의 경우에는 수령일로부터 7일 이내에 그리고 화물의 경우에는 수령일로부터 14일 이내에 운송인에게 이의를 제기하여야 한다. 지연의 경우, 이의는 인도받을 권리를 가지는 자가 수하물 또는 화물을 처분할 수 있는 날로부터 21일 이내에 제기되어야 한다.

3. 개개의 이의는 서면으로 작성되어야 하며, 전술한 기한 내에 교부 또는 발송하여야 한다.

4. 전술한 기한 내에 이의가 제기되지 아니한 때에는 운송인에 대하여 제소할 수 없다. 단, 운송인 측의 사기인 경우에는 그러하지 아니한다.

제 32 조 - 책임 있는 자의 사망

책임 있는 자가 사망하는 경우, 손해에 관한 소송은 이 조약의 규정에 따라 동인의 재산의 법정 대리인에 대하여 제기할 수 있다.

제 33 조 - 재판관할권

1. 손해에 관한 소송은 원고의 선택에 따라 당사국 중 하나의 영역 내에서 운송인의 주소지, 운송인의 주된 영업소 소재지, 운송인이 계약을 체결한 영업소 소재지의 법원 또는 도착지의 법원 중 어느 한 법원에 제기한다.

2. 승객의 사망 또는 부상으로 인한 손해의 경우, 소송은 본 조 제1항에 언급된 법원 또는 사고발생 당시 승객의 주소지와 주된 거주지가 있고 운송인이 자신이 소유한 항공기 또는 상업적 계약에 따른 타 운송인의 항공기로 항공운송서비스를 제공하는 장소이며, 운송인 자신 또는 상업적 계약에 의하여 타 운송인이 소유하거나 임대한 건물로부터 항공운송사업을 영위하고 있는 장소에서 소송을 제기할 수 있다.

3. 제2항의 목적을 위하여,

　가. '상업적 계약'이라 함은 대리점 계약을 제외한, 항공승객운송을 위한 공동서비스의 제공과 관련된 운송인 간의 계약을 말한다.

　나. '주소지 및 영구거주지'라 함은 사고발생 당시 승객의 고정적이고 영구적인 하나의 주소를 말한다. 이 경우 승객의 국적은 결정요인이 되지 않는다.

4. 소송절차에 관한 문제는 소송이 계류 중인 법원의 법률에 의한다.

제 34 조 - 중　재

1. 본 조의 규정에 따를 것을 조건으로, 화물운송계약의 당사자들은 이 조약에 따른 운송인의 책임에 관련된 어떠한 분쟁도 중재에 의하여 해결한다고 규정할 수 있다.

2. 중재절차는 청구인의 선택에 따라 제33조에 언급된 재판관할권 중 하나에서 진행된다.

3. 중재인 또는 중재법원은 이 조약의 규정을 적용한다.

4. 본 조 제2항 및 제3항의 규정은 모든 중재조항 또는 협정의 일부라고 간주되며, 이러한 규정과 일치하지 아니하는 조항 또는 협정의 어떠한 조건도 무효이다.

제 35 조 - 제소기한

1. 손해에 관한 권리가 도착지에 도착한 날·항공기가 도착하였어만 하는 날 또는 운송이 중지된 날로부터 기산하여 2년 내에 제기되지 않을 때에는 소멸된다.

2. 그러한 기간의 산정방법은 소송이 계류된 법원의 법률에 의하여 결정된다.

제 36 조 - 순차운송

1. 2인 이상의 운송인이 순차로 행한 운송으로서 이 조약 제1조 제3항에 규정된 정의에 해당하는 운송의 경우, 승객·수하물 또는 화물을 인수하는 각 운송인은 이 조약에 규정된 규칙에 따라야 하며, 또한 운송계약이 각 운송인의 관리하에 수행된 운송부분을 다루고 있는 한 동 운송계약의 당사자 중 1인으로 간주된다.

2. 이러한 성질을 가지는 운송의 경우, 승객 또는 승객에 관하여 손해배상을 받을 권한을 가지는 자는, 명시적 합의에 의하여 최초의 운송인이 모든 운송구간에 대한 책임을

지는 경우를 제외하고는, 사고 또는 지연이 발생된 동안에 운송을 수행한 운송인에 대하여 소송을 제기할 수 있다.

3. 수하물 또는 화물과 관련하여, 승객 또는 송하인은 최초 운송인에 대하여 소송을 제기할 수 있는 권리를 가지며, 인도받을 권리를 가지는 승객 또는 수하인은 최종 운송인에 대하여 소송을 제기할 권리를 가지며, 또한, 각자는 파괴·분실·손상 또는 지연이 발생한 기간 중에 운송을 수행한 운송인에 대하여 소송을 제기할 수 있다. 이들 운송인은 여객·송하인 또는 수하인에 대하여 연대하거나 또는 단독으로 책임을 진다.

제 37 조 - 제3자에 대한 구상권

이 조약의 어떠한 규정도 이 조약의 규정에 따라 손해에 대하여 책임을 지는 자가 갖고 있는 다른 사람에 대한 구상권을 행사할 권리가 있는지 여부에 관한 문제에 영향을 미치지 아니한다.

제 4 장 - 복합운송

제 38 조 - 복합운송

1. 운송이 항공과 다른 운송형식에 의하여 부분적으로 행하여지는 복합운송의 경우에는 이 조약의 규정들은, 제18조 제4항을 조건으로 하여, 항공운송에 대해서만 적용된다. 단, 그러한 항공운송이 제1조의 조건을 충족시킨 경우에 한한다.

2. 이 조약의 어떠한 규정도 복합운송의 경우 당사자가 다른 운송형식에 관한 조건을 항공운송의 증권에 기재하는 것을 방해하지 아니한다. 단, 항공운송에 관하여 이 조약의 규정이 준수되어야 한다.

제 5 장 - 계약운송인 이외의 자에 의한 항공운송

제 39 조 - 계약운송인 - 실제운송인

본 장의 규정은 어떤 사람(이하 '계약운송인'이라 한다.)이 승객 또는 송하인·승객 또는 송하인을 대신하여 행동하는 자와 이 조약에 의하여 규율되는 운송계약을 체결하고, 다른 사람(이하 '실제운송인'이라 한다.)이 계약운송인으로부터 권한을 받아 운송의 전부 또는 일부를 행하지만 이 조약의 의미 내에서 그러한 운송의 일부에 관하여 순차운송인에는 해당되지 않는 경우에 적용된다. 이와 같은 권한은 반증이 없는 한 추정된다.

제 40 조 - 계약운송인과 실제운송인의 개별적 책임

실제운송인이 제39조에 언급된 계약에 따라 이 조약이 규율하는 운송의 전부 또는 일부를 수행한다면, 본 장에 달리 정하는 경우를 제외하고, 계약운송인 및 실제운송인 모두는 이 조약의 규칙에 따른다. 즉, 계약운송인이 계약에 예정된 운송의 전부에 관하여 그리고 실제운송인은 자기가 수행한 운송에 한하여 이 조약의 규칙에 따른다.

제 41 조 - 상호 책임

1. 실제운송인이 수행한 운송과 관련하여, 실제운송인·자신의 고용업무의 범위 내에서 행동한 사용인 및 대리인의 작위 또는 부작위도 또한 계약운송인의 작위 또는 부작위로 간주된다.

2. 실제운송인이 수행한 운송과 관련하여, 계약운송인, 자신의 고용업무의 범위 내에서 행동한 사용인 및 대리인의 작위 또는 부작위도 또한 실제운송인의 작위 및 부작위로 간주된다. 그럼에도 불구하고, 그러한 작위 및 부작위로 인하여 실제운송인은 이 조약 제21조 내지 제24조에 언급된 금액을 초과하는 책임을 부담하지 아니한다. 이 조약이 부과하지 아니한 의무를 계약운송인에게 부과하는 특별 합의·이 조약이 부여한 권리의 포기 또는 이 조약 제22조에서 예정된 도착지에서의 인도 이익에 관한 특별신고는 실제운송인이 합의하지 아니하는 한 그에게 영향을 미치지 아니한다.

제 42 조 - 이의제기 및 지시의 상대방

이 조약에 근거하여 운송인에게 행한 이의나 지시는 계약운송인 또는 실제운송인 어느 쪽에 행하여도 동일한 효력이 있다. 그럼에도 불구하고, 이 조약 제12조에 언급된 지시는 계약운송인에게 행한 경우에 한하여 효력이 있다.

제 43 조 - 사용인 및 대리인

실제운송인이 수행한 운송과 관련하여, 실제운송인 또는 계약운송인의 사용인 또는 대리인은 자기의 고용업무의 범위 내의 행위를 증명할 경우 이 조약하에서 자신이 귀속되는 운송인에게 적용할 이 조약상 책임의 조건 및 한도를 원용할 권리를 가진다. 단, 그들이 책임한도가 이 조약에 따라 원용되는 것을 방지하는 방식으로 행동하는 것이 증명된 경우에는 그러하지 아니한다.

제 44 조 - 손해배상총액

실제운송인이 수행한 운송과 관련하여, 실제운송인과 계약운송인, 또는 자기의 고용업무의 범위 내에서 행동한 사용인 및 대리인으로부터 회수 가능한 배상총액은 이 조약에 따라 계약운송인 또는 실제운송인의 어느 한쪽에 대하여 재정할 수 있는 최고액을 초과하여서는 아니 된다. 그러나 상기 언급된 자 중 누구도 그에게 적용 가능한 한도를 초과하는 금액에 대하여 책임을 지지 아니한다.

제 45 조 - 피청구자

실제운송인이 수행한 운송과 관련하여, 손해에 관한 소송은 원고의 선택에 따라 실제운송인 또는 계약운송인에 대하여 공동 또는 개별적으로 제기될 수 있다. 소송이 이들 운송인 중 하나에 한하여 제기된 때에는 동 운송인은 다른 운송인에게 소송절차에 참가할 것을 요구할 권리를 가지며, 그 절차와 효과는 소송이 계류되어 있는 법원의 법률에 따르게 된다.

제 46 조 – 추가재판관할권

제45조에 예정된 손해에 대한 소송은 원고의 선택에 따라 이 조약 제33조에 규정된 바에 따라 당사국 중 하나의 영역 내에서 계약운송인에 대한 소송이 제기될 수 있는 법원 또는 실제운송인의 주소지나 주된 영업소 소재지에 대하여 관할권을 가지는 법원에 제기되어야 한다.

제 47 조 – 계약조항의 무효

본 장에 따른 계약운송인 또는 실제운송인의 책임을 경감하거나 또는 본 장에 따라 적용 가능한 한도보다 낮은 한도를 정하는 것은 무효로 한다. 그러나 그러한 조항의 무효는 계약 전체를 무효로 하는 것은 아니며 계약은 이 조약의 조항에 따른다.

제 48 조 – 계약운송인 및 실제운송인의 상호관계

제45조에 규정된 경우를 제외하고는 본 장의 여하한 규정도 여하한 구상권 또는 손실보상청구권을 포함하는, 계약운송인 또는 실제운송인 간 운송인의 권리 및 의무에 영향을 미치지 아니한다.

제 6 장 – 기타 규정

제 49 조 – 강제적용

적용될 법을 결정하거나 관할권에 관한 규칙을 변경함으로써 이 조약에 규정된 규칙을 침해할 의도를 가진 당사자에 의하여 손해가 발생되기 전에 발효한 운송계약과 모든 특별합의에 포함된 조항은 무효로 한다.

제 50 조 - 보　험

　당사국은 이 조약에 따른 손해배상 책임을 담보하는 적절한 보험을 유지하도록 운송인에게 요구한다. 운송인은 취항지국으로부터 이 조약에 따른 손해배상 책임을 담보하는 보험을 유지하고 있음을 증명하는 자료를 요구받을 수 있다.

제 51 조 - 비정상적인 상황하에서의 운송

　운송증권과 관련된 제3조 내지 제5조·제7조 및 제8조의 규정은 운송인의 정상적인 사업범위를 벗어난 비정상적인 상황에는 적용되지 아니한다.

제 52 조 - 일의 정의

　이 조약에서 사용되는 '일(日)'이라 함은 영업일(營業日)이 아닌 역일(曆日)을 말한다.

제 7 장 - 최종 조항

제 53 조 - 서명·비준 및 발효

　1. 이 조약은 1999년 5월 10일부터 28일간 몬트리올에서 개최된 항공법에 관한 국제회의에 참가한 국가의 서명을 위하여 1999년 5월 28일 개방된다. 1999년 5월 28일 이후에는 본 조 제6항에 따라 이 조약이 발효하기 전까지 국제민간항공기구 본부에서 서명을 위하여 모든 국가에 개방된다.

　2. 이 조약은 지역경제통합기구의 서명을 위하여 동일하게 개방된다. 이 조약의 목적상, '지역경제통합기구'라 함은 이 조약이 규율하는 특정 문제에 관하여 권한을 가진, 일정지역의 주권국가로 구성된 기구이며, 이 조약의 서명·비준·수락·승인 및 가입을 위한 정당한 권한을 가진 기구를 말한다. 이 조약상의 '당사국'이란 용어는 제1조 제2항·제3조 제1항 나목·제5조 나항·제23조·제33조·제46조 및 제57조 나항을 제외하고, 지역경제통합기구에도 동일하게 적용된다. 제24조의 목적상, '당사국의 과반수'

및 '당사국의 3분의 1'이란 용어는 지역경제통합기구에는 적용되지 아니한다.

3. 이 조약은 서명한 당사국 및 지역경제통합기구의 비준을 받는다.

4. 이 조약에 서명하지 아니한 국가 및 지역경제통합기구는 언제라도 이를 수락·승인하거나 또는 이에 가입할 수 있다.

5. 비준서·수락서·승인서 또는 가입서는 국제민간항공기구 사무총장에게 기탁된다. 국제민간항공기구 사무총장은 이 조약의 수탁자가 된다.

6. 이 조약은 30번째 비준서, 수락서, 승인서 및 가입서가 기탁된 날로부터 60일이 되는 날 기탁한 국가 간에 발효한다. 지역경제통합기구가 기탁한 문서는 본 항의 목적상 산입되지 아니한다.

7. 다른 국가 및 지역경제통합기관에 대하여 이 조약은 비준서·수락서·승인서 및 가입서가 기탁된 날로부터 60일이 경과하면 효력을 발생한다.

8. 수탁자는 아래의 내용을 모든 당사국에 지체없이 통고한다.

　　가. 이 조약의 서명자 및 서명일

　　나. 비준서·수락서·승인서 및 가입서의 제출 및 제출일

　　다. 이 조약의 발효일

　　라. 이 조약이 정한 배상책임한도의 수정의 효력 발생일

제 54 조 – 폐　　기

1. 모든 당사국은 수탁자에 대한 서면통고로써 이 조약을 폐기할 수 있다.

2. 폐기에 관한 통고는 수탁자에게 접수된 날로부터 180일 경과 후 효력을 갖는다.

제 55 조 – 기타 바르샤바조약문서와의 관계

1. 이 조약은 아래 조약들의 당사국인 이 조약의 당사국 간에 국제항공운송에 적용되는 모든 규칙에 우선하여 적용된다.

　　가. 1929년 10월 12일 바르샤바에서 서명된 '국제항공운송에 있어서의 일부 규칙의 통일에 관한 조약'(이하 바르샤바조약이라 부른다.)

　　나. 1955년 9월 28일 헤이그에서 작성된 '1929년 10월 12일 바르샤바에서 서명된 국제항공운송에 있어서의 일부 규칙의 통일에 관한 조약의 개정의정서'(이하 헤이그의정서라 부른다.)

다. 1961년 9월 18일 과달라하라에서 서명된 '계약운송인을 제외한 자에 의하여 수행된 국제항공운송에 있어서의 일부 규칙의 통일을 위한 조약'(이하 과달라하라조약이라 부른다.)

라. 1971년 3월 8일 과테말라시티에서 서명된 '1955년 9월 28일 헤이그에서 작성된 의정서에 의하여 개정된, 1929년 10월 12일 바르샤바에서 서명된 국제항공운송에 있어서의 일부 규칙의 통일에 관한 조약의 개정의정서'(이하 과테말라시티의정서라 부른다.)

마. 1975년 9월 25일 몬트리올에서 서명된 '헤이그의정서와 과테말라시티의정서 또는 헤이그의정서에 의하여 개정된 바르샤바조약을 개정하는 몬트리올 제1.2.3.4. 추가의정서'(이하 몬트리올의정서라 부른다.)

2. 이 조약은 상기 가목 내지 마목의 조약 중 하나 이상의 당사국인 이 조약의 단일 당사국 영역 내에서 적용된다.

제 56 조 – 하나 이상의 법체계를 가진 국가

1. 이 조약에서 다루는 사안과 관련하여 서로 상이한 법체계가 적용되는 둘 이상의 영역단위를 가지는 국가는 이 조약의 서명·비준·수락·승인 및 가입 시 이 조약이 모든 영역에 적용되는지 또는 그중 하나 또는 그 이상의 지역에 미치는가를 선언한다. 이는 언제든지 다른 선언을 제출함으로써 변경할 수 있다.

2. 그러한 선언은 수탁자에게 통고되어야 하며, 이 조약이 적용되는 영역단위에 대하여 명시적으로 진술하여야 한다.

3. 그러한 선언을 행한 당사국과 관련하여,

가. 제23조상 '국내통화'라는 용어는 당사국의 관련 영역단위의 통화를 의미하는 것으로 해석된다.

나. 제28조상 '국내법'이라는 용어는 당사국의 관련 영역단위의 법을 의미하는 것으로 해석된다.

제 57 조 – 유 보

이 조약은 유보될 수 없다. 그러나 당사국이 아래의 내용에 대하여 이 조약이 적용되지 않음을 수탁자에 대한 통고로서 선언한 경우에는 그러하지 아니하다.

　가. 주권국가로서의 기능과 의무에 관하여 비상업적 목적을 위하여 당사국이 직접 수행하거나 운영하는 국제운송

　나. 당사국에 등록된 항공기 또는 당사국이 임대한 항공기로서 군 당국을 위한 승객·화물 및 수하물의 운송. 그러한 권한 전체는 상기 당국에 의하여 또는 상기 당국을 대신하여 보유된다.

이상의 증거로서 아래 전권대표는 정당하게 권한을 위임받아 이 조약에 서명하였다.

이 조약은 1999년 5월 28일 몬트리올에서 영어·아랍어·중국어·프랑스어·러시아어 및 서반아어로 작성되었으며, 동등하게 정본이다. 이 조약은 국제민간항공기구 문서보관소에 기탁되며, 수탁자는 인증등본을 바르샤바조약·헤이그의정서·과달라하라조약·과테말라시티의정서 및 몬트리올 추가의정서의 당사국과 이 조약의 모든 당사국에 송부한다.

Convention on Offenses and Certain Other Acts Committed on Board Aircraft

THE STATES Parties to this Convention HAVE AGREED as follows:

CHAPTER I. SCOPE OF THE CONVENTION

Article 1

1. This Convention shall apply in respect of:

(a) offences against penal law;

(b) acts which, whether or not they are offences, may or do jeopardize the safety of the aircraft or of persons or property therein or which jeopardize good order and discipline on board.

2. Except as provided in Chapter III, this Convention shall apply in respect of offences committed or acts done by a person on board any aircraft registered in a Contracting State, while that aircraft is in flight or on the surface of the high seas or of any other area outside the territory of any State.

3. For the purposes of this Convention, an aircraft is considered to be in flight from the moment when power is applied for the purpose of take-off until the moment when the landing run ends.

4. This Convention shall not apply to aircraft used in military, customs or police services.

Article 2

Without prejudice to the provisions of Article 4 and except when the safety of the aircraft or of persons or property on board so requires, no provision of this Convention shall be interpreted as authorizing or requiring any action in respect of offences against penal laws of a political nature or those based on racial or religious discrimination.

CHAPTER Ⅱ JURISDICTION

Article 3

1. The State of registration of the aircraft is competent to exercise jurisdiction over offences and acts committed on board.

2. Each Contracting State shall take such measures as may be necessary to establish its jurisdiction as the State of registration over offences committed on board aircraft registered in such State.

3. This Convention does not exclude any criminal jurisdiction exercised in accordance with national law.

Article 4

A Contracting State which is not the State of registration may not interfere with an aircraft in flight in order to exercise its criminal jurisdiction over an offence committed on board except in the following cases:

(a) the offence has effect on the territory of such State

(b) the offence has been committed by or against a national or permanent resident of such State

(c) the offence is against the security of such State;

(d) the offence consists of a breach of any rules or regulations relating to the flight or manoeuvre of aircraft in force in such State;

(e) the exercise of jurisdiction is necessary to ensure the observance of any obligation of such State under a multilateral international agreement.

CHAPTER Ⅲ POWERS OF THE AIRCRAFT COMMANDER

Article 5

1. The provisions of this Chapter shall not apply to offences and acts committed or about to be committed by a person on board an aircraft in flight in the airspace of the State of registration or over the high seas or any other area outside the territory of any State unless the last point of take‐off or the next point of intended landing is situated in a State other than that of registration, or the aircraft subsequently flies in the airspace of a State other than that of registration with such person still on board.

2. Notwithstanding the provisions of Article 1, paragraph 3, an aircraft shall for the purposes of this Chapter, be considered to be in flight at any time from the moment when all its external doors are closed following embarkation until the moment when any such door is opened for disembarkation. In the case of a forced landing, the provisions of this Chapter shall continue to apply with respect to offences and acts committed on board until competent authorities of a State take over the responsibility for the aircraft and for the persons and property on board.

Article 6

1. The aircraft commander may, when he has reasonable grounds to believe that a person has committed, or is about to commit, on board the aircraft, an offence or act contemplated in Article 1, paragraph 1, impose upon such person reasonable measures including restraint which are necessary:

(a) to protect the safety of the aircraft, or of persons or property therein; or

(b) to maintain good order and discipline on board; or

(c) to enable him to deliver such person to competent authorities or to disembark him in accordance with the provisions of this Chapter.

2. The aircraft commander may require or authorize the assistance of other crew members and may request or authorize, but not require, the assistance of passengers to restrain any person whom he is entitled to restrain. Any crew member or passenger may also take reasonable preventive measures without such authorization when he has reasonable grounds to believe that such action is immediately necessary to protect the safety of the aircraft, or of persons or property therein.

Article 7

1. Measures of restraint imposed upon a person in accordance with Article 6 shall not be continued beyond any point at which the aircraft lands unless:

(a) such point is in the territory of a non−Contracting State and its authorities refuse to permit disembarkation of that person or those measures have been imposed in accordance with Article 6, paragraph 1 (c) in order to enable his delivery to competent authorities;

(b) the aircraft makes a forced landing and the aircraft commander is unable to deliver that person to competent authorities; or

(c) that person agrees to onward carriage under restraint.

2. The aircraft commander shall as soon as practicable, and if possible before landing in the territory of a State with a person on board who has been placed under restraint in accordance with the provisions of Article 6, notify the authorities of such State of the fact that a person on board is under restraint and of the reasons for such restraint.

Article 8

1. The aircraft commander may, in so far as it is necessary for the purpose of subparagraph

(a) or (b) of paragraph 1 of Article 6, disembark in the territory of any State in which the aircraft lands any person who he has reasonable grounds to believe has committed, or is about to commit, on board the aircraft an act contemplated in Article 1, paragraph 1 (b).

2. The aircraft commander shall report to the authorities of the State in which he disembarks any person pursuant to this Article, the fact of, and the reasons for, such disembarkation.

Article 9

1. The aircraft commander may deliver to the competent authorities of any Contracting State in the territory of which the aircraft lands any person who he has reasonable grounds to believe has committed on board the aircraft an act which, in his opinion, is a serious offence according to the penal law of the State of registration of the aircraft.

2. The aircraft commander shall as soon as practicable and if possible before landing in the territory of a Contracting State with a person on board whom the aircraft commander intends to deliver in accordance with the preceding paragraph, notify the authorities of such State of his

intention to deliver such person and the reasons therefor.

3. The aircraft commander shall furnish the authorities to whom any suspected offender is delivered in accordance with the provisions of this Article with evidence and information which, under the law of the State of registration of the aircraft, are lawfully in his possession.

Article 10

For actions taken in accordance with this Convention, neither the aircraft commander, any other member of the crew, any passenger, the owner or operator of the aircraft, nor the person on whose behalf the flight was performed shall be held responsible in any proceeding on account of the treatment undergone by the person against whom the actions were taken.

CHAPTER Ⅳ. UNLAWFUL SEIZURE OF AIRCRAFT

Article 11

1. When a person on board has unlawfully committed by force or threat thereof an act of interference, seizure, or other wrongful exercise of control of an aircraft in flight or when such an act is about to be committed, Contracting States shall take all appropriate measures to restore control of the aircraft to its lawful commander or to preserve his control of the aircraft.

2. In the cases contemplated in the preceding paragraph, the Contracting State in which the aircraft lands shall permit its passengers and crew to continue their journey as soon as practicable, and shall return the aircraft and its cargo to the persons lawfully entitled to possession.

CHAPTER Ⅴ. POWERS AND DUTIES OF STATES

Article 12

Any Contracting State shall allow the commander of an aircraft registered in another
Contracting State to disembark any person pursuant to Article 8, paragraph 1.

Article 13

1. Any Contracting State shall take delivery of any person whom the

aircraft commander delivers pursuant to Article 9, paragraph 1.

2. Upon being satisfied that the circumstances so warrant, any Contracting State shall take custody or other measures to ensure the presence of any person suspected of an act contemplated in Article 11, paragraph 1 and of any person of whom it has taken delivery. The custody and other measures shall be as provided in the law of that State but may only be continued for such time as is reasonably necessary to enable any criminal or extradition proceedings to be instituted.

3. Any person in custody pursuant to the previous paragraph shall be assisted in communicating immediately with the nearest appropriate representative of the State of which he is a national.

4. Any Contracting State, to which a person is delivered pursuant to Article 9, paragraph 1, or in whose territory an aircraft lands following the commission of an act contemplated in Article 11, paragraph 1, shall immediately make a preliminary inquiry into the facts.

5. When a State, pursuant to this Article, has taken a person into custody, it shall immediately notify the State of registration of the aircraft and the State of nationality of the detained person and, if it considers it advisable, any other interested State of the fact that such person is in custody and of the circumstances which warrant his detention. The State which makes the preliminary enquiry contemplated in paragraph 4 of this Article shall promptly report its findings to the said States and shall indicate whether it intends to exercise jurisdiction.

Article 14

1. When any person has been disembarked in accordance with Article 8, paragraph 1, or delivered in accordance with Article 9, paragraph 1, or has disembarked after committing an act contemplated in Article 11, paragraph 1, and when such person cannot or does not desire to continue his journey and the State of landing refuses to admit him, that State may,

if the person in question is not a national or permanent resident of that State, return him to the territory of the State of which he is a national or permanent resident or to the territory of the State in which he began his journey by air.

2. Neither disembarkation, nor delivery, nor the taking of custody or other measures contemplated in Article 13, paragraph 2, nor return of the person concerned, shall be

considered as admission to the territory of the Contracting State concerned for the purpose of its law relating to entry or admission of persons and nothing in this Convention shall affect the law of a Contracting State relating to the expulsion of persons from its territory.

Article 15

1. Without prejudice to Article 14, any person who has been disembarked in accordance with Article 8, paragraph 1, or delivered in accordance with Article 9, paragraph 1, or has disembarked after committing an act contemplated in Article 11, paragraph 1, and who desires to continue his journey shall be at liberty as soon as practicable to proceed to any destination of his choice unless his presence is required by the law of the State of landing for the purpose of extradition or criminal proceedings.

2. Without prejudice to its law as to entry and admission to, and extradition and expulsion from its territory, a Contracting State in whose territory a person has been disembarked in accordance with Article 8, paragraph 1, or delivered in accordance with Article 9, paragraph 1 or has disembarked and is suspected of having committed an act contemplated in Article 11, paragraph 1, shall accord to such person treatment which is no less favourable for his protection and security than that accorded to nationals of such Contracting State in like circumstances.

CHAPTER Ⅵ. OTHER PROVISIONS

Article 16

1. Offences committed on aircraft registered in a Contracting State shall be treated, for the purpose of extradition, as if they had been committed not only in the place in which they have occurred but also in the territory of the State of registration of the aircraft.

2. Without prejudice to the provisions of the preceding paragraph, nothing in this Convention shall be deemed to create an obligation to grant extradition.

Article 17

In taking any measures for investigation or arrest or otherwise exercising jurisdiction in connection with any offence committed on board an aircraft the Contracting States shall pay due regard to the safety and other interests of air navigation and shall so act as to avoid unnecessary delay of the aircraft, passengers, crew or cargo.

Article 18

If Contracting States establish joint air transport operating organizations or international operating agencies, which operate aircraft not registered in any one State those States shall, according to the circumstances of the case, designate the State among them which, for the purposes of this Convention, shall be considered as the State of registration and shall give notice thereof to the International Civil Aviation Organization which shall communicate the notice to all States Parties to this Convention.

CHAPTER VII. FINAL CLAUSES

Article 19

Until the date on which this Convention comes into force in accordance with the provisions of Article 21, it shall remain open for signature on behalf of any State which at that date is a Member of the United Nations or of any of the Specialized Agencies.

Article 20

1. This Convention shall be subject to ratification by the signatory States in accordance with their constitutional procedures.

2. The instruments of ratification shall be deposited with the International Civil Aviation Organization.

Article 21

1. As soon as twelve of the signatory States have deposited their instruments of ratification of this Convention, it shall come into force between them on the ninetieth day after the date of the deposit of the twelfth instrument of ratification. It shall come into force for each State ratifying thereafter on the ninetieth day after the deposit of its instrument of ratification.

2. As soon as this Convention comes into force, it shall be registered with the Secretary-General of the United Nations by the International Civil Aviation Organization.

Article 22

1. This Convention shall, after it has come into force, be open for accession by any State Member of the United Nations or of any of the Specialized Agencies.

2. The accession of a State shall be effected by the deposit of an instrument of accession with the International Civil Aviation Organization and shall take effect on the ninetieth day after the date of such deposit.

Article 23

1. Any Contracting State may denounce this Convention by notification addressed to the International Civil Aviation Organization.

2. Denunciation shall take effect six months after the date of receipt by the International Civil Aviation Organization of the notification of denunciation.

Article 24

1. Any dispute between two or more Contracting States concerning the interpretation or application of this Convention which cannot be settled through negotiation, shall, at the request of one of them, be submitted to arbitration. If within six months from the date of the request for arbitration the Parties are unable to agree on the organization of the arbitration, any one of those Parties may refer the dispute to the International Court of Justice by request in conformity with the Statute of the Court.

2. Each State may at the time of signature or ratification of this Convention or accession thereto, declare that it does not consider itself bound by the preceding paragraph. The other Contracting States shall not be bound by the preceding paragraph with respect to any Contracting

State having made such a reservation.

3. Any Contracting State having made a reservation in accordance with the preceding paragraph may at any time withdraw this reservation by notification to the International Civil Aviation Organization.

Article 25

Except as provided in Article 24 no reservation may be made to this Convention.

Article 26

The International Civil Aviation Organization shall give notice to all States Members of the United Nations or of any of the Specialized Agencies:

(a) of any signature of this Convention and the date thereof;

(b) of the deposit of any instrument of ratification or accession and the date thereof;

(c) of the date on which this Convention comes into force in accordance with Article 21, paragraph 1;

(d) of the receipt of any notification of denunciation and the date thereof; and

(e) of the receipt of any declaration or notification made under Article 24 and the date thereof.

IN WITNESS WHEREOF the undersigned Plenipotentiaries, having been duly authorized, have signed this Convention.

DONE at Tokyo on the fourteenth day of September One Thousand Nine Hundred and Sixty—three in three authentic texts drawn up in the English, French and Spanish languages.

This Convention shall be deposited with the International Civil Aviation Organization with which, in accordance with Article 19, it shall remain open for signature and the said Organization shall send certified copies thereof to all States Members of the United Nations or of any Specialized Agency.

(Signatures omitted)

항공기 내에서 범한 범죄 및 기타 행위에 관한 조약

본 조약의 당사국은 다음과 같이 합의하였다.

제 1 장 조약의 범위

제 1 조

1. 본 조약은 다음 사항에 대하여 적용된다.
   (a) 형사법에 위반하는 범죄
   (b) 범죄의 구성여부를 불문하고 항공기와 기내의 인명 및 재산의 안전을 위태롭게 할 수 있거나 하는 행위 또는 기내의 질서 및 규율을 위협하는 행위
2. 제3장에 규정된 바를 제외하고는 본 조약은 체약국에 등록된 항공기가 비행 중이거나 공해수면 상에 있거나 또는 어느 국가의 영토에도 속하지 않는 지역의 표면에 있을 때에 동 항공기에 탑승한 자가 범한 범죄 또는 행위에 관하여 적용된다.
3. 본 조약의 적용상 항공기는 이륙의 목적을 위하여 시동이 된 순간부터 착륙 활주가 끝난 순간까지를 비행 중인 것으로 간주한다.
4. 본 조약은 군용, 세관용, 경찰용 업무에 사용되는 항공기에는 적용되지 아니한다.

제 2 조

제4조의 규정에도 불구하고, 또한 항공기와 기내의 인명 및 재산의 안전이 요청하는 경우를 제외하고는 본 조약의 어떠한 규정도 형사법에 위반하는 정치적 성격의 범죄나 또는 인종 및 종교적 차별에 기인하는 범죄에 관하여 어떠한 조치를 허용하거나 요구하는 것으로 해석되지 아니한다.

제 2 장 재판관할권

제 3 조

1. 항공기의 등록국은 동 항공기 내에서 범하여진 범죄나 행위에 대한 재판관할권을 행사할 권한을 가진다.

2. 각 체약국은 자국에 등록된 항공기 내에서 범하여진 범죄에 대하여 등록국으로서의 재판관할권을 확립하기 위하여 필요한 조치를 취하여야 한다.

3. 본 조약은 국내법에 따라 행사하는 어떠한 형사재판관할권도 배제하지 아니한다.

제 4 조

체약국으로서 등록국이 아닌 국가는 다음의 경우를 제외하고는 기내에서의 범죄에 관한 형사재판관할권의 행사를 위하여 비행 중의 항공기에 간섭하지 아니하여야 한다.

　(a) 범죄가 상기 국가의 영역에 영향을 미칠 경우,

　(b) 상기 국가의 국민이나 또는 영주자에 의하여 또는 이들에 대하여 범죄가 범하여진 경우,

　(c) 범죄가 상기 국가의 안전에 반하는 경우,

　(d) 상기 국가에서 효력을 발생하고 있는 비행 및 항공기의 조종에 관한 규칙이나 법규를 위반한 범죄가 범하여진 경우,

　(e) 상기 국가가 다변적인 국제협정하에 부담하고 있는 의무의 이행을 보장함에 있어서 재판관할권의 행사가 요구되는 경우.

제 3 장 항공기 기장의 권한

제 5 조

1. 본 장의 규정들은 최종 이륙지점이나 차기 착륙예정지점이 등록국 이외의 국가에

위치하거나 또는 범인이 탑승한 채로 동 항공기가 등록국 이외 국가의 공역으로 계속적으로 비행하는 경우를 제외하고는 등록국의 공역이나 공해 상공 또는 어느 국가의 영역에도 속하지 아니하는 지역 상공을 비행하는 중에 항공기에 탑승한 자가 범하였거나 범하려고 하는 범죄 및 행위에는 적용되지 아니한다.

2. 제1조 제3항에 관계없이 본장의 적용상 항공기는 승객의 탑승 이후 외부로 통하는 모든 문이 폐쇄된 순간부터 승객이 내리기 위하여 상기 문들이 개방되는 순간까지를 비행 중인 것으로 간주한다. 불시착의 경우에는 본 장의 규정은 당해국의 관계당국이 항공기 및 기내의 탑승자와 재산에 대한 책임을 인수할 때까지 기내에서 범하여진 범죄와 행위에 관하여 계속 적용된다.

제 6 조

1. 항공기 기장은 항공기 내에서 어떤 자가 제1조 제1항에 규정된 범죄나 행위를 범하였거나 범하려고 한다는 것을 믿을 만한 상당한 이유가 있는 경우에는 그자에 대하여 다음을 위하여 요구되는 감금을 포함한 필요한 조치를 부과할 수 있다.

(a) 항공기와 기내의 인명 및 재산의 안전의 보호

(b) 기내의 질서와 규율의 유지

(c) 본 장의 규정에 따라 상기 자를 관계당국에 인도하거나 또는 항공기에서 하기 조치(Disembarkation)를 취할 수 있는 기장의 권한 확보

2. 항공기 기장은 자기가 감금할 권한이 있는 자를 감금하기 위하여 다른 승무원의 원조를 요구하거나 권한을 부여할 수 있으며, 승객의 원조를 요청하거나 권한을 부여할 수 있으나 이를 요구할 수는 없다. 승무원이나 승객도 누구를 막론하고 항공기와 기내의 인명 및 재산의 안전을 보호하기 위하여 합리적인 예방조치가 필요하다고 믿을 만한 상당한 이유가 있는 경우에는 기장의 권한부여가 없어도 즉각적으로 상기 조치를 취할 수 있다.

제 7 조

1. 제6조에 따라서 특정인에게 가하여진 감금조치는 다음 경우를 제외하고는 항공기가 착륙하는 지점을 넘어서까지 계속되어서는 아니 된다.

(a) 착륙지점이 비체약국의 영토 내에 있으며, 동 국가의 당국이 상기 특정인의 상

록을 불허하거나, 제6조 제1항(c)에 따라서 관계당국에 대한 동인의 인도를 가능하게 하기 위하여 이와 같은 조치가 취하여진 경우,

  (b) 항공기가 불시착하여 기장이 상기 특정인을 관계당국에 인도할 수 없는 경우,

  (c) 동 특정인이 감금상태하에서 계속 비행에 동의하는 경우.

  2. 항공기 기장은 제6조의 규정에 따라 기내에 특정인을 감금한 채로 착륙하는 경우 가급적 조속히 그리고 가능하면 착륙 이전에 기내에 특정인이 감금되어 있다는 사실과 그 사유를 당해국의 당국에 통보하여야 한다.

제 8 조

  1. 항공기 기장은 제6조 제1항의 (a) 또는 (b)의 목적을 위하여 필요한 경우에는 기내에서 제1조 제1항(b)의 행위를 범하였거나 범하려고 한다는 믿을 만한 상당한 이유가 있는 자에 대하여 누구임을 막론하고 항공기가 착륙하는 국가의 영토에 그자를 하기시킬 수 있다.

  2. 항공기 기장은 본 조에 따라서 특정인을 하기시킨 국가의 당국에 대하여 특정인을 하기시킨 사실과 그 사유를 통보하여야 한다.

제 9 조

  1. 항공기 기장은 자신의 판단에 따라 항공기의 등록국의 형사법에 규정된 중대한 범죄를 기내에서 범하였다고 믿을 만한 상당한 이유가 있는 자에 대하여 누구임을 막론하고 항공기가 착륙하는 영토국인 체약국의 관계당국에 그자를 인도할 수 있다.

  2. 항공기 기장은 전항의 규정에 따라 인도하려고 하는 자를 탑승시킨 채로 착륙하는 경우 가급적 조속히 그리고 가능하면 착륙 이전에 동 특정인을 인도하겠다는 의도와 그 사유를 동 체약국의 관계당국에 통보하여야 한다.

  3. 항공기 기장은 본 조의 규정에 따라 범죄인 혐의자를 인수하는 당국에 항공기등록국의 법률에 따라 기장이 합법적으로 소지하는 증거와 정보를 제공하여야 한다.

제 10 조

  본 조약에 따라서 제기되는 소송에 있어서 항공기 기장이나 기타 승무원, 승객, 항공

기의 소유자나 운항자는 물론 비행의 이용자는 피소된 자가 받은 처우로 인하여 어떠한 소송상의 책임도 부담하지 아니한다.

제 4 장 항공기의 불법점유

제 11 조

1. 기내에 탑승한 자가 폭행 또는 협박에 의하여 비행 중인 항공기를 방해하거나 점유하는 행위 또는 기타 항공기의 조종을 부당하게 행사하는 행위를 불법적으로 범하였거나 또는 이와 같은 행위가 범하여지려고 하는 경우에는 체약국은 동 항공기가 합법적인 기장의 통제하에 들어가고, 그가 항공기의 통제를 유지할 수 있도록 모든 적절한 조치를 취하여야 한다.

2. 전항에 규정된 사태가 야기되는 경우 항공기가 착륙하는 체약국은 승객과 승무원이 가급적 조속히 여행을 계속하도록 허가하여야 하며, 또한 항공기와 화물을 각각 합법적인 소유자에게 반환하여야 한다.

제 5 장 체약국의 권한과 의무

제 12 조

체약국은 어느 국가를 막론하고 타 체약국에 등록된 항공기의 기장에게 제8조 제1항에 따른 특정인의 하기조치를 인정하여야 한다.

제 13 조

1. 체약국은 제9조 제1항에 따라 항공기 기장이 인도하는 자를 인수하여야 한다.

2. 사정이 그렇게 함을 정당화한다고 확신하는 경우에는 체약국은 제11조 제1항에 규정된 행위를 범한 피의자와 동국이 인수한 자의 신병을 확보하기 위하여 구금 또는 기타 조치를 취하여야 한다. 동 구금과 기타 조치는 동국의 법률이 규정한 바에 따라야 하나, 형사적 절차와 범죄인 인도에 따른 절차의 착수를 가능하게 하는 데에 합리적으로 필요한 시기까지에만 계속되어야 한다.

3. 전항에 따라 구금된 자는 동인의 국적국의 가장 가까이 소재하고 있는 적절한 대표와 즉시 연락을 취할 수 있도록 도움을 받아야 한다.

4. 제9조 제1항에 따라 특정인을 인수하거나 또는 제11조 제1항에 규정된 행위가 범하여진 후 항공기가 착륙하는 영토국인 체약국은 사실에 대한 예비조사를 즉각 취하여야 한다.

5. 본 조에 따라 특정인을 구금한 국가는 항공기의 등록국 및 피구금자의 국적국과 타당하다고 사료할 경우에는 이해관계를 가진 기타 국가에 대하여 특정인이 구금되고 있으며 그의 구금을 정당화하는 상황 등에 관한 사실을 즉시 통보하여야 한다. 본 조 제4항에 따라 예비조사를 취하는 국가는 조사의 결과와 재판권을 행사할 의사가 있는가의 여부에 대하여 상기 국가들에 즉시 통보하여야 한다.

제 14 조

1. 제8조 제1항에 따라 특정인이 하기조치를 당하였거나 또는 제9조 제1항에 따라 인도되었거나 제11조 제1항에 규정된 행위를 범한 후 항공기에서 하기조치를 당하였을 경우, 또한 동인이 여행을 계속할 수 없거나 계속할 의사가 없는 경우에 항공기가 착륙한 국가가 그의 입국을 허가하지 아니할 때에는 동인이 착륙국가의 국민이거나 영주자가 아니라면 착륙국가는 동인이 국적을 가졌거나 영주권을 가진 국가의 영토에 송환하거나 동인이 항공여행을 시작한 국가의 영토에 송환할 수 있다.

2. 특정인의 상륙, 인도 및 제13조 제2항에 규정된 구금 또는 기타 조치나 동인의 송환은 당해 체약국의 입국관리에 관한 법률의 적응에 따라 동국 영토에 입국이 허가된 것으로 간주되지 아니하며, 본 조약의 어떠한 규정도 자국 영토로부터의 추방을 규정한 법률에 영향을 미치지 아니한다.

제 15 조

1. 제14조의 규정에도 불구하고 제8조 제1항에 따라 항공기에서 하기조치를 당하였거나, 제9조 제1항에 따라 인도되었거나, 제11조 제1항에 규정된 행위를 범한 후 항공기에서 내린 자가 여행을 계속할 것을 원하는 경우에는 범죄인 인도나 형사적 절차를 위하여 착륙국의 법률이 그의 신병확보를 요구하지 않는 한 그가 선택하는 목적지로 향발할 수 있도록 가급적 조속히 자유롭게 행동할 수 있게 하여야 한다.

2. 입국관리와 자국 영토로부터의 추방 및 범죄인 인도에 관한 법률에도 불구하고, 제8조 제1항에 따라 특정인이 하기조치를 당하였거나 제9조 제1항에 따라 인도되었거나 제11조 제1항에 규정된 행위를 범한 것으로 간주된 자가 항공기에서 내린 경우에는 체약국은 동인의 보호와 안전에 있어 동국이 유사한 상황하에서 자국민에게 부여하는 대우보다 불리하지 않은 대우를 부여하여야 한다.

제 6 장 기타 규정

제 16 조

1. 체약국에서 등록된 항공기 내에서 범하여진 범행은 범죄인 인도에 있어서는 범죄가 실제로 발생한 장소에서뿐만 아니라 항공기 등록국의 영토에서 발생한 것과 같이 취급되어야 한다.

2. 전항의 규정에도 불구하고 본 조약의 어떠한 규정도 범죄인을 허용하는 의무를 창설하는 것으로 간주되지 아니한다.

제 17 조

항공기 내에서 범하여진 범죄와 관련하여 수사 또는 체포 조치를 취하거나 재판권을 행사함에 있어서 체약국은 비행의 안전과 이에 관련된 기타 권익에 대하여 상당한 배려를 하여야 하며 항공기, 승객, 승무원 및 화물의 불필요한 지연을 피하도록 노력하여야 한다.

제 18 조

여러 체약국들이 이들 중 어느 한 국가에도 등록되지 아니한 항공기를 운항하는 공동 항공운송 운영기구나 국제적인 운영기구를 설치할 경우에는 이들 체약국은 그때그때의 상황에 따라서 본 조약의 적용상 등록국으로 간주될 국가를 그들 중에서 지정하여야 하며, 이 사실을 국제민간항공기구에 통보하여 본 조약의 모든 당사국에 통보하도록 하여야 한다.

제 7 장 최종 조항

제 19 조

제21조에 따라 효력을 발생하는 날까지 본 조약은 서명 시에 국제연합 회원국이거나 또는 전문기구의 회원국인 모든 국가에 서명을 위하여 개방된다.

제 20 조

1. 본 조약은 각국의 헌법절차에 따라서 서명국이 비준하여야 한다.
2. 비준서는 국제민간항공기구에 기탁된다.

제 21 조

1. 12개의 서명국이 본 조약에 대한 비준서를 기탁한 후 본 조약은 12번째의 비준서 기탁일부터 90일이 되는 날에 동 국가들 간에 발효한다. 이후 본 조약은 이를 비준하는 국가에 대하여 비준서 기탁 이후 90일이 되는 날에 발효한다.
2. 본 조약이 발효하면 국제민간항공기구는 본 조약을 국제연합사무총장에게 등록한다.

제 22 조

1. 본 조약은 효력 발생 후 국제연합 회원국이나 전문기구의 회원국이 가입할 수 있도록 개방된다.

2. 상기 국가의 가입은 국제민간항공기구에 가입서를 기탁함으로써 효력을 발생하며, 동 기탁 이후 90일이 되는 날에 동국에 대하여 발효한다.

제 23 조

1. 체약국은 국제민간항공기구 앞으로 된 통고로써 본 조약을 폐기할 수 있다.

2. 상기 폐기는 국제민간항공기구 앞으로 된 폐기통고가 접수된 날로부터 6개월 이후에 효력을 발생한다.

제 24 조

1. 본 조약의 해석이나 적용에 있어서 둘 또는 그 이상의 체약국 간에 협상을 통한 해결을 볼 수 없는 분쟁이 있을 경우에는 이 중 어느 국가든지 중재회부를 요청할 수 있다. 중재요청의 날로부터 6개월 이내에 당사자들이 중재기구에 관한 합의에 도달하지 못하는 경우에는 이 중 어느 당사자든지 국제사법재판소의 규정에 따른 요청으로 동 분쟁을 국제사법재판소에 제소할 수 있다.

2. 각국은 본 조약에 대한 서명, 비준 또는 가입 시에 자국이 전항에 구속되지 아니한다는 바를 선언할 수 있다. 기타 체약국은 상기와 같은 유보를 선언한 체약국과의 관계에서는 전항에 구속되지 아니한다.

3. 전항에 따라 유보를 선언한 체약국은 언제든지 국제민간항공기구에 대한 통고로써 동 유보를 철회할 수 있다.

제 25 조

제24조에 규정한 이외에는 본 조약에 대한 유보를 할 수 없다.

제 26 조

국제민간항공기구는 모든 국제연합 회원국과 전문기구의 회원국에 대하여 다음 사항을 통보한다.

(a) 본 조약에 대한 서명과 그 일자.

(b) 비준서 또는 가입서의 기탁과 그 일자.

(c) 제21조제1항에 따른 본 조약의 발효 일자.

(d) 폐기통고의 접수와 그 일자.

(e) 제24조에 따른 선언 또는 통고의 접수와 그 일자.

이상의 증거로서 하기 전권위원은 정당히 권한을 위임받고 본 조약에 서명하였다.

1963년 9월 14일 도쿄에서 동등히 정본인 영어, 불어 및 서반아어본의 3부를 작성하였다.

본 조약은 국제민간항공기구에 기탁되고 제19조에 따라 서명이 개방되며, 동 기구는 모든 국제연합 회원국과 전문기구의 회원국에 조약의 인증등본을 송부하여야 한다.

CONVENTION FOR THE SUPPRESSION OF UNLAWFUL SEIZURE OF AIRCRAFT

The Hague Convention 1970

PREAMBLE

THE STATES PARTIES TO THIS CONVENTION:

CONSIDERING that unlawful acts of seizure or exercise of control of aircraft in flight jeopardize the safety of persons and property, seriously affect the operation of air services, and undermine the confidence of the peoples of the world in the safety of civil aviation;

CONSIDERING that the occurrence of such acts is a matter of grave concern;

CONSIDERING that, for the purpose of deterring such acts, there is an urgent need to provide appropriate measures for punishment of offenders;

HAVE AGREED AS FOLLOWS:

Article 1

Any person who on board an aircraft in flight:

(a) unlawfully, by force or threat thereof, or by any other form of intimidation, seizes, or exercises control of, that aircraft, or attempts to perform any such act, or (b) is an accomplice of a person who performs or attempts to perform any such act commits an offence(hereinafter referred to as "the offence").

Article 2

Each Contracting State undertakes to make the offence punishable by severe penalties.

Article 3

1. For the purposes of this Convention, an aircraft is considered to be in flight at any time from the moment when all its external doors are closed following embarkation until the moment when any such door is opened for disembarkation. In the case of a forced landing, the flight shall be deemed to continue until the competent authorities take over the responsibility for the aircraft and for persons and property on board.

2. This Convention shall not apply to aircraft used in military, customs or police services.

3. This Convention shall apply only if the place of take−off or the place of actual landing of the aircraft on board which the offence is committed is situated outside the territory of the State of registration of that aircraft; it shall be immaterial whether the aircraft is engaged in an international or domestic flight.

4. In the cases mentioned in Article 5, this Convention shall not apply if the place of take−off and the place of actual landing of the aircraft on board which the offence is committed are situated within the territory of the same State where that State is one of those referred to in that Article.

5. Notwithstanding paragraphs 3 and 4 of this Article, Articles 6, 7, 8, and 10 shall apply whatever the place of take−off or the place of actual landing of the aircraft, if the offender or the alleged offender is found in the territory of a State other than the State of registration of that aircraft.

Article 4

1. Each Contracting State shall take such measures as may be necessary to establish its jurisdiction over the offence and any other act of violence against passengers or crew committed by the alleged offender in connection with the offence, in the following cases:

(a) when the offence is committed on board an aircraft registered in that State;

(b) when the aircraft on board which the offence is committed lands in its territory with the alleged offender still on board;

(c) when the offence is committed on board an aircraft leased without crew to a lessee who has his principal place of business or, if the lessee has no such place of business, his permanent residence, in that State.

2. Each Contracting State shall likewise take such measures as may be necessary to establish its jurisdiction over the offence in the case where the alleged offender is present in its territory and it does not extradite him pursuant to Article 8 to any of the States mentioned in paragraph 1 of this Article.

This Convention does not exclude any criminal jurisdiction exercised in accordance with national law.

Article 5

The Contracting States which establish joint air transport operating organizations or international operating agencies, which operate aircraft which are subject to joint or international registration shall, by appropriate means, designate for each aircraft the State among them which shall exercise the jurisdiction and have the attributes of the State of registration for the purpose of this Convention and shall give notice thereof to the International Civil Aviation Organization which shall communicate the notice to all States Parties to this Convention.

Article 6

1. Upon being satisfied that the circumstances so warrant, any Contracting State in the territory of which the offender or the alleged offender is present, shall take him into custody or take other measures to ensure his presence. The custody and other measures shall be as provided in the law of that State but may only be continued for such time as is necessary to enable any criminal or extradition proceedings to be instituted.

2. Such State shall immediately make a preliminary enquiry into the facts.

3. Any person in custody pursuant to paragraph 1 of this Article shall be assisted in communicating immediately with the nearest appropriate representative of the State of which he is a national.

4. When a State, pursuant to this Article, has taken a person into custody, it shall immediately notify the State of registration of the aircraft, the State mentioned in Article 4, paragraph 1(c), the State of nationality of the detained person and, if it considers it advisable, any other interested States of the fact that such person is in custody and of the circumstances which warrant his detention. The State which makes the preliminary enquiry contemplated in paragraph 2 of this Article shall promptly report its findings to the said States and shall indicate whether it intends to exercise jurisdiction.

Article 7

The Contracting State in the territory of which the alleged offender is found shall, if it does not extradite him, be obliged, without exception whatsoever and whether or not the offence was committed in its territory, to submit the case to its competent authorities for the purpose of prosecution.

Those authorities shall take their decision in the same manner as in the case of any ordinary offence of a serious nature under the law of that State.

Article 8

1. The offence shall be deemed to be included as an extraditable offence in any extradition treaty existing between Contracting States. Contracting States undertake to include the offence as an extraditable offence in every extradition treaty to be concluded between them.

2. If a Contracting State which makes extradition conditional on the existence of a treaty receives a request for extradition from another Contracting State with which it has no extradition treaty, it may at its option consider this Convention as the legal basis for extradition in respect of the offence. Extradition shall be subject to the other conditions provided by the law of the requested State.

3. Contracting States which do not make extradition conditional on the existence of a treaty shall recognize the offence as an extraditable offence between themselves subject to the conditions provided by the law of the requested State.

4. The offence shall be treated, for the purpose of extradition between Contracting States, as if it had been committed not only in the place in which it occurred but also in the territories of the States required to establish their jurisdiction in accordance with Article 4, paragraph 1.

Article 9

1. When any of the acts mentioned in Article 1(a) has occurred or is about to occur, Contracting States shall take all appropriate measures to restore control of the aircraft to its lawful commander or to preserve his control of the aircraft.

2. In the cases contemplated by the preceding paragraph, any Contracting State in which the aircraft or its passengers or crew are present shall facilitate the continuation of the journey of the passengers and crew as soon as practicable, and shall without delay return the aircraft and its cargo to the persons lawfully entitled to possession.

Article 10

1. Contracting States shall afford one another the greatest measure of assistance in connection with criminal proceedings brought in respect of the offence and other acts mentioned in Article 4. The law of the State requested shall apply in all cases.

2. The provisions of paragraph 1 of this Article shall not affect obligations under any other treaty, bilateral or multilateral, which governs or will govern, in whole or in part, mutual assistance in criminal matters.

Article 11

Each Contracting State shall in accordance with its national law report to the Council of the International Civil Aviation Organization as promptly as possible any relevant information in its possession concerning:

(a) the circumstances of the offence;

(b) the action taken pursuant to Article 9;

(c) the measures taken in relation to the offender or the alleged offender, and, in particular, the results of any extradition proceedings or other legal proceedings.

Article 12

1. Any dispute between two or more Contracting States concerning the interpretation or application of this Convention which cannot be settled

through negotiation, shall, at the request of one of them, be submitted to arbitration. If within six months from the date of the request for arbitration the Parties are unable to agree on the organization of the arbitration, any one of those Parties may refer the dispute to the International Court of Justice by request in conformity with the Statute of the Court.

2. Each State may at the time of signature or ratification of this Convention or accession thereto, declare that it does not consider itself bound by the preceding paragraph. The other Contracting States shall not be bound by the preceding paragraph with respect to any Contracting State having made such a reservation.

3. Any Contracting State having made a reservation in accordance with the preceding paragraph may at any time withdraw this reservation by notification to the Depositary Governments.

Article 13

1. This Convention shall be open for signature at The Hague on 16 December 1970, by States participating in the International Conference on Air Law held at The Hague from 1 to 16 December 1970(hereinafter referred to as The Hague Conference). After 31 December 1970, the Convention shall be open to all States for signature in Moscow, London and Washington. Any State which does not sign this Convention before its entry into force in accordance with paragraph 3 of this Article may accede to it at any time.

2. This Convention shall be subject to ratification by the signatory States. Instruments of ratification and instruments of accession shall be deposited with the Governments of the Union of Soviet Socialist Republics, the United Kingdom of Great Britain and Northern Ireland, and the United States of America, which are hereby designated the Depositary Governments.

3. This Convention shall enter into force thirty days following the date of the deposit of instruments of ratification by ten States signatory to this Convention which participated in The Hague Conference.

4. For other States, this Convention shall enter into force on the date of entry into force of this Convention in accordance with paragraph 3 of this Article, or thirty days following the date of deposit of their instruments of ratification or accession, whichever is later.

5. The Depositary Governments shall promptly inform all signatory and acceding States of the date of each signature, the date of deposit of each instrument of ratification or accession, the date of entry into force of this Convention, and other notices.

6. As soon as this Convention comes into force, it shall be registered by the Depositary Governments pursuant to Article 102 of the Charter of the United Nations and pursuant to Article 83 of the Convention on International Civil Aviation(Chicago, 1944).

Article 14

1. Any Contracting State may denounce this Convention by written notification to the Depositary Governments.

2. Denunciation shall take effect six months following the date on which notification is received by the Depositary Governments.

IN WITNESS WHEREOF the undersigned Plenipotentiaries, being duly authorised thereto by their Governments, have signed this Convention.

DONE at The Hague, this sixteenth day of December, one thousand nine hundred and seventy, in three originals, each being drawn up in four authentic texts in the English, French, Russian and Spanish languages.

헤이그조약 1970

전 문

본 조약의 당사국들은,

비행 중에 있는 항공기의 불법적인 납치 또는 점거행위가 인명 및 재산의 안전에 위해를 가하고 항공업무의 수행에 중대한 영향을 미치며 또한 민간항공의 안전에 대한 세계인민의 신뢰를 저해하는 것임을 고려하고,

그와 같은 행위의 발생이 중대한 관심사임을 고려하고,

그와 같은 행위를 방지하기 위하여 범인들의 처벌에 관한 적절한 조치들을 규정하기 위한 긴박한 필요성이 있음을 고려하여,

다음과 같이 합의하였다.

제 1 조

비행 중에 있는 항공기에 탑승한 여하한 자도,

　(가) 폭력 또는 그 위협에 의하여 또는 그 밖의 어떠한 다른 형태의 협박에 의하여 불법적으로 항공기를 납치 또는 점거하거나 또는 그와 같은 행위를 하고자 시도하는 경우, 또는

　(나) 그와 같은 행위를 하거나, 하고자 시도하는 자의 공범자인 경우에는 죄(이하 「범죄」라 한다)를 범한 것으로 한다.

제 2 조

각 체약국은 범죄를 엄중한 형벌로 처벌할 수 있도록 할 의무를 진다.

제 3 조

1. 본 조약의 목적을 위하여 항공기는 탑승 후 모든 외부의 문이 닫힌 순간으로부터 하기를 위하여 그와 같은 문이 열리는 순간까지의 어떠한 시간에도 비행 중에 있는 것으로 본다. 강제착륙의 경우 비행은 관계당국이 항공기와 기상의 인원 및 대산에 대한 책임을 인수할 때까지 계속하는 것으로 본다.

2. 본 조약은 군사, 세관 또는 경찰업무에 사용되는 항공기에는 적용하지 아니한다.

3. 본 조약은 기상에서 범죄가 행하여지고 있는 항공기의 이륙장소 또는 실제의 착륙장소가 그 항공기의 등록국가의 영토 외에 위치한 경우에만 적용되며, 그 항공기가 국제 혹은 국내 항행에 종사하는지 여부는 가리지 아니한다.

4. 제5조에서 언급된 경우에 있어서, 본 조약은 기상에서 범죄가 행하여지고 있는 항공기의 이륙장소 및 실제의 착륙장소가 동 조에 언급된 국가 중의 하나에 해당하는 국가의 영토 내에 위치한 경우에는 적용하지 아니한다.

5. 본 조 제3 및 제4항에 불구하고, 만약 범인 또는 범죄혐의자가 그 항공기의 등록국가 이외의 국가의 영토 내에서 발견된 경우에는 그 항공기의 이륙장소 또는 실제의 착륙장소 여하를 불문하고 제6, 제7, 제8 및 제10조가 적용된다.

제 4 조

1. 각 체약국은 범죄 및 범죄와 관련하여 승객 또는 승무원에 대하여 범죄혐의자가 행한 기타 폭력행위에 관하여 다음과 같은 경우에 있어서 관할권을 확립하기 위하여 필요한 제반조치를 취하여야 한다.

  (가) 범죄가 당해국에 등록된 항공기 기상에서 행하여진 경우

  (나) 기상에서 범죄가 행하여진 항공기가 아직 기상에 있는 범죄혐의자를 싣고 그 영토 내에 착륙한 경우

  (다) 범죄가 주된 사업장소 또는 그와 같은 사업장소를 가지지 않은 경우에는 주소를 그 국가에 가진 임차인에게 승무원 없이 임대된 항공기 기상에서 행하여진 경우

2. 각 체약국은 또한 범죄혐의자가 그 영토 내에 존재하고 있으며, 제8조에 따라 본 조 제1항에 언급된 어떠한 국가에도 그를 인도하지 않는 경우에 있어서 범죄에 관한 관할권을 확립하기 위하여 필요한 제반조치를 취하여야 한다.

3. 본 조약은 국내법에 의거하여 행사되는 어떠한 형사관할권도 배제하지 아니한다.

제 5 조

공동 또는 국제등록에 따라 항공기를 운영하는 공동 항공운수운영기구 도는 국제운영기관을 설치한 체약국들은 적절한 방법에 따라 각 항공기에 대하여 관할권을 행사하고 본 조약이 목적을 위하여 등록국가의 자격을 가지는 국가를 당해국 중에서 지명하여야 하며, 또한 국제민간항공기구에 그에 관한 통고를 하여야 하며, 동 기구는 본 조약의 전 체약국에 동 통고를 전달하여야 한다.

제 6 조

1. 사정이 그와 같이 허용한다고 인정한 경우, 범인 및 범죄혐의자가 그 영토 내에 존재하고 있는 체약국은 그를 구치하거나 그의 신병확보를 위한 기타 조치를 취하여야 한다. 동 구치 및 기타 조치는 그 국가의 국내법에 규정된 바에 따라야 하나, 형사 또는 인도절차를 취함에 필요한 시간 동안만 계속될 수 있다.

2. 그러한 국가는 사실에 대한 예비조사를 즉시 행하여야 한다.

3. 본 조 제1항에 따라 구치 중에 있는 어떠한 자도 최근거리에 있는 본국의 적절한 대표와 즉시연락을 취하는 데 도움을 받아야 한다.

4, 본 조에 의거하여 체약국이 어떠한 자를 구치하였을 때, 그 국가는 항공기의 등록국가 제4조 제1항 (다)에 언급된 국가 피구치자가 국적을 가진 국가 및 타당하다고 생각할 경우 기타 관계국가에 대하여 그와 같은 자가 구치되어 있다는 사실과 그의 구치를 정당화하는 사정을 즉시 통고하여야 한다. 본 조 제2항에 규정된 예비조사를 행한 국가는 전기 국가에 대하여 그 조사결과를 즉시 보고하여야 하며, 그 관할권을 행사할 의도가 있는지 여부를 명시하여야 한다.

제 7 조

그 영토 내에서 범죄혐의자가 발견된 체약국은 만약 동인을 인도하지 않을 경우에는 예외 없이, 또한 그 영토 내에서 범죄가 행하여진 것인지 여부를 불문하고 소추를 하기 위하여 권한 있는 당국에 동 사건을 회부하여야 한다.

그런 다음은 그 국가의 법률상 중대한 성질의 일반적인 범죄의 경우에 있어서와 같은 방법으로 결정을 내려야 한다.

제 8 조

1. 범죄는 체약국들 간에 현존하는 인도조약상의 인도범죄에 포함되는 것으로 간주된다. 체약국들은 범죄를 그들 사이에 체결될 모든 인도조약에 인도범죄로서 포함할 의무를 진다.

2. 인도에 관하여 조약의 존재를 조건으로 하는 체약국이 상호 인도조약을 체결하지 않은 타 체약국으로부터 인도 요청을 받은 경우에는 그 선택에 따라 본 조약을 범죄에 관한 인도를 위한 법적인 근거로서 간주할 수 있다. 인도는 피요청국의 법률에 규정된 기타 제 조건에 따라야 한다.

3. 인도에 관하여 조약의 존재를 조건으로 하지 않는 체약국들은 피요청국의 법률에 규정된 제 조건에 따를 것을 조건으로 범죄를 동 국가들 간의 인도범죄로 인정하여야 한다.

4. 범죄는 체약국 간의 인도목적을 위하여 그것이 발생한 장소에서뿐만 아니라 제4조 제1항에 따라 관할권을 확립하도록 되어 있는 국가들의 영토 내에서 행하여진 것과 같이 다루어진다.

제 9 조

1. 제1조 (가)에서 언급된 어떠한 행위가 발생하였거나 또는 발생하려고 하는 경우, 체약국은 항공기에 대한 통제를 적법한 기장에게 회복시키거나 또는 그의 항공기에 대한 통제를 보전시키기 위하여 적절한 모든 조치를 취하여야 한다.

2. 전항에 규정된 경우에 있어서 항공기, 그 승객 또는 승무원이 자국 내에 소재하고 있는 어떠한 체약국도 실행이 가능한 한 조속히 승객 및 승무원의 여행의 계속을 용이하게 하여야 하며, 항공기 및 그 화물을 정당한 점유권자에게 지체 없이 반환하여야 한다.

제 10 조

1. 체약국들은 범죄 및 제4조에 언급된 기타 행위와 관련하여 제기된 형사소송절차에 관하여 상호간 최대의 협조를 제공하여야 한다. 피요청국의 법률은 모든 경우에 있어서 적용된다.

2. 본 조 제1항의 규정은 형사문제에 있어서 전반적 또는 부분적인 상호협조를 규정

하거나 또는 규정할 그 밖의 어떠한 양자 또는 다자조약상의 의무에도 영향을 미치지 아니한다.

제 11 조

각 체약국은 그 국내법에 의거하여 국제민간항공기구 이사회에 그 국가가 소유하고 있는 다음에 관한 어떠한 관계 정보도 가능한 한 조속히 보고하여야 한다.
　(가) 범죄의 상황
　(나) 제9조에 의거하여 취하여진 조치
　(다) 범인 또는 범죄혐의자에 대하여 취하여진 조치 또한 특히 인도절차 또는 기타 법적 절차의 결과

제 12 조

1. 협상을 통하여 해결될 수 없는 본 조약의 해석 또는 적용에 관한 2개국 또는 그 이상의 체약국들 간의 어떠한 분쟁도 그들 중 일 국가의 요청에 의하여 중재에 회부된다. 중재 요청일로부터 6개월 이내에 체약국들이 중재 구성에 합의하지 못할 경우에는 그들 당사국 중 어느 일 국가가 국제사법 재판소에 동 재판소 규정에 따라 분쟁을 부탁할 수 있다.

2. 각 체약국은 본 조약의 서명, 비준 또는 가입 시에 자국이 정한 규정에 구속되지 아니하는 것으로 본다는 것을 선언할 수 있다. 타방 체약국들은 그러한 유보를 행한 체약국에 관하여 전항 규정에 의한 구속을 받지 아니한다.

3. 전항 규정에 의거하여 유보를 행한 어떠한 체약국도 기탁정부에 대한 통고로써 동 유보를 언제든지 철회할 수 있다.

제 13 조

1. 본 조약은 1970년 12월 1일부터 16일까지 헤이그에서 개최된 항공법에 관한 국제회의(이하 「헤이그회의」라 한다.)에 참가한 국가들에 대하여 1970년 12월 16일 헤이그에서 서명을 위하여 개방된다. 1970년 12월 31일 이후 조약은 모스크바, 런던 및 워싱턴에서 서명을 위하여 모든 국가에 개방된다.

본 조 제3항에 따른 발효 이전에 본 조약에 서명하지 않은 어떠한 국가도 언제든지 본 조약에 가입할 수 있다.

2. 본 조약은 서명국에 의한 비준을 받아야 한다. 비준서 및 가입서는 이에 기탁정부로 지정된 소련, 영국 및 미국 정부에 기탁되어야 한다.

3. 본 조약은 헤이그회의에 참석한 본 조약의 10개 서명국에 의한 비준서 기탁일로부터 30일 후에 효력을 발생한다.

4. 기타 국가들에 대하여 본 조약은 본 조 제3항에 따른 본 조약의 발효일자 또는 당해국의 비준서 또는 가입서를 기탁한 일자 후 30일 중에서 나중의 일자에 효력을 발생한다.

5. 기탁정부들은 모든 서명 및 가입국에 대하여 매 서명일자, 매 비준서 또는 가입서의 기탁일자, 본 조약의 발효일자 및 기타 통고를 즉시 통보하여야 한다.

6. 본 조약은 발효하는 즉시 국제연합 헌장 제102조에 따라 또한 국제민간항공조약(Chicago, 1944) 제83조에 따라 기탁정부들에 의하여 등록되어야 한다.

제 14 조

1. 어떠한 체약국도 기탁정부들에 대한 서면통고로써 본 조약을 폐기할 수 있다.
2. 폐기는 기탁정부들에 의하여 통고가 접수된 일자의 6개월 후에 효력을 발생한다.

이상의 증거로써 하기 전권 대표들은, 그들 정부로부터 정당히 권한을 위임받아 본 협정에 서명하였다.

일천구백칠십년 십이월 십육일, 각기 영어, 프랑스어, 러시아어 및 서반아어로 공정히 작성된 원본 3부로 작성하였다.

CONVENTION FOR THE SUPPRESSION OF UNLAWFUL ACTS AGAINST THE SAFETY OF CIVIL AVIATION

Montreal Convention 1971

THE STATE PARTIES TO THIS CONVENTION:

CONSIDERING that unlawful acts against the safety of civil aviation jeopardize the safety of persons and property, seriously affect the operation of air services, and undermine the confidence of the peoples of the world in the safety of civil aviation;

CONSIDERING that the occurrence of such acts is a matter of grave concern;

CONSIDERING that, for the purpose of deterring such acts, there is an urgent need to provide appropriate measures for punishment of offenders;

HAVE AGREED AS FOLLOWS:

Article 1

1. Any person commits an offence if he unlawfully and intentionally:

(a) performs an act of violence against a person on board an aircraft in flight if that act is likely to endanger the safety of that aircraft; or

(b) destroys an aircraft in service or causes damage to such an aircraft which renders it incapable of flight or which is likely to endanger its safety in flight; or

(c) places or causes to be placed on an aircraft in service, by any means whatsoever, a device or substance which is likely to destroy that aircraft, or to cause damage to it which renders it incapable of flight, or to cause damage to it which is likely to endanger its safety in flight; or

(d) destroys or damages air navigation facilities or interferes with their operation, if any such act is likely to endanger the safety of aircraft in flight; or

(e) communicates information which he knows to be false, thereby endangering the safety of an aircraft in flight.

2. Any person also commits an offence if he:

(a) attempts to commit any of the offences mentioned in paragraph 1 of this Article; or

(b) is an accomplice of a person who commits or attempts to commit any such offence.

Article 2

For the purposes of this Convention:

(a) an aircraft is considered to be in flight at any time from the moment when all its external doors are closed following embarkation until the moment when any such door is opened for disembarkation; in the case of a forced landing, the flight shall be deemed to continue until the competent authorities take over the responsibility for the (b) aircraft and for persons and property on board;

an aircraft is considered to be in service from the beginning of the preflight preparation of the aircraft by ground personnel or by the crew for a specific flight until twenty−four hours after any landing; the period of service shall, in any event, extend for the entire period during which the aircraft is in flight as defined in paragraph (a) of this Article.

Article 3

Each Contracting State undertakes to make the offences mentioned in Article 1 punishable by severe penalties.

Article 4

1. This Convention shall not apply to aircraft used in military, customs or police services.

2. In the cases contemplated in subparagraphs (a), (b), (c) and (e) of paragraph 1 of Article 1, this Convention shall apply, irrespective of whether the aircraft is engaged in an international or domestic flight, only if:

(a) the place of take-off or landing, actual or intended, of the aircraft is situated outside the territory of the State of registration of that aircraft; or

(b) the offence is committed in the territory of a State other than the State of registration of the aircraft.

3. Notwithstanding paragraph 2 of this Article, in the cases contemplated in subparagraphs (a), (b), (c) and (e) of paragraph 1 of Article 1, this Convention shall also apply if the offender or the alleged offender is found in the territory of a State other than the State of registration of the aircraft.

4. With respect to the States mentioned in Article 9 and in the cases mentioned in subparagraphs (a), (b), (c) and (e) of paragraph 1 of Article 1, this Convention shall not apply if the places referred to in subparagraph (a) of paragraph 2 of this Article are situated within the territory of the same State where that State is one of those referred to in Article 9, unless the offence is committed or the offender or alleged offender is found in the territory of a State other than that State.

5. In the cases contemplated in subparagraph (d) of paragraph 1 of

Article 1, this Convention shall apply only if the air navigation facilities are used in international air navigation.

6. The provisions of paragraphs 2, 3, 4 and 5 of this Article shall also apply in the cases contemplated in paragraph 2 of Article 1.

Article 5

1. Each Contracting State shall take such measures as may be necessary to establish its jurisdiction over the offences in the following cases:

(a) when the offence is committed in the territory of that State;

(b) when the offence is committed against or on board an aircraft registered in that State;

(c) when the aircraft on board which the offence is committed lands in its territory with the alleged offender still on board;

(d) when the offence is committed against or on board an aircraft leased without crew to a lessee who has his principal place of business or, if the lessee has no such place of business, his permanent residence, in that State.

2. Each Contracting State shall likewise take such measures as may be necessary to establish its jurisdiction over the offences mentioned in Article 1, paragraph 1 (a), (b) and (c), and in Article 1, paragraph 2, in so far as that paragraph relates to those offences, in the case where the alleged offender is present in its territory and it does not extradite him pursuant to Article 8 to any of the States mentioned in paragraph 1 of this Article.

3. This Convention does not exclude any criminal jurisdiction exercised in accordance with national law.

Article 6

1. Upon being satisfied that the circumstances so warrant, any Contracting State in the territory of which the offender or the alleged offender is present, shall take him into custody or take other measures to ensure his presence. The custody and other measures shall be as provided in the law of that State but may only be continued for such time as is necessary to enable any criminal or extradition proceedings to be instituted.

2. Such State shall immediately make a preliminary enquiry into the facts.

3. Any person in custody pursuant to paragraph 1 of this Article shall be assisted in communicating immediately with the nearest appropriate representative of the State of which he is a national.

4. When a State, pursuant to this Article, has taken a person into custody, it shall immediately notify the States mentioned in Article 5, paragraph 1, the State of nationality of the detained person and, if it considers it advisable, any other interested State of the fact that such person is in custody and of the circumstances which warrant his detention. The State which makes the preliminary enquiry contemplated in paragraph 2 of this Article shall promptly report its findings to the said States and shall indicate whether it intends to exercise jurisdiction.

Article 7

The Contracting State in the territory of which the alleged offender is found shall, if it does not extradite him, be obliged, without exception whatsoever and whether or not the offence was committed in its territory, to submit the case to its competent authorities for the purpose of prosecution. Those authorities shall take their decision in the same manner as in the case of any ordinary offence of a serious nature under the law of that State.

Article 8

1. The offences shall be deemed to be included as extraditable offences in any extradition treaty existing between Contracting States. Contracting States undertake to include the offences as extraditable offences in every etradition treaty to be concluded between them.

2. If a Contracting State which makes extradition conditional on the existence of a treaty receives a request for extradition from another Contracting State with which it has no extradition treaty, it may at its option consider this Convention as the legal basis for extradition in respect of the offences. Extradition shall be subject to the other conditions provided by the law of the requested State.

3. Contracting States which do not make extradition conditional on the existence of a treaty shall recognize the offences as extraditable offences between themselves subject to the conditions provided by the law of the requested State.

4. Each of the offences shall be treated, for the purpose of extradition between Contracting States, as if it had been committed not only in the place in which it occurred but also in the territories of the States required to establish their jurisdiction in accordance with Article 5, paragraph 1 (b), (c) and (d).

Article 9

The Contracting States which establish joint air transport operating organizations or international operating agencies, which operate aircraft which are subject to joint or international registration shall, by appropriate means, designate for each aircraft the State among them which shall exercise the jurisdiction and have the attributes of the State of registration for the purpose of this Convention and shall give notice thereof to the International Civil Aviation Organization which shall communicate the notice to all States Parties to this Convention.

Article 10

1. Contracting States shall, in accordance with international and national law, endeavour to take all practicable measure for the purpose of preventing the offences mentioned in Article 1.

2. When, due to the commission of one of the offences mentioned in Article 1, a flight has been delayed or interrupted, any Contracting State in whose territory the aircraft or passengers or crew are presentshall facilitate the continuation of the journey of the passengers and crew as soon as practicable, and shall without delay return the aircraft and its cargo to the persons lawfully entitled to possession.

Article 11

1. Contracting States shall afford one another the greatest measure of assistance in connection with criminal proceedings brought in respect of the offences. The law of the State requested shall apply in all cases.

2. The provisions of paragraph 1 of this Article shall not affect obligations under any other treaty, bilateral or multilateral, which governs or will govern, in whole or in part, mutual assistance in criminal matters.

Article 12

Any Contracting State having reason to believe that one of the offences mentioned in Article 1 will be committed shall, in accordance with its national law, furnish any relevant information in its possession to those States which it believes would be the States mentioned in Article 5, paragraph 1.

Article 13

Each Contracting State shall in accordance with its national law report to the Council of the International Civil Aviation Organization as promptly as possible any relevant information in its possession concerning:

(a) the circumstances of the offence;

(b) the action taken pursuant to Article 10, paragraph 2;

(c) the measures taken in relation to the offender or the alleged offender and, in particular, the results of any extradition proceedings or other legal proceedings.

Article 14

1. Any dispute between two or more Contracting States concerning the interpretation or application of this Convention which cannot be settled through negotiation, shall, at the request of one of them, be submitted to arbitration. If within six months from the date of the request for arbitration the Parties are unable to agree on the organization of the arbitration, any one of those Parties may refer the dispute to the International Court of Justice by request in conformity with the Statute of the Court.

2. Each State may at the time of signature or ratification of this Convention or accession thereto, declare that it does not consider itself bound by the preceding paragraph. The other Contracting States shall not be bound by the preceding paragraph with respect to any Contracting State having made such a reservation.

3. Any Contracting State having made a reservation in accordance with the preceding paragraph may at any time withdraw this reservation by notification to the Depositary Governments.

Article 15

1. This Convention shall be open for signature at Montreal on 23 September 1971, by States participating in the International Conference on Air Law held at Montreal from 8 to 23 September 1971(hereinafter referred to as the Montreal Conference). After 10 October 1971, the Convention shall be open to all States for signature in Moscow, London and Washington. Any State which does not sign this Convention before its entry into force in accordance with paragraph 3 of this Article may accede to it at any time.

2. This Convention shall be subject to ratification by the signatory States. Instruments of ratification and instruments of accession shall be deposited with the Governments of the Union of Soviet Socialist Republics, the United Kingdom of Great Britain and Northern Ireland, and the United States of America, which are hereby designated the Depositary Governments.

3. This Convention shall enter into force thirty days following the date of the deposit of instruments of ratification by ten States signatory to this Convention which participated in the Montreal Conference.

4. For other States, this Convention shall enter into force on the date of entry into force of this Convention in accordance with paragraph 3 of this Article, or thirty days following the date of deposit of their instruments of ratification or accession, whichever is later.

5. The Depositary Governments shall promptly inform all signatory and acceding States of the date of each signature, the date of deposit of each instrument of ratification or accession, the date of entry into force of this Convention, and other notices.

6. As soon as this Convention comes into force, it shall be registered by the Depositary Governments pursuant to Article 102 of the Convention on International Civil Aviation(Chicago, 1944).

Article 16

1. Any Contracting State may denounce this Convention by written notification to the Depositary Governments.

2. Denunciation shall take effect six months following the date on which notification is received by the Depositary Governments.

IN WITNESS WHEREOF the undersigned Plenipotentiaries, being duly authorized thereto by their Governments, have signed this Convention.

DONE at Montreal, this twenty－third day of September, one thousand nine hundred and seventy－one, in three originals, each being drawn up in four authentic texts in the English, French, Russian and Spanish languages.

몬트리올조약 1971

본 조약 당사국들은,

민간항공의 안전에 대한 불법적 행위가 인명 및 재산의 안전에 위해를 가하고, 항공업무의 수행에 중대한 영향을 미치며, 또한 민간항공의 안전에 대한 세계인민의 신뢰를 저해하는 것임을 고려하고,

그러한 행위의 발생이 중대한 관심사임을 고려하고,

그러한 행위를 방지하기 위하여 범인들의 처벌에 관한 적절한 조치를 규정할 긴박한 필요성이 있음을 고려하여,

다음과 같이 합의 하였다.

제 1 조

1. 여하한 자도 불법적으로 그리고 고의적으로:

(가) 비행 중인 항공기에 탑승한 자에 대하여 폭력행위를 행하고 그 행위가 그 항공기의 안전에 위해를 가할 가능성이 있는 경우, 또는

(나) 운항 중인 항공기를 파괴하는 경우 또는 그러한 비행기를 훼손하여 비행을 불가능하게 하거나 또는 비행의 안전에 위해를 줄 가능성이 있는 경우, 또는

(다) 여하한 방법에 의하여서라도 운항 중인 항공기 상에 그 항공기를 파괴할 가능성이 있거나 또는 그 항공기를 훼손하여 비행을 불가능하게 할 가능성이 있거나 또는 그 항공기를 훼손하여 비행의 안전에 위해를 줄 가능성이 있는 장치나 물질을 설치하거나 또는 설치되도록 하는 경우, 또는

(라) 항공시설을 파괴 혹은 손상하거나 또는 그 운용을 방해하고 그러한 행위가 비행 중인 항공기의 안전에 위해를 줄 가능성이 있는 경우, 또는

(마) 그가 허위임을 아는 정보를 교신하여 그에 의하여 비행 중인 항공기의 안전에 위해를 주는 경우 에는 범죄를 범한 것으로 한다.

2. 여하한 자도:

(가) 본 조 1항에 규정된 범죄를 범하려고 시도한 경우, 또는

(나) 그러한 범죄를 범하거나 또는 범하려고 시도하는 자의 공범자인 경우에도 또

한 범죄를 범한 것으로 한다.

제 2 조

본 조약의 목적을 위하여:

(가) 항공기는 탑승 후 모든 외부의 문이 닫힌 순간으로부터 하기를 위하여 그러한 문이 열리는 순간까지의 어떠한 시간에도 비행 중에 있는 것으로 본다. 강제착륙의 경우 비행은 관계당국이 항공기와 기상의 인원 및 재산에 대한 책임을 인수할 때까지 계속하는 것으로 본다.

(나) 항공기는 일정 비행을 위하여 지상원 혹은 승무원에 의하여 항공기의 비행 전 준비가 시작된 때부터 착륙 후 24시간까지 운항 중에 있는 것으로 본다. 운항의 기간은 어떠한 경우에도 항공기가 본 조 1항에 규정된 비행 중에 있는 전 기간 동안 계속된다.

제 3 조

각 체약국은 제1조에 규정된 범죄를 엄중한 형벌로 처벌할 수 있도록 할 의무를 진다.

제 4 조

1. 본 조약은 군사, 세관 또는 경찰업무에 사용되는 항공기에는 적용되지 아니한다.

2. 제1조 제1항의 세항 (가), (나), (다) 및 (마)에 규정된 경우에 있어서, 본 조약은 항공기가 국제 또는 국내선에 종사하는지를 불문하고,

(가) 항공기의 실제 또는 예정된 이륙 또는 착륙장소가 그 항공기의 등록국가의 영토 위에 위치한 경우, 또는

(나) 범죄가 그 항공기 등록국가 이외의 국가 영토 내에서 범하여진 경우에만 적용된다.

3. 본 조 2항에 불구하고 제1조 제1항 세항 (가), (나), (다) 및 (마)에 규정된 경우에 있어서 본 조약은 범인 및 범죄혐의자가 항공기 등록 국가 이외의 국가 영토 내에서 발견된 경우에도 적용된다.

4. 제9조에 언급된 국가와 관련하여 또한 제1조 제1항 세항 (가), (나), (다) 및 (마)에 언급된 경우에 있어서 본 조약은 본 조 2항 세항 (가)에 규정된 장소들이 제9조에

규정 된 국가의 하나에 해당하는 국가의 영토 내에 위치한 경우에는, 그 국가 이외의 국가 영토 내에서 범죄가 범하여지거나 또는 범인이나 범죄혐의자가 발견되지 아니하는 한, 적용되지 아니한다.

5. 제1조 제1항 세항 (라)에 언급된 경우에 있어서 본 조약은 항공시설이 국제항공에 사용되는 경우에만 적용된다.

6. 본 조 제2, 3, 4 및 5항의 규정들은 제1조 제2항의 경우에도 적용된다.

제 5 조

1. 각 체약국은 다음과 같은 경우에 있어서 범죄에 대한 관할권을 확립하기 위하여 필요한 제반조치를 취하여야 한다.

(가) 범죄가 그 국가의 영토 내에서 범하여진 경우

(나) 범죄가 그 국가에 등록된 항공기에 대하여 또는 기상에서 범하여진 경우

(다) 범죄가 기상에서 범하여지고 있는 항공기가 아직 기상에 있는 범죄혐의자와 함께 그 영토 내에 착륙한 경우

(라) 범죄가 주된 사업장소 또는 그러한 사업장소를 가지지 않은 경우에는 영구주소를 그 국가 내에 가진 임차인에게 승무원 없이 임대된 항공기에 대하여 또는 기상에서 범하여진 경우

2. 각 체약국은 범죄혐의자가 그 영토 내에 소재하고 있으며, 그를 제8조에 따라 본 조 제1항에 언급된 어떠한 국가에도 인도하지 않는 경우에 있어서, 제1조 제1항 (가), (나) 및 (다)에 언급된 범죄에 관하여 또한 제1조 제2항에 언급된 범죄에 관하여 동 조가 그러한 범죄에 효력을 미치는 한, 그 관할권을 확립하기 위하여 필요한 제반조치를 또한 취하여야 한다.

3. 본 조약은 국내법에 따라 행사되는 어떠한 형사관할권도 배제하지 아니한다.

제 6 조

1. 사정이 그와 같이 허용한다고 인정한 경우, 범인 및 범죄혐의자가 그 영토 내에 소재하고 있는 체약국은 그를 구치하거나 그의 신병확보를 위한 기타 조치를 취하여야 한다. 동 구치 및 기타 조치는 그 국가의 국내법에 규정된 바에 따라야 하나, 형사 또는 인도절차를 취함에 필요한 시간 동안만 계속될 수 있다.

2. 그러한 국가는 사실에 대한 예비조사를 즉시 행하여야 한다.

3. 본 조 제1항에 따라 구치 중에 있는 어떠한 자도 최근거리에 있는 그 본국의 적절한 대표와 즉시 연락을 취하는 데 도움을 받아야 한다.

4. 본 조에 의거하여 체약국이 어떠한 자를 구치하였을 때, 그 국가는 제5조 제1항에 언급된 국가, 피구치자가 국적을 가진 국가 및 타당하다고 생각할 경우 기타 관계국가에 대하여 그와 같은 자가 구치되어 있다는 사실과 그의 구치를 정당화하는 사정을 즉시 통고하여야 한다. 본 조 제2항에 규정된 예비조사를 행한 국가는 전기 국가에 대하여 그 조사결과를 즉시 보고하여야 하며, 그 관할권을 행사할 의도가 있는지의 여부를 명시하여야 한다.

제 7 조

그 영토 내에서 범죄혐의자가 발견된 체약국은 만약 동인을 인도하지 않은 경우, 예외 없이 또한 그 영토 내에서 범죄가 범하여진 것인지 여부를 불문하고, 소추를 하기 위하여 권한 있는 당국에 동 사건을 회부하여야 한다. 그러한 당국은 그 국가의 법률상 중대한 성질의 일반 범죄의 경우에 있어서와 같은 방법으로 그 결정을 내려야 한다.

제 8 조

1. 범죄는 체약국 간에 현존하는 인도조약상의 인도범죄에 포함되는 것으로 간주된다. 체약국은 범죄를 그들 사이에 체결될 모든 인도조약에 인도범죄로 포함할 의무를 진다.

2. 인도에 관하여 조약의 존재를 조건으로 하는 체약국이 상호 인도조약을 체결하지 않은 타 체약국으로부터 인도 요청을 받은 경우에는 그 선택에 따라 본 조약을 범죄에 관한 인도를 위한 법적인 근거로서 간주할 수 있다. 인도는 피요청국의 법률에 규정된 기타 제 조건에 따라야 한다.

3. 인도에 관하여 조약의 존재를 조건으로 하지 않는 체약국들은 피요청국의 법률에 규정된 제 조건에 따를 것을 조건으로 범죄를 동 국가들 간의 인도범죄로 인정하여야 한다.

4. 각 범죄는 체약국 간의 인도 목적을 위하여 그 사건이 발생한 장소에서뿐만 아니라 제5조 제1항 (나), (다) 및 (라)에 의거하여 그 관할권을 확립하도록 되어 있는 국가의 영토 내에서 범하여진 것처럼 취급된다.

제 9 조

공동 또는 국제 등록에 따라 항공기를 운영하는 공동 항공운수운영기구 또는 국제운영기관을 설치한 체약국들은 적절한 방법에 따라 각 항공기에 대하여 관할권을 행사하고 본 조약의 목적을 위하여 등록국가의 자격을 가지는 국가를 당해국 중에서 지명하여야 하며 또한 국제민간항공기구에 그에 관한 통고를 하여야 하며, 동 기구는 본 조약의 전 체약국에 동 통고를 전달하여야 한다.

제 10 조

1. 체약국은 국제법 및 국내법에 따라 제1조에 언급된 범죄를 방지하기 위한 모든 실행 가능한 조치를 취하도록 노력하여야 한다.
2. 제1조에 언급된 범죄의 하나를 범함으로써 비행이 지연되거나 또는 중단된 경우 항공기, 승객 또는 승무원이 자국 내에 소재하고 있는 어떠한 체약국도 실행이 가능한 한 조속히 승객 및 승무원의 여행의 계속을 용이하게 하여야 하며, 항공기 및 그 화물을 정당한 점유권자에게 지체 없이 반환하여야 한다.

제 11 조

1. 체약국들은 범죄와 관련하에 제기된 형사소송절차에 관하여 상호간 최대의 협조를 제공하여야 한다. 피요청국의 법률은 모든 경우에 있어서 적용된다.
2. 본 조 제1항의 규정은 형사문제에 있어서 전반적 또는 부분적인 상호협조를 규정하거나 또는 규정할 그 밖의 어떠한 양자 또는 다자조약상의 의무에 영향을 미치지 아니한다.

제 12 조

제1조에 언급된 범죄의 하나가 범하여질 것이라는 것을 믿게 할 만한 이유를 가지고 있는 어떠한 체약국도, 그 국내법에 따라 제5조 제1항에 언급된 국가에 해당한다고 믿어지는 국가들에 그 소유하고 있는 관계정보를 제공하여야 한다.

제 13 조

각 체약국은 그 국내법에 의거하여 국제민간항공기구 이사회에 그 국가가 소유하고 있는 다음에 관한 어떠한 관계정보도 가능한 조속히 보고하여야 한다.

(가) 범죄의 상황

(나) 제10조 제2항에 의거하여 취하여진 조치

(3) 범인 또는 범죄혐의자에 대하여 취하여진 조치, 또한 특히 인도절차 기타 법적 절차의 결과

제 14 조

1. 협상을 통하여 해결될 수 없는 본 조약의 해석 또는 적용에 관한 2개국 또는 그 이상의 체약국들 간의 어떠한 분쟁도 그들 중 일 국가의 요청에 의하여 중재에 회부된다. 중재 요청일로부터 6개월 이내에 체약국들이 중재 구성에 합의하지 못할 경우에는, 그들 당사국 중의 어느 일 국가가 국제사법재판소에 동 재판소 규정에 따라 분쟁을 부탁할 수 있다.

2. 각 체약국은 본 조약의 서명, 비준 또는 가입 시에 자국이 전항 규정에 구속되지 아니하는 것으로 본다는 것을 선언할 수 있다. 타방 체약국들은 그러한 유보를 행한 체약국에 관하여 전항 규정에 의한 구속을 받지 아니한다.

3. 전항 규정에 의거하여 유보를 행한 어떠한 체약국도 기탁정부에 대한 통고로서 동 유보를 언제든지 철회할 수 있다.

제 15 조

1. 본 조약은 1971년 9월 8일부터 23일까지 몬트리올에서 개최된 항공법에 관한 국제회의(이하 「몬트리올 회의」라 한다.)에 참가한 국가들에 대하여 1971년 9월 23일 몬트리올에서 서명을 위하여 개방된다. 1971년 10월 10일 이후 본 조약은 모스크바, 런던 및 워싱턴에서 서명을 위하여 모든 국가에 개방된다. 본 조 제3항에 따른 발효 이전에 본 조약에 서명하지 않은 어떠한 국가도 언제든지 본 조약에 가입할 수 있다.

2. 본 조약은 서명국에 의한 비준을 받아야 한다. 비준서 및 가입서는 이에 수탁정부로 지정된 소련, 영국 및 미국 정부에 기탁되어야 한다.

3. 본 조약은 몬트리올 회의에 참석한 본 조약의 10개 서명국에 의한 비준서 기탁일로부터 30일 후에 효력을 발생한다.

4. 기타 국가들에 대하여 본 조약은 본 조 제3항에 따른 본 조약의 발효일자 또는 당해국의 비준서 도는 가입서 기탁일자 후 30일 중에서 나중의 일자에 효력을 발생한다.

5. 수탁정부들은 모든 서명 및 가입국에 대하여 서명일자, 비준서 또는 가입서의 기탁일자, 본 조약의 발효일자 및 기타 통고를 즉시 통보하여야 한다.

6. 본 조약은 발효하는 즉시 국제연합 헌장 제102조에 따라 또한 국제민간항공조약(Chicago, 1944) 제83조에 따라 수탁정부들에 의하여 등록되어야 한다.

제 16 조

1. 어떠한 체약국도 수탁정부들에 대한 서면통고로써 본 조약을 폐기할 수 있다.
2. 폐기는 수탁정부들에 의하여 통고가 접수된 일자로부터 6개월 후에 효력을 발생한다.

이상의 증거로써 하기 전권대표들은, 그들 정부로부터 정당히 권한을 위임받아 본 조약에 서명하였다.

일천구백칠십일년 구월 이십삼일, 각기 영어, 프랑스어, 러시아 및 서반아어로 공정히 작성된 원본 3부로 작성하였다.

판례색인

색 인

· 저자 ·

김종복   **·약 력·**
경희대학교 법과대학 법학과 졸업
한국항공대학교 대학원 졸업(항공우주법 전공)
법학박사
대한항공 법무실장
한국항공우주법학회 상임이사(現)
국제항공운송협회(IATA) 법률위원회 위원
외교통상부 통상자문위원
한진물류연구원 자문위원
법무부 상법 항공운송편 제정 특별분과위원회 위원(現)
한국항공대학교 항공우주법학과 교수(現)

·저서 및 논문·
『신국제항공우주법』(공저)
『신실용주의로 세계일류국가만들기』(공저)
「항공사고와 항공운송인의 민사책임에 관한 연구」
「전자항공권의 법적제문제에 관한 고찰」
「국제우주정거장 협정의 법제도에 관한 고찰」
외 다수

항공판례의 연구

· 초판 인쇄	2008년 3월 15일
· 초판 발행	2008년 3월 15일
· 지 은 이	김종복
· 펴 낸 이	채종준
· 펴 낸 곳	한국학술정보㈜
	경기도 파주시 교하읍 문발리 513-5
	파주출판문화정보산업단지
	전화 031) 908-3181(대표) · 팩스 031) 908-3189
	홈페이지 http://www.kstudy.com
	e-mail(출판사업부) publish@kstudy.com
· 등 록	제일산-115호(2000. 6. 19)
· 가 격	33,000원

ISBN   978-89-534-8318-7 93360 (Paper Book)
        978-89-534-8319-4 98360 (e-Book)